2025
电力版

U0261704

2025 全国一级注册建筑师资格考试
历年真题解析与模拟试卷

建筑经济 施工与设计业务管理（知识题）

张艳锋　主编

中国电力出版社
CHINA ELECTRIC POWER PRESS

内 容 提 要

本书收录了建筑经济、施工与设计业务管理 2003～2024 年（不含 2014 年、2018 年、2020 年 12 月）考试中的真题（1505 道），并把这些真题按照全新的知识体系重新架构，脉络清晰，考点明确，方便考试复习与备考。全书共分为四个部分：A 建筑经济，B 施工质量验收，C 设计业务管理，D 模拟试卷。书中对考试大纲要求的基本概念和相关规范进行了全面地归纳和总结；并以历年真题为例进行详细的解析，归纳了考试要求和解题方法。

本书可供参加全国一级注册建筑师资格考试的考生使用。

图书在版编目（CIP）数据

2025 全国一级注册建筑师资格考试历年真题解析与模拟试卷. 建筑经济　施工与设计业务管理.
知识题/张艳锋主编. — 北京：中国电力出版社，2025.1. — ISBN 978 - 7 - 5198 - 9425 - 2

Ⅰ. TU - 44

中国国家版本馆 CIP 数据核字第 2024KD6424 号

出版发行：中国电力出版社
地　　址：北京市东城区北京站西街 19 号（邮政编码 100005）
网　　址：http://www. cepp. sgcc. com. cn
责任编辑：未翠霞（010 - 63412611）
责任校对：黄　蓓　李　楠　郝军燕
装帧设计：张俊霞
责任印制：杨晓东

印　　刷：北京雁林吉兆印刷有限公司
版　　次：2025 年 1 月第一版
印　　次：2025 年 1 月北京第一次印刷
开　　本：787 毫米×1092 毫米　16 开本
印　　张：20.25
字　　数：505 千字
定　　价：78.00 元

编 委 会

主　编　张艳锋

副主编　周生宝　邓元媛　王　倩　张艳平

参　编　郑艳辉　张若聪　赵铁柱　孟庆艳　张林太

单素珍　王　双　周冬生　张　雪　肖树强

张　旋　张东宇　曹慧岭　胡学峰　骆玉辉

张立太　安丽萍　王力军　单淑芬　王　爽

赵　刚

前　言

　　注册建筑师考试自1995年11月首次在全国举行以来，至今已举行了27次（因考试时间调整、考试大纲修订、题库更新等原因，1996年、2002年、2015年、2016年各停考一次，2022年考试2次），该考试不仅考试门次多，强度高，还以极低的通过率而著称。

　　下面将建筑经济、施工与设计业务管理的考试大纲（新大纲）摘录如下：

　　1. 建筑经济

　　（1）了解建设工程投资构成。

　　（2）了解建设工程全过程投资控制，包括：

　　1）策划阶段中，投资估算的作用、编制依据和内容，项目建议书、可行性研究、技术经济分析的作用和基本内容。

　　2）设计阶段中，设计方案经济比选和限额设计方法；估算、概算、预算的作用、编制依据和内容。

　　3）招投标阶段中，工程量清单、标底、招标控制价、投标报价的基本知识。

　　4）施工阶段中，施工预算、资金使用计划的作用、编制依据和内容，工程变更定价原则。

　　5）竣工阶段中，工程结算、工程决算的作用、编制依据和内容，工程索赔基本概念。

　　6）运营阶段中，项目后评价基本概念。

　　（3）了解工程投融资基本概念。

　　2. 施工质量验收

　　（1）了解建筑工程施工质量的验收方法、程序和原则。

　　（2）了解砌体工程、混凝土结构工程、钢结构工程、防水工程、建筑装饰装修工程、建筑地面工程等的施工工序及施工质量验收规范、标准基本知识。

　　3. 设计业务管理

　　（1）了解与工程勘察设计有关的法律、行政法规和部门规章的基本精神。

　　（2）了解绿色和可持续发展及全过程咨询服务等行业发展要求。

　　（3）熟悉注册建筑师考试、注册、执业、继续教育及注册建筑师权利与义务等方面的规定。

　　（4）了解施工招投标管理和施工阶段合同管理。

　　（5）了解建设工程项目管理和工程总承包管理内容；了解工程保险基本概念。

　　（6）了解建筑使用后评估基本概念和内容。

　　（7）了解设计项目招标投标、承包发包及签订设计合同等市场行为方面的规定。

（8）熟悉各阶段设计文件编制的原则、依据、程序、质量和深度要求及修改设计文件的规定。

（9）熟悉执行工程建设标准，特别是强制性标准管理方面的规定。

（10）了解城市规划管理、城市设计管理、房地产开发程序和建设工程监理的有关规定。

（11）了解对工程建设中各种违法、违纪行为的处罚规定。

从考试大纲来看，该科目分为建筑经济、施工质量验收、设计业务管理三个部分。2023年是修改考试大纲后的第一次考试，试题数量从原来的85题，减少到75题，合格线为45分。该科目考试题型稳定，命题范围清楚，多年来一直保持较高的通过率。

1. 建筑经济、施工与设计业务管理的命题规律

本书收集了2003～2024年（不含2014年、2018年、2022年12月）的真题共1505道（2021年真题为85道，本书仅收录80道）。按照该科目考试大纲内容，将这些真题分为建筑经济、施工质量验收与设计业务管理三个部分。每年各部分的真题比例及真题数量详见表0-1～表0-4。从表0-1可以看出，按新大纲考试后2023年建筑经济题目减少7道，施工质量验收题目减少3道，设计业务管理题目数量未变化，题目总数减少10题，建筑经济所占比例降低，施工质量验收、设计业务管理的比例增加，考试难度有所降低。

表0-1 各部分真题所占比例

科目	2003～2012年、2017年、2019年、2020年		2013年		2022年5月		2023年、2024年	
	真题数量	所占比例（%）	真题数量	所占比例（%）	真题数量	所占比例（%）	真题数量	所占比例（%）
建筑经济	24	28.24	26	30.59	25	29.41	17	22.67
施工质量验收	38	44.70	35	41.18	40	47.06	35	46.67
设计业务管理	23	27.06	24	28.24	20	23.53	23	30.66

2. 建筑经济、施工和设计业务管理的复习备考（表格中字体加粗的内容需重点复习）

（1）建筑经济部分复习可以总结为以下内容：

1）住房和城乡建设部、财政部关于印发《建筑安装工程费用项目组成》的通知文件（建标〔2013〕44号）。

2）《建设项目经济评价方法与参数》（第3版）中国计划出版社。

3）概、预算定额。

4）掌握表0-5中的2本规范内容。

（2）施工质量验收部分考查规范涉及20本，其中，通用规范1本、施工质量验收标准和规范9本、建筑施工规范5本、建筑技术规范3本、建筑设计规范1本、检验评定标准1本，详见表0-6～表0-11。考生应重点掌握和复习的是施工质量验收规范。

表 0-2

建筑经济部分各章节试题数量

名称	2003年	2004年	2005年	2006年	2007年	2008年	2009年	2010年	2011年	2012年	2013年	2017年	2019年	2020年	2021年	2022年5月	2023年	2024年
第一章 建设工程投资构成	3	3	5	6	4	5	4	6	5	5	6	5	4	4	3	4	3	3
第二章 策划阶段投资控制				1			1			2						1	1	1
第三章 设计阶段投资控制	17	18	15	14	17	16	12	12	12	12	11	11	14	16	12	14	6	4
第四章 招投标阶段投资控制	1		1				3	3	3	2	5	4	2	1	3	1	6	6
第五章 施工阶段、竣工阶段投资控制							1			1	1	2	2	3	1	1	1	
第六章 工程投融资基本概念	3	3	3	3	3	3	3	3	4	2	3	2	2		2	4		3
总　计	24	24	24	24	24	24	24	24	24	24	26	24	24	24	21	25	17	17

表 0-3

施工质量验收部分各章节试题数量

章节	标准、规范名称	2003年	2004年	2005年	2006年	2007年	2008年	2009年	2010年	2011年	2012年	2013年	2017年	2019年	2020年	2021年	2022年5月	2023年	2024年
第七章 砌体工程	《建筑工程施工质量验收统一标准》（GB 50300—2013）																6	6	6
	《砌体结构通用规范》（GB 55007—2021）														2				1
	《砌体结构工程施工规范》（GB 50924—2014）			1	1		1					2	2			2	1		
	《砌体结构工程施工质量验收规范》（GB 50203—2011）	6	6	4	4	2	2	6	6	6	7	3	5	7	3	4	6	4	3
	《施工现场临时建筑物技术规范》（JGJ/T 188—2009）																		
	砌体工程其他					2				1		1	1						
第八章 混凝土结构工程	《混凝土结构工程施工规范》（GB 50666—2011）		3	1	3	2		1	4	1	2	2				2	2		
	《混凝土结构工程施工质量验收规范》（GB 50204—2015）	6	3	5	4	3	5	6	2	4	4		5	6	4	6	5	4	5
	《大体积混凝土施工标准》（GB 50496—2018）											1							
	《混凝土强度检验评定标准》（GB/T 50107—2010）						1			1									

章节	标准、规范名称	2003年	2004年	2005年	2006年	2007年	2008年	2009年	2010年	2011年	2012年	2013年	2017年	2019年	2020年	2021年	2022年5月	2023年	2024年
第八章 混凝土结构工程	《普通混凝土配合比设计规程》(JGJ 55—2011)																1		
	混凝土工程其他											3							
	《钢结构工程施工质量验收标准》(GB 50205—2020)	1	1				1		1									3	2
第九章 防水工程	《建筑与市政工程防水通用规范》(GB 55030—2022)														3		1		1
	《屋面工程技术规范》(GB 50345—2012)	4	3		1	4	2	2	0	4	1				2		0		1
	《屋面工程质量验收规范》(GB 50207—2012)	1	1	1	3	1	4	2	3	4	1	2	5	4	2	2		2	2
	《种植屋面工程技术规程》(JGJ155—2013)												1						
	《地下工程防水技术规范》(GB 50108—2008)				1		1	3	3				1			5	4		1
	《地下防水工程质量验收规范》(GB 50208—2011)	2	2	5		1	1		3	3	4	3		2	3	1		4	2
	《建筑外墙防水工程技术规程》(JGJ/T 235—2011)		1											1				2	
	《建筑与市政工程施工质量控制通用规范》(GB 55032—2022)						1	1		1					2		1		
	《建筑门窗附框应用技术规范》(T/CECS 996—2022)					1				1			1			1	1		
第十章 建筑装饰装修工程	《建筑装饰装修工程质量验收标准》(GB 50210—2018)	11	9	12	9	15	11	10	8	10	13	10	7	12	10	9	10	6	8
	《玻璃幕墙工程技术规范》(JGJ 102—2003)	1	1	1	1	1	1	1	1			1							
	《金属与石材幕墙工程技术规程》(JGJ 133—2001)		1	1			1						1						
	《住宅装饰装修工程施工规范》(GB 50327—2001)				1							2							
	建筑装饰装修其他					1			2										

章节	标准、规范名称	2003年	2004年	2005年	2006年	2007年	2008年	2009年	2010年	2011年	2012年	2013年	2017年	2019年	2020年	2021年	2022年5月	2023年	2024年
第十一章 建筑地面工程	《建筑地面工程施工质量验收规范》（GB 50209—2010）	7	6	6	8	6	5	6	6	7	6	5	9	6	7	7	7	4	4
	《建筑地面设计规范》（GB 50037—2013）		1																
总　计		38	38	38	38	38	38	38	38	38	38	35	38	38	38	37	40	35	35

表0-4　设计业务管理部分各章节试题数量

章节	法律、法规名称	2003年	2004年	2005年	2006年	2007年	2008年	2009年	2010年	2011年	2012年	2013年	2017年	2019年	2020年	2021年	2022年5月	2023年	2024年
第十二章 建筑工程相关法律	《中华人民共和国招标投标法》				1	3		1	1				2	2	2	1	2		
	《中华人民共和国招标投标法实施条例》														2	1			1
	《中华人民共和国建筑法》	2	1	3	2	3	2	1	1	2	2	1	1	2	2	2		1	1
	《中华人民共和国民法典（第三编 合同）》	2	2	2	2	3	3	2	1	1	2	2	2	3		1		2	
	《建设项目工程总承包合同（示范文本）》（GF-2020-0216）													1					1
	《中华人民共和国城乡规划法》	3	3	3	3	2	3	2	3	3	3	3	3	4	2	3	2	1	1
	《中华人民共和国标准化法》															1			1
	《中华人民共和国土地管理法》																	1	2
	《最高人民法院关于审理建设工程施工合同纠纷案件适用法律问题的解释（一）》（法释〔2020〕25号）																		1

V

章节	法律、法规名称	2003年	2004年	2005年	2006年	2007年	2008年	2009年	2010年	2011年	2012年	2013年	2017年	2019年	2020年	2021年	2022年5月	2023年	2024年
第十三章 建筑工程招标投标、工程咨询、工程总承包管理办法和管理规定	《建筑工程设计招标投标管理办法》							1	1			1					1		
	《工程建设项目勘察设计招标投标办法》	1	2	2					2	2		1						1	
	《必须招标的工程项目规定》							1									1		
	《建筑工程咨询分类标准》(GB/T 50852—2013)																	1	
	《全过程工程咨询服务管理标准》(T/CCIAT 0024—2020)															1		1	
	《房屋建筑和市政基础设施项目工程总承包管理办法(2020年)》															1	1	2	1
	《建设项目工程总承包管理规范》(GB/T 50358—2017)																1	1	1
	《国家发展改革委住房城乡建设部关于推进全过程工程咨询服务发展的指导意见》																1		1
	《住房和城乡建设部关于推进全过程工程咨询服务发展的指导意见》																	1	
	其他											3						1	
第十四章 建筑工程勘察设计管理规定	《工程勘察设计收费管理规定》			1															1
	《建设工程勘察设计资质管理规定》																		1

章节	法律、法规名称	2003年	2004年	2005年	2006年	2007年	2008年	2009年	2010年	2011年	2012年	2013年	2017年	2019年	2020年	2021年	2022年5月	2023年	2024年
第十四章 建筑工程勘察设计管理规范	《建筑工程设计资质分级标准》															1			1
	《建设工程勘察设计管理条例》	4	5	3	4	4	2	1	1	1	5		2	4	2	2	3	1	1
	《建设工程质量管理条例》	2	1		2	2	4	2	2		3	1			6	1	4	3	3
	《工程建设若干违法违纪行为处罚办法》									1									
	《实施工程建设强制性标准监督规定》	3	2	1	2	2		1	2	2	3	2	4	3	3	1		1	1
	《建设工程安全生产管理条例》																	1	
	《建设工程消防设计审查验收管理暂行规定》															1	1		2
	《建筑抗震设计标准》(GB/T 50011—2010，2024年版)							1											
	《工程设计收费基价计算公式》									1									
	《国务院办公厅关于促进建筑业持续健康发展的意见》																	1	
	《城市设计管理办法》																	1	
	《规范住房和城乡建设部工程建设行政处罚裁量权实施办法》																		1
	其他											3							

章节	法律、法规名称	2003年	2004年	2005年	2006年	2007年	2008年	2009年	2010年	2011年	2012年	2013年	2017年	2019年	2020年	2021年	2022年5月	2023年	2024年
第十五章 建筑工程设计文件编制深度规定	《建筑工程设计文件编制深度规定》（2016年版）					1	1	2	2	2	1	2	2			1			
第十六章 注册建筑师条例及实施细则	《中华人民共和国注册建筑师条例》		4	5	3	4	3				1	4	1		1		2	1	
	《中华人民共和国注册建筑师条例实施细则》	3	1		1		2	5	5	4	2	1	3	3	2			1	1
	注册建筑师其他						1												
	《建设工程监理范围和规模标准规定》			1	1			1	1									1	
第十七章 建筑工程监理	《工程监理企业资质管理规定》							1											
	《工程建设监理规定》					2				2	1	1	1	1					
	监理其他							1	1		1	1							
第十八章 房地产管理法、国有土地使用权出让和转让	《中华人民共和国城市房地产管理法》	2	2	2	2	2	2	1	1	2	2		2	1	1	3	2		1
	《中华人民共和国城镇国有土地使用权出让和转让暂行条例》							1	1			1							
总	计	23	23	23	23	23	23	23	23	23	23	24	23	23	23	22	20	23	23

三

表 0-5 建 筑 经 济 规 范

序号	规范名称	规范编号
1	《建筑工程建筑面积计算规范》	GB/T 50353—2013
2	《房屋建筑与装饰工程工程量计算规范》	GB 50854—2013

表 0-6 通 用 规 范

序号	标准、规范名称	规范编号
1	《砌体结构通用规范》	GB 55007—2021
2	《建筑与市政工程防水通用规范》	GB 55030—2022
3	《建筑与市政工程施工质量控制通用规范》	GB 55032—2022

表 0-7 施 工 质 量 验 收 规 范

序号	标准、规范名称	规范编号
1	《建筑工程施工质量验收统一标准》	GB 50300—2013
2	《砌体结构工程施工质量验收规范》	GB 50203—2011
3	《混凝土结构工程施工质量验收规范》	GB 50204—2015
4	《钢结构工程施工质量验收标准》	GB 50205—2020
5	《屋面工程质量验收规范》	GB 50207—2012
6	《地下防水工程质量验收规范》	GB 50208—2011
7	《建筑外墙防水工程技术规程》	JGJ/T 235—2011
8	《建筑地面工程施工质量验收规范》	GB 50209—2010
9	《建筑装饰装修工程质量验收标准》	GB 50210—2018

表 0-8 建 筑 施 工 规 范

序号	规范名称	规范编号
1	《砌体结构工程施工规范》	GB 50924—2014
2	《混凝土结构工程施工规范》	GB 50666—2011
3	《大体积混凝土施工标准》	GB 50496—2018
4	《住宅装饰装修工程施工规范》	GB 50327—2001
5	《施工现场临时建筑物技术规范》	JGJ/T 188—2009
6	《普通混凝土配合比设计规程》	JGJ 55—2011

表 0-9 建 筑 技 术 规 范

序号	规范名称	规范编号
1	《屋面工程技术规范》	GB 50345—2012
2	《地下工程防水技术规范》	GB 50108—2008
3	《种植屋面工程技术规程》	JGJ 155—2013

表 0 - 10   建 筑 设 计 规 范

序号	规范名称	规范编号
1	《建筑地面设计规范》	GB 50037—2013

表 0 - 11   检 验 评 定 标 准

序号	标准名称	规范编号
1	《混凝土强度检验评定标准》	GB/T 50107—2010

（3）建筑设计业务管理部分考查法律法规和规章共计 40 种。其中，法律 8 种，行政法规 6 种，部门规章与规范性文件 18 种，国家标准、规范 4 种，见表 0 - 12～表 0 - 15。其中要重点掌握法律、行政法规、部门规章与规范性文件。

表 0 - 12   法   律

序号	法律名称	备　注
1	《中华人民共和国招标投标法》	颁布时间 1999 年 8 月 30 日，实施时间 2000 年 1 月 1 日
2	《中华人民共和国建筑法》	施行时间 1998 年 3 月 1 日，修改时间 2011 年 4 月 22 日，2011 年 7 月 1 日执行，2019 年 4 月 23 日修订
3	《中华人民共和国民法典（第三编　合同）》	2020 年 5 月 28 日，十三届全国人大三次会议表决通过了《中华人民共和国民法典》，自 2021 年 1 月 1 日起施行。婚姻法、继承法、民法通则、收养法、担保法、合同法、物权法、侵权责任法、民法总则同时废止
4	《中华人民共和国城乡规划法》	中华人民共和国第十届全国人民代表大会常务委员会第三十次会议于 2007 年 10 月 28 日通过，中华人民共和国主席令第 74 号公布，自 2008 年 1 月 1 日起施行，2019 年 4 月 23 日修订
5	《中华人民共和国土地管理法》	1986 年 6 月 25 日第六届全国人民代表大会常务委员会第十六次会议通过，根据 1988 年 12 月 29 日第七届全国人民代表大会常务委员会第五次会议《关于修改〈中华人民共和国土地管理法〉的决定》第一次修正，1998 年 8 月 29 日第九届全国人民代表大会常务委员会第四次会议修订根据 2004 年 8 月 28 日第十届全国人民代表大会常务委员会第十一次会议《关于修改〈中华人民共和国土地管理法〉的决定》第二次修正，根据 2019 年 8 月 26 日第十三届全国人民代表大会常务委员会第十二次会议《关于修改〈中华人民共和国土地管理法〉〈中华人民共和国城市房地产管理法〉的决定》第三次修正
6	《中华人民共和国标准化法》	1988 年 12 月 29 日第七届全国人民代表大会常务委员会第五次会议通过，2017 年 11 月 4 日第十二届全国人民代表大会常务委员会第三十次会议修订

序号	法律名称	备 注
7	《中华人民共和国城市房地产管理法》^⑤	根据 2019 年 8 月 26 日第十三届全国人民代表大会常务委员会第十二次会议《〈中华人民共和国城市房地产管理法〉的决定》第三次修正，2020 年 1 月 1 日起实施
8	《最高人民法院关于审理建设工程施工合同纠纷案件适用法律问题的解释（一）》（法释〔2020〕25 号）	

表 0-13   **行 政 法 规**

序号	行政法规	备 注
1	《建设工程勘察设计管理条例》	2000 年 9 月 25 日中华人民共和国国务院令第 293 号公布，根据 2015 年 6 月 12 日《国务院关于修改〈建设工程勘察设计管理条例〉的决定》第一次修订，根据 2017 年 10 月 7 日《国务院关于修改部分行政法规的决定》第二次修订
2	《建设工程质量管理条例》	2000 年 1 月 10 日，国务院第 25 次常务会议通过 2000 年 1 月 30 日中华人民共和国国务院令第 279 号公布，自公布之日起施行，2019 年 4 月 29 日修改
3	《中华人民共和国注册建筑师条例》	中华人民共和国国务院令第 184 号，2019 年 4 月 29 日修改
4	《中华人民共和国注册建筑师条例实施细则》	2008 年 1 月 8 日，经建设部第 145 次常务会议讨论通过，自 2008 年 3 月 15 日起施行
5	《中华人民共和国城镇国有土地使用权出让和转让暂行条例》	1990 年 5 月 19 日，国务院令第 55 号公布，自公布之日起施行
6	《中华人民共和国招标投标法实施条例》	2011 年 12 月 20 日，中华人民共和国国务院令第 613 号公布，根据 2018 年 3 月 19 日《国务院关于修改和废止部分行政法规的决定》修订

表 0-14   **部门规章与规范性文件**

序号	部门规章与规范性文件	备 注
1	《建筑工程设计招标投标管理办法》	中华人民共和国住房和城乡建设部令第 33 号，自 2017 年 5 月 1 日起施行
2	《工程建设项目勘察设计招标投标办法》	2003 年 6 月 12 日国家发展改革委、建设部、铁道部、交通部、信息产业部、水利部、民航总局、广电总局第 2 号令公布，自 2003 年 8 月 1 日起施行，2013 年 3 月 11 日，国家发展改革委、工业和信息化部、财政部、住房和城乡建设部、交通运输部、铁道部、水利部、广电总局、民航局第 23 号令修改，自 2013 年 5 月 1 日起施行

序号	部门规章与规范性文件	备注
3	《必须招标的工程项目规定》	经国务院批准，于2018年3月27日公布，自2018年6月1日施行
4	《建设工程勘察设计资质管理规定》	2007年6月26日建设部令第160号公布，2015年5月4日住房和城乡建设部令第24号修正
5	《建筑工程设计资质分级标准》	根据《建设工程勘察设计管理条例》和《建设工程勘察设计资质管理规定》，制定了《工程设计资质标准》
6	《实施工程建设强制性标准监督规定》	2000年8月25日建设部令第81号公布；依据2015年1月22日《住房和城乡建设部关于修改〈市政公用设施抗灾设防管理规定〉等部门规章的决定》（住房和城乡建设部令第23号）第一次修改；经2021年3月30日《住房和城乡建设部关于修改〈建筑工程施工许可管理办法〉等三部规章的决定》（住房和城乡建设部令第52号）第二次修改
7	《工程设计收费基价计算公式》	
8	《国务院办公厅关于促进建筑业持续健康发展的意见》	国办发〔2017〕19号
9	《城市设计管理办法》	
10	《建筑工程设计文件编制深度规定》（2016年版）	
11	《建设工程监理范围和规模标准规定》	2000年12月29日经第36次部常务会议讨论通过，现予公布，自发布之日起施行
12	《工程监理企业资质管理规定》	2006年12月11日经建设部第112次常务会议讨论通过，自2007年8月1日起施行
13	《工程建设监理规定》	1995年12月15日，原建设部和原国家计委印发《工程建设监理规定》的通知，自1996年1月1日起实施。同时废止建设部1989年7月28日发布的《建设监理试行规定》，建监〔1995〕第737号文
14	《房屋建筑和市政基础设施项目工程总承包管理办法》	
15	《建设工程消防设计审查验收管理暂行规定》	《建设工程消防设计审查验收管理暂行规定》已经2020年1月19日第15次部务会议审议通过，现予公布，自2020年6月1日起施行
16	《国家发展改革委住房城乡建设部关于推进全过程工程咨询服务发展的指导意见》	
17	《住房和城乡建设部关于推进全过程工程咨询服务发展的指导意见》	
18	《规范住房和城乡建设部工程建设行政处罚裁量权实施办法》	

表 0 - 15   国家标准、规范

序号	标准、规范名称	备　注
1	《建筑抗震设计标准》	GB/T 50011—2010（2024 年版）
2	《建设项目工程总承包合同（示范文本）》	GF—2020—0216
3	《全过程工程咨询服务管理标准》	T/CCIAT 0024—2020
4	《建设项目工程总承包管理规范》	GB/T 50358—2017

3. 本书的编写特点

本次修订根据读者的反馈意见，及时修订书中错误之处，补充按照新大纲考试 2024 年真题 1 套，作为模拟题试卷二，供考生应试参考。

（1）本书共分为 A 建筑经济、B 施工质量验收、C 设计业务管理、D 模拟试卷四个部分。本书共收录了 1505 道真题，真题在各个章节的分布情况详见表 0 - 2～表 0 - 4，每道题目的后面注明了该题目的考试年份及题号，如［2011 - 12］表示 2011 年真题的第 12 题，［2022（05）- 12］表示 2022 年 5 月真题的第 12 题。

（2）对于每个章节的真题编排顺序，不同于市面上的其他书籍，本书是按照笔者推荐的教材和现行规范的顺序编排的，方便考生对照复习。

（3）标准、规范类题目解析特点。

①标准、规范类题目的解析，均按照现行标准规范的名称归类解析，并增加提示性小标题，标题中包括完整的标准规范名称及编号，所以在题目的具体解析中均省略标准规范名称和编号，特此说明。

②本书皆采用现行的标准、规范、规程做解答。

③全国注册建筑师考试管理委员会规定，每年考试出题涉及的标准、规范、规程，以本考试年度上一年 12 月 31 日以前正式实施的标准、规范、规程为准。

书中有部分真题来自培训机构和互联网，由于大部分题目均为考生回忆版真题并进行整理，纰漏之处在所难免，希望读者批评指正并及时反馈。如果对本书内容有疑问，请发邮件至 348852345@qq.com，编者将在第一时间回复。最后预祝广大考生顺利通过全国一级注册建筑师考试。

编者

2024 年 11 月

目 录

D 模 拟 试 卷

A

建筑经济

第一章 建设工程投资构成

■建设程序与工程造价确定

1. **下列工程造价由总体到局部的组成划分中,正确的是:** [2010-07]
   A. 建设项目总造价→单项工程造价→单位工程造价→分部工程费用→分项工程费用
   B. 建设项目总造价→单项工程造价→单位工程造价→分项工程费用→分部工程费用
   C. 建设项目总造价→单位工程造价→单项工程造价→分项工程费用→分部工程费用
   D. 建设项目总造价→单位工程造价→单项工程造价→分部工程费用→分项工程费用

   【答案】 A

   【说明】 建设项目一般是指在一个按总体规划或设计进行建设的一个或几个单项工程所构成的总和。建设项目在经济上独立核算,行政上有独立的组织形式并实行统一管理。建设项目可分为单项工程、单位工程、分部工程和分项工程,如图1-1所示。

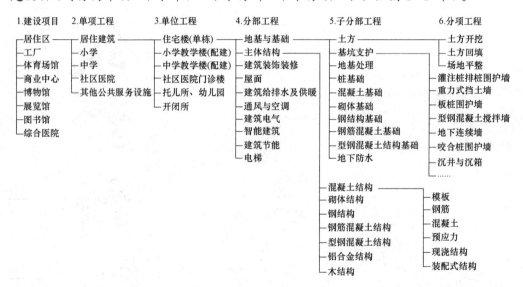

图1-1 建设项目组成示意图

2. **某大学新校区建设项目中属于分部工程费用的是:** [2013-11]
   A. 土方开挖、运输与回填的费用
   B. 屋面防水工程费用
   C. 教学楼土建工程费用
   D. 教学楼基础工程费用

   【答案】 D

   【说明】 解析详见第1题。

3. **下列不属于工程造价计价特征的是:** [2006-07]
   A. 单件性   B. 一次性   C. 组合性   D. 依据的复杂性

   【答案】 B

   【说明】 工程计价的特征包括:计价的单件性、计价的多次性、计价的组合性、计价方法的多样性、计价依据的复杂性。

4. **编制概算、预算的过程和顺序是：**［2006-08］
   A. 单项工程造价→单位工程造价→分部分项工程造价→建设项目总造价
   B. 单位工程造价→单项工程造价→分部分项工程造价→建设项目总造价
   C. 分部分项工程造价→单位工程造价→单项工程造价→建设项目总造价
   D. 单位工程造价→分部分项工程造价→单项工程造价→建设项目总造价

   【答案】 C

   【说明】 建设工程项目的计价过程和计价顺序：分部分项工程单价→单位工程造价→单项工程造价→建设项目总造价。

■**建设项目费用组成**

5. **不属于建设工程固定资产投资的是：**［2013-02］
   A. 设备及工器具购置费
   B. 建筑安装工程费
   C. 建设期贷款利息
   D. 铺底流动资金

   【答案】 D

   【说明】 建设项目的总投资包括建设投资（固定资产投资）和项目建成后所需全部流动资金两大部分组成，其中建设投资是由设备及工器具购置费、建筑安装工程费、工程建设其他费、预备费和建设期投资贷款利息等费用组成，如图1-2所示。

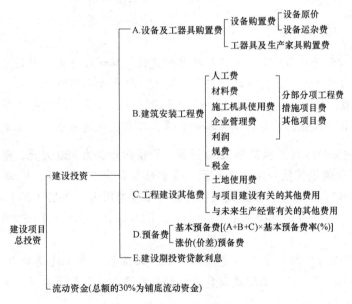

图1-2 建设项目总投资的组成

6. **下列建设项目总投资组成项目中，不属于建设投资的是：**〔2017-02〕

    A. 工程建设其他费   B. 预备费

    C. 铺底流动资金   D. 建设期贷款利息

    【答案】 C

7. **成套设备购置费属于投资估算的是：**〔2022(05)-11，2019-03〕

    A. 设备出厂价   B. 进口设备到岸价

    C. 设备原价＋设备运杂费   D. 进口设备原价＋设备运杂费

    【答案】 C

    【说明】 第6题、第7题解析详见第5题。

8. **建设项目投资费用主要包括：**〔2013-26〕

    A. 建筑工程费、工程建设其他费用和预备费

    B. 工程费用、工程建设其他费用和预备费

    C. 建筑工程费、设备及工器具购置费、安装工程费

    D. 建筑工程费、设备及工器具购置费、工程建设其他费用

    【答案】 B

    【说明】 建投资应包括工程费用、工程建设其他费用和预备费。工程费用应包括建筑工程费、设备购置费、安装工程费。

9. **下列属于动态投资部分的费用是：**〔2013-03〕

    A. 建筑安装工程费   B. 基本预备费

    C. 建设期贷款利息   D. 设备及工器具购置费

    【答案】 C

    【说明】 动态投资是指为完成一个工程项目的建设，预计投资需要量的总和。它除了包括静态投资所含内容之外，还包括建设期贷款利息、投资方向调节税、涨价预备费等。动态投资适应了市场价格运行机制的要求，使投资的计划、估算、控制更加符合实际。静态投资包括建筑安装工程费、设备和工器具购置费、工程建设其他费用、基本预备费等。

10. **某建设项目估算的建筑工程费为1200万元，设备购置费为200万元，建筑安装工程费为500万元，工程建设其他费为800万元，基本预备费为200万元，价差预备费为100万元，上述数据均含增值税，该建设项目估算的工程费用为：**〔2022（05）-03〕

    A.1900万元   B.2200万元   C.2700万元   D.3000万元

    【答案】 A

    【说明】 工建设项目工程费用＝建筑工程费＋设备购置费＋建筑安装工程费＝1200＋200＋500＝1900（万元）。工程建设其他费和基本预备费不属于工程费用。

■建筑安装工程费用项目组成（按费用构成要素划分）

11. **根据《建筑安装工程费用项目组成》，建筑安装工程费用按构成要素分为：**〔2021-03，2020-01〕

    A. 人工费、材料费、施工机具使用费、企业管理费、利润、规费和税金

    B. 分部分项工程费、措施项目费、其他项目费和税金

C. 人工费、材料费、施工机具使用费、规费、预备费费和税金

D. 分部分项工程费、其他项目费、预备费和建设期贷款利息

【答案】 A

【说明】 建筑安装工程费用项目组成（按费用构成要素划分）详见图1-3。材料费包括材料原价（或供应价格）、材料运杂费、运输损耗费、采购及保管费等，材料采购人员的工资应计入采购及保管费中。

　　（1）材料原价：是指材料、工程设备的出厂价格或商家供应价格。

　　（2）材料运杂费：是指材料、工程设备自来源地运至工地仓库或指定堆放地点所发生的全部费用。

　　（3）运输损耗费：是指材料在运输装卸过程中不可避免的损耗。

　　（4）采购及保管费：是指为组织采购、供应和保管材料、工程设备的过程中所需要的各项费用，包括采购费、仓储费、工地保管费、仓储损耗。

　　工程设备是指构成或计划构成永久工程一部分的机电设备、金属结构设备、仪器装置及其他类似的设备和装置。

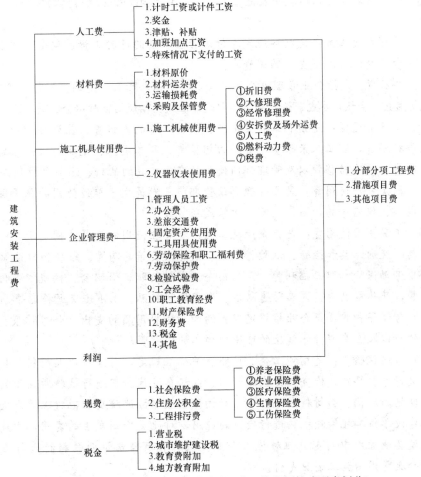

图1-3　建筑安装工程费用项目组成（按费用构成要素划分）

12. 根据我国现行建筑安装工程费用组成的规定，工地现场材料采购人员的工资应计入：〔2011-04〕

    A. 人工费   B. 材料费   C. 现场经费   D. 企业管理费

【答案】 B

【说明】 解析详见第 11 题。

13. 某材料出厂价格为 1000 元/t，运费为 100 元/t，装卸费为 50 元/t，保管费为 40 元/t，损耗等费用为 80 元/t，则该材料的概算价格为：〔2017-16〕

    A. 1000 元/t   B. 1100 元/t   C. 1180 元/t   D. 1270 元/t

【答案】 D

【说明】 解析详见第 11 题。材料费＝1000＋100＋50＋40＋80＝1270（元/t）。

14. 企业按规定缴纳的房产税、车船税、土地使用税、印花税等属于：〔2010-04〕

    A. 措施费   B. 规费   C. 企业管理费   D. 营业税

【答案】 C

【说明】 企业管理费是指建筑安装企业组织施工生产和经营管理所需的费用，内容包括以下部分。

    （1）管理人员工资：是指按规定支付给管理人员的计时工资、奖金、津贴补贴、加班加点工资及特殊情况下支付的工资等。

    （2）办公费：是指企业管理办公用的文具、纸张、账表、印刷、邮电、书报、办公软件、现场监控、会议、水电、烧水和集体取暖降温（包括现场临时宿舍取暖降温）等费用。

    （3）差旅交通费：是指职工因公出差、调动工作的差旅费、住勤补助费，市内交通费和误餐补助费，职工探亲路费，劳动力招募费，职工退休、退职一次性路费，工伤人员就医路费，工地转移费以及管理部门使用的交通工具的油料、燃料等费用。

    （4）固定资产使用费：是指管理和试验部门及附属生产单位使用的属于固定资产的房屋、设备、仪器等的折旧、大修、维修或租赁费。

    （5）工具用具使用费：是指企业施工生产和管理使用的不属于固定资产的工具、器具、家具、交通工具和检验、试验、测绘、消防用具等的购置、维修和摊销费。

    （6）劳动保险和职工福利费：是指由企业支付的职工退职金、按规定支付给离休干部的经费，集体福利费、夏季防暑降温、冬季取暖补贴、上下班交通补贴等。

    （7）劳动保护费：是企业按规定发放的劳动保护用品的支出。如工作服、手套、防暑降温饮料以及在有碍身体健康的环境中施工的保健费用等。

    （8）检验试验费：是指施工企业按照有关标准规定，对建筑以及材料、构件和建筑安装物进行一般鉴定、检查所发生的费用，包括自设试验室进行试验所耗用的材料等费用。不包括新结构、新材料的试验费，对构件做破坏性试验及其他特殊要求检验试验的费用和建设单位委托检测机构进行检测的费用，对此类检测发生的费用，由建设单位在工程建设其他费用中列支。但对施工企业提供的具有合格证明的材料进行检测不合格的，该检测费用由施工企业支付。

    （9）工会经费：是指企业按《工会法》规定的全部职工工资总额比例计提的工会经费。

    （10）职工教育经费：是指按职工工资总额的规定比例计提，企业为职工进行专业技术和职业技能培训，专业技术人员继续教育，职工职业技能鉴定，职业资格认定以及根据需要对职工进行各类文化教育所发生的费用。

(11) 财产保险费：是指施工管理用财产、车辆等的保险费用。

(12) 财务费：是指企业为施工生产筹集资金或提供预付款担保、履约担保、职工工资支付担保等所发生的各种费用。

(13) 税金：是指企业按规定缴纳的房产税、车船税、土地使用税、印花税等。

(14) 其他：包括技术转让费、技术开发费、投标费、业务招待费、绿化费、广告费、公证费、法律顾问费、审计费、咨询费、保险费等。

15. 下列哪些费用属于建筑安装工程企业管理费？ ［2007-01］

A. 环境保护费、文明施工费、安全施工费、夜间施工费

B. 财产保险费、财务费、差旅交通费、管理人员工资

C. 养老保险费、住房公积金、临时设施费、工程定额测定费

D. 夜间施工费、已完工程及设备保护费、脚手架

【答案】 B

【说明】 解析详见第 14 题。

■建筑安装工程费用项目组成（按造价形成划分）

16. 下列哪些费用属于建筑安装工程措施费？ ［2007-02］

A. 工程排污费、工程定额测定费、社会保障费

B. 办公费、养老保险费、工具用具使用费、税金

C. 夜间施工费、二次搬运费、大型机械设备进出场及安拆费、脚手架工程费

D. 工具用具使用费、劳动保险费、危险作业意外伤害保险费、财务费

【答案】 C

【说明】 建筑安装工程费用项目组成表（按造价形成划分）如图 1-4 所示。措施项目费是指为完成建设工程施工，发生于该工程施工前和施工过程中的技术、生活、安全、环境保护等方面的费用。内容包括：

(1) 安全文明施工费。

1) 环境保护费：是指施工现场为达到环保部门要求所需要的各项费用。

2) 文明施工费：是指施工现场文明施工所需要的各项费用。

3) 安全施工费：是指施工现场安全施工所需要的各项费用。

4) 临时设施费：是指施工企业为进行建设工程施工所必须搭设的生活和生产用的临时建筑物、构筑物和其他临时设施费用。包括临时设施的搭设、维修、拆除、清理费或摊销费等。

(2) 夜间施工增加费：是指因夜间施工所发生的夜班补助费、夜间施工降效、夜间施工照明设备摊销及照明用电等费用。

(3) 二次搬运费：是指因施工场地条件限制而发生的材料、构配件、半成品等一次运输不能到达堆放地点，必须进行二次或多次搬运所发生的费用。

(4) 冬雨期施工增加费：是指在冬期或雨期施工需增加的临时设施、防滑、排除雨雪，人工及施工机械效率降低等费用。

(5) 已完工程及设备保护费：是指竣工验收前，对已完工程及设备采取的必要保护

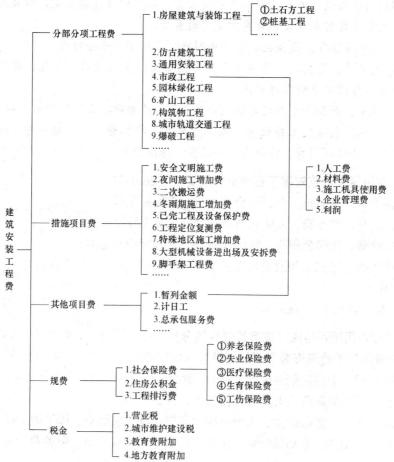

图 1-4 建筑安装工程费用项目组成表（按造价形成划分）

措施所发生的费用。

（6）工程定位复测费：是指工程施工过程中进行全部施工测量放线和复测工作的费用。

（7）特殊地区施工增加费：是指工程在沙漠或其边缘地区、高海拔、高寒、原始森林等特殊地区施工增加的费用。

（8）大型机械设备进出场及安拆费：是指机械整体或分体自停放场地运至施工现场或由一个施工地点运至另一个施工地点，所发生的机械进出场运输及转移费用及机械在施工现场进行安装、拆卸所需的人工费、材料费、机械费、试运转费和安装所需的辅助设施的费用。

（9）脚手架工程费：是指施工需要的各种脚手架搭、拆、运输费用以及脚手架购置费的摊销（或租赁）费用。

措施项目及其包含的内容详见各类专业工程的现行国家或行业计量规范。

17. 下列费用中，不属于施工措施费的是：［2012-07］

A. 安全、文明施工费　　　　　　　　B. 已完工程及设备保护费

C. 二次搬运费　　　　　　　　　　　D. 工程排污费

【答案】 D

【说明】 解析详见第16题。工程排污费属于规费。

18. 施工中所必需的生产、生活用的临时设施费应计入下列哪项费用中？［2003-02］
   A. 建设单位管理费   B. 计划利润
   C. 企业管理费   D. 安全文明施工费

【答案】 D

【说明】 生产、生活用的临时设施费属于安全文明施工费。

19. 下列费用中，属于建筑安装工程规费的是：［2022(05)-02，2011-02］
   A. 临时设施费   B. 工伤保险费
   C. 环境保护费   D. 已完工程和设备保护费

【答案】 B

【说明】 规费：是指按国家法律、法规规定，由省级政府和省级有关权力部门规定必须缴纳或计取的费用。包括：

（1）社会保险费。

1）养老保险费：是指企业按照规定标准为职工缴纳的基本养老保险费。

2）失业保险费：是指企业按照规定标准为职工缴纳的失业保险费。

3）医疗保险费：是指企业按照规定标准为职工缴纳的基本医疗保险费。

4）生育保险费：是指企业按照规定标准为职工缴纳的生育保险费。

5）工伤保险费：是指企业按照规定标准为职工缴纳的工伤保险费。

（2）住房公积金：是指企业按规定标准为职工缴纳的住房公积金。

（3）工程排污费：是指按规定缴纳的施工现场工程排污费。

其他应列而未列入的规费，按实际发生计取。

■设备及工具费用的构成

20. 某工程购置空调机组3台，单台出厂价2.2万元，运杂费率7%，则该工程空调机组的购置费为下列哪一项？［2008-07］
   A. 2.35万元   B. 4.71万元   C. 6.6万元   D. 7.06万元

【答案】 D

【说明】 设备购置费＝设备原价(或进口设备抵岸价)＋设备运杂费＝$(2.2+2.2×7\%)×3=7.06$（万元）。

21. 某工程购置电梯两部，购置费用130万元，运杂费率8%，则该电梯的原价为：［2007-07］
   A. 119.6万元   B. 120.37万元   C. 140.4万元   D. 150万元

【答案】 B

【说明】 设备购置费＝设备原价＋设备运杂费＝设备原价＋设备原价×设备运杂费率。设备原价＝$130/(1+8\%)=120.37$（万元）。

22. 下列费用中，哪一项应计入设备购置费？［2004-02］
   A. 采购及运输费   B. 调试费
   C. 安装费   D. 设备安装、保险费

【答案】 A

【说明】 解析详见第21题。

23. **下列关于设备运杂费的阐述，正确的是：** [2011-01]

    A. 设备运杂费属于工程建设其他费用

    B. 设备运杂费通常由运费和装卸费、包装费、设备供销部门的手续费、采购与仓库保管费构成

    C. 设备运杂费的取费基础是运费

    D. 工程造价构成中不含设备运杂费

    【答案】 B

    【说明】 设备运杂费通常由下列各项组成：

    （1）国产标准设备由设备制造厂交货地点起至工地仓库止所发生的运费和装卸费。进口设备则为我国到岸港口、边境车站起至工地仓库止所发生的运费和装卸费。

    （2）在设备出厂价格中没有包含的设备包装和包装材料器具费。在设备出厂价或进口设备价格中如已包括了此项费用，则不应重新计算。

    （3）设备供销部门的手续费。按有关部门规定的统一费率计算。

    （4）建设单位的采购与仓库保管费。

    《工程造价术语标准》（GB/T 50875—2013）2.2.9 设备运杂费：国内采购设备自来源地、国外采购设备自到岸港运至工地仓库或指定堆放地点发生的采购、运输、运输保险、保管、装卸等费用。

24. **下列关于设备运杂费的说法，正确的是：** [2020-02]

    A. 沿海地区和交通便利的地方设备运杂费相对便宜些

    B. 运至仓库的费用不算在运杂费里

    C. 国产设备运至工地后发生的装运费费用不应包括在运杂费中

    D. 工程承包公司采购的相关费用不应计入在运杂费

    【答案】 A

    【说明】 解析详见第23题。

■**工程建设其他费用的构成**

25. **我国现行建设项目工程造价的构成中，工程建设其他费用包括：** [2009-01]

    A. 基本预备费   B. 税金

    C. 建设期贷款利息   D. 与未来企业生产经营有关的其他费用

    【答案】 D

    【说明】 工程建设其他费用是指从工程筹建起到工程竣工验收交付使用止的整个建设期间，除建筑安装工程费用和设备及工、器具购置费用以外的，为保证工程建设顺利完成和交付使用后能够正常发挥效用而发生的各项费用。工程建设其他费用大体可分为三类：第一类指土地使用费；第二类指与项目建设有关的其他费用；第三类指与未来企业生产经营有关的其他费用。工程建设项目其他费用的组成如图1-5所示。

    《建设工程造价咨询规范》（GB/T 51095—2015）4.2.15 工程建设其他费用应包括建设管理费、建设用地费、可行性研究费、研究试验费、勘察设计费、环境影响评价

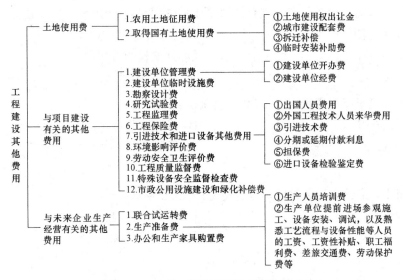

图 1-5 工程建设项目其他费用的组成

费、劳动安全卫生评价费、场地准备及临时设施费、引进技术和引进设备其他费、工程保险费、联合试运转费、特殊设备安全监督检验费、市政公用设施配套费、专利及专有技术使用费、生产准备及开办费等。

26. 下列费用中，属于工程建设其他费用的是：[2013-01]

　　A. 环境影响评价费　　　　　　　　B. 设备及工器具购置费

　　C. 措施费　　　　　　　　　　　　D. 安装工程费

【答案】　A

27. 我国现行建设项目工程造价的构成中，下列哪项费用属于工程建设其他费用？[2006-03]

　　A. 基本预备费　　　　　　　　　　B. 税金

　　C. 建设期贷款利息　　　　　　　　D. 建设单位临时设施费

【答案】　D

28. 下列费用中，不属于工程造价构成的是：[2012-01，2010-02]

　　A. 土地费用　　　　　　　　　　　B. 建设单位管理费

　　C. 流动资金　　　　　　　　　　　D. 勘察设计费

【答案】　C

【说明】　A、B、D选项均为工程建设其他费。

29. 下列费用中，不属于工程建设其他费的是：[2012-04]

　　A. 勘察设计费　　　　　　　　　　B. 可行性研究费

　　C. 环境影响评价费　　　　　　　　D. 二次搬运费

【答案】　D

【说明】　二次搬运费属于建筑安装工程费中的措施项目费。

30. 土地出让金是向土地管理部门支付的取得土地哪项权利的费用？〔2006-02〕
    A. 使用权的费用　　　　　　　　　　B. 所有权的费用
    C. 收益权的费用　　　　　　　　　　D. 处置权的费用
    【答案】 A

31. 土地使用费属于下列费用中哪一项？〔2005-02〕
    A. 建设单位管理费　　　　　　　　　B. 研究试验费
    C. 建筑工程费　　　　　　　　　　　D. 工程建设其他费用
    【答案】 D

32. 下列费用中，应计入工程建设其他费的是：〔2017-03〕
    A. 勘察设计费　　　　　　　　　　　B. 工器具的购置
    C. 设备运杂费　　　　　　　　　　　D. 设备安装费
    【答案】 A

33. 根据《建筑安装工程费用项目组成》（建标〔2013〕44号）文件的规定，勘察设计费属于：〔2009-02〕
    A. 建设单位管理费　　　　　　　　　B. 工程建设其他费用
    C. 开办费　　　　　　　　　　　　　D. 间接费
    【答案】 B

34. 设计单位编制项目初步设计文件收取的费用属于：〔2022（05）－01〕
    A. 建筑安装工作费　　　　　　　　　B. 预备费
    C. 工程建设其他费用　　　　　　　　D. 建设单位管理费
    【答案】 C

35. 设计院收取的设计费一般应计入建设：〔2019-04〕
    A. 预备费　　　　　　　　　　　　　B. 工程建设其他费
    C. 建设单位管理费　　　　　　　　　D. 建筑安装工程费
    【答案】 B

36. 勘察设计费应属于总概算中六部分之一的哪一项费用？〔2008-02〕
    A. 其他费用　　B. 建筑工程费　　C. 前期工作费　　D. 安装工程费
    【答案】 A

37. 可行性研究报告的编制费应属于总概算中的哪一项费用？〔2008-04〕
    A. 工程费用　　B. 建设期贷款利息　　C. 铺底流动资金　　D. 其他费用
    【答案】 D

38. 设计单位根据工程项目需要，要求在项目建设过程中必须通过试验来验证设计参数的，其所需的费用应计入：〔2021-01〕
    A. 勘察设计费　　B. 专项评价费　　C. 研究试验费　　D. 建设项目管理费
    【答案】 C

39. 为验证结构的安全性，业主委托某科研单位对模拟结构进行破坏性试验，由此产生的费用属于：[2013-05]

A. 建设单位管理费　　　　　　　　B. 建筑安装工程费用

C. 工程建设其他费用中的研究试验费　　D. 工程建设其他费用中的咨询费

【答案】 C

40. 根据设计要求，在施工过程中需对某新型钢筋混凝土屋架进行一次破坏性试验，以验证设计的正确性。此项试验费应列入下列哪一项？[2005-03]

A. 施工单位的直接费　　　　　　　B. 施工单位的其他直接费

C. 设计费　　　　　　　　　　　　D. 建设单位的研究试验费

【答案】 D

41. 监理单位的工程监理费属于：[2020 - 05]

A. 预备费　　　　　　　　　　　　B. 建设工程安装费

C. 工程建设其他费　　　　　　　　D. 工程质量监督费

【答案】 C

42. 工程建设其他费用中，与未来企业生产和经营活动有关的是：[2011-03]

A. 建设管理费　　B. 勘察设计费　　C. 工程保险费　　D. 联合试运转费

【答案】 D

43. 联合试运转费应计入下列哪项费用中？[2003-03]

A. 设备安装费　　　　　　　　　　B. 建筑安装工程费

C. 生产准备费　　　　　　　　　　D. 与未来企业生产经营有关的其他费用

【答案】 D

【说明】 第 26 题～第 43 题解析详见第 25 题。

■预备费

44. 下列关于基本预备费（不可预见费）的说法，正确的是：[2020 - 03]

A. 因国际汇率变化而增加的费用

B. 因人工涨价而增加的费用

C. 因市场利率提高而增加的费用

D. 竣工验收时为鉴定工程质量，对隐蔽工程进行必要的挖掘和修复的费用

【答案】 D

【说明】 根据《工程造价术语标准》（GB/T 50875—2013）2.2.44 条文说明，基本预备费主要包括：

（1）在批准的基础设计和概算范围内增加的设计变更、局部地基处理等费用。

（2）一般自然灾害造成的损失和预防自然灾害所采取措施的费用。

（3）竣工验收时鉴定工程质量对隐蔽工程进行必要开挖和修复的费用。

（4）超规超限设备运输过程中可能增加的费用。

45. 基本预备费不包括：[2012-05]

A. 技术设计、施工图设计及施工过程中增加的费用

B. 设计变更费用

C. 利率、汇率调整等增加的费用

D. 对隐蔽工程进行必要的挖掘和修复产生的费用

【答案】 C

46. 编制设计概算时,由于设计变更导致施工可能增加工程量所对应的费用应计入:[2017-04]

    A. 基本预备费   B. 差价预备费

    C. 工程建设其他费   D. 建筑工程费

【答案】 A

47. 工程项目总投资估算预留的基本预备费可以用于:[2019-02]

    A. 汇率变化   B. 局部地基处理   C. 人工工资上涨   D. 材料价格上涨

【答案】 B

48. 在编制初步设计总概算时,对于难以预料的工程和费用应列入下列哪一项?[2005-04]

    A. 涨价预备费   B. 基本预备费

    C. 工程建设其他费用   D. 建设期贷款利息

【答案】 B

【说明】 第45题～第48题解析详见第44题。

49. 某项目建筑安装工程成本为4100万元,措施费为100万元,利润和税金为800万元,设备及工器具购置费为2000万元,工程建设其他费用为1000万元,贷款利息为1000万元,基本预备费率为5%,则该项目的基本预备费为:[2013-04]

A. 450万元   B. 410万元   C. 400万元   D. 350万元

【答案】 C

【说明】 基本预备费＝(设备及工器具购置费＋建筑安装工程费用＋工程建设其他费用)×基本预备费率。其中建筑安装工程费按照费用构成要素可划分为:人工费、材料(包含工程设备,下同)费、施工机具使用费、企业管理费、利润、规费和税金。本题目中建筑安装工程费＝4100＋100＋800＝5000(万元),基本预备费＝(2000＋5000＋1000)×5%＝400(万元)。

50. 某办公楼的建筑安装工程费用为800万元,设备及工器具购置费用为200万元,工程建设其他费用为100万元,建设期贷款利息为100万元,项目基本预备费率为5%,则该项目的基本预备费为:[2009-09]

A. 40万元   B. 50万元   C. 55万元   D. 60万元

【答案】 C

【说明】 基本预备费＝(800＋200＋100)×5%＝55(万元)。

51. 某项目工程费用6400万元,其他费用720万元,无贷款,不考虑投资方向调节税、流动资金,总概算7476万元,则预备费费率为下列哪一项?[2008-08]

A. 5.6%   B. 5%   C. 4.76%   D. 4%

【答案】 B

【说明】 基本预备费率＝基本预备费/(工程费用＋工程建设其他费)＝(7476－6400－720)/(6400＋720)×100%＝5%。

52. **基本预备费的计算应以下列哪一项为基数?** ［2012-03，2011-08，2008-06］

    A. 工程费用＋工程建设其他费   B. 土建工程费＋安装工程费

    C. 工程费用＋价差预备费   D. 工程直接费＋设备购置费

【答案】 A

【说明】 解析详见第51题。工程费用＝设备及工器具购置费＋建筑安装工程费。

53. **为工程项目贷款所支付的利息，属于下列哪一项费用?** ［2006-01］

    A. 工程建设其他费用   B. 成本费用

    C. 财务费用   D. 工程直接费

【答案】 C

【说明】 财务费用，是指企业为筹集生产经营所需资金等而发生的费用，包括利息支出（减利息收入）、汇兑损失（减汇兑收益）以及相关的手续费等。

第二章 策划阶段投资控制

1. **下列与建设项目各阶段相对应的投资测算，正确的是：** [2013-06]

   A. 在可行性研究阶段编制投资估算　　B. 在项目建议书阶段编制设计概算

   C. 在施工图设计阶段编制竣工决算　　D. 在方案深化阶段编制工程量清单

   【答案】 A

   【说明】 建设项目各阶段相应的投资测算如图 2-1 所示。

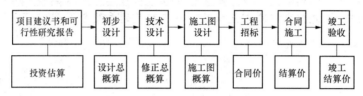

   图 2-1 建设项目各阶段相应的投资测算

2. **下列关于设计文件编制阶段的说法中，正确的是：** [2012-06]

   A. 在可行性研究阶段需编制投资估算　　B. 在方案设计阶段需编制预算

   C. 在初步设计阶段需编制工程量清单　　D. 在施工图设计阶段需编制设计概算

   【答案】 A

3. **工程项目设计概算是由设计单位在哪一个阶段编制的？** [2006-06]

   A. 可行性研究阶段　　　　　　　　　B. 初步设计阶段

   C. 技术设计阶段　　　　　　　　　　D. 施工图设计阶段

   【答案】 B

   【说明】 第 2 题、第 3 题解析详见第 1 题。

4. **建设项目投资估算的作用之一是：** [2012-08]

   A. 作为向银行借款的依据　　　　　　B. 作为招投标的依据

   C. 作为编制施工图预算的依据　　　　D. 作为工程结算的依据

   【答案】 A

   【说明】 项目投资估算的作用：①项目建议书阶段的投资估算，是项目主管部门审批项目建议书的依据之一。②项目可行性研究阶段的投资估算，是项目投资决策的重要依据。③项目投资估算对工程设计概算起控制作用。④项目投资估算可作为项目资金筹措及制订建设贷款计划的依据。⑤项目投资估算是核算建设工程项目投资需要额和编制建设投资计划的重要依据。⑥合理准确的投资估算是进行工程造价管理改革，实现工程造价事前管理和主动控制的前提条件。

5. **在详细可行性研究阶段，其投资估算的精度要求控制在：** [2009-23]

   A. ±30％以内　　　　B. ±20％以内　　　　C. ±10％以内　　　　D. ±5％以内

【答案】 C

【说明】 解析详见表 2-1。

表 2-1 投资估算阶段划分

	投资估算阶段划分	投资估算误差率
投资决策过程	项目规划阶段的投资估算	±30%
	项目建议书阶段的投资估算	±30%
	初步可行性研究阶段的投资估算	±20%
	详细可行性研究阶段的投资估算	±10%
	项目设计阶段的投资估算	±5%

6. 作为确定和控制建设项目全过程各项投资总额的投资估算，应包括：[2022（05）-05]

A. 设计费用、施工费用、试运行及竣工交付阶段的费用

B. 建筑工程实施、施工验收及交付使用和报废费用

C. 建设投资前期、施工建设竣工验收交付使用期的费用支出

D. 施工建设、竣工验收交付使用期和报废期的费用支出

【答案】 A

【说明】 投资估算的内容包括：总投资＝建设投资＋建设期利息＋全部流动资金。建设投资＝建筑工程费＋设备及工器具购置费＋安装工程费＋工程建设其他费＋基本预备费＋涨价预备费。建筑工程费、设备及工器具购置费、安装工程费和建设期利息在项目交付使用后形成固定资产。工程建设其他费用将分别形成固定资产、无形资产和其他资产。选项 A 接近正确。

第三章 设计阶段投资控制

■设计方案经济比选

1. 某设计院就同一项目给出四个功能均满足要求的设计方案,见表3-1,考虑成本因素后最佳的选择是:〔2019-16〕

表3-1   设 计 方 案

方案指标	甲	乙	丙	丁
设计概算/万元	9600	9100	10950	8840
建筑面积/m²	12 000	14 000	15 000	13 000
单方造价/(元/m²)	8000	6500	7300	6800

A. 甲   B. 乙   C. 丙   D. 丁

【答案】 D

【说明】 参见《建设项目全过程造价咨询规程》(CECA/GC 4—2017)。

4.2.2 方案经济比选应结合建设项目的使用功能、建设规模、建设标准、设计寿命、项目性质等要素,运用价值工程、全寿命周期成本等方法进行分析,提出优选方案及改进建议。

2. 设计院就同一项目给出四个设计方案功能均满足业主要求,见表3-2,不考虑其他因素,应选择的最优方案是:〔2021-24〕

表3-2   设 计 方 案

方案指标	甲	乙	丙	丁
设计概算/万元	8000	9000	9200	8600
建筑面积/m²	13 000	15 000	14 500	14 800

A. 甲   B. 乙   C. 丙   D. 丁

【答案】 A

【说明】 解析详见第1题。

3. 某项目有四个可选方案,初始投资均相同,项目计算期为15年,财务净现值和投资回收期见表3-3,应选择的最优方案是:〔2021-19〕

表3-3   设 计 方 案

方案指标	甲	乙	丙	丁
财务净现值/万元	130	150	120	110
静态投资回收期 (行业均值为7年)	5.4	5.2	4.8	6.1
动态投资回收期/年	6.8	6.5	6.1	7.6

A. 甲   B. 乙   C. 丙   D. 丁

【答案】 B

【说明】 投资回收期均小于行业均值，项目均可行，选择净现值最大的。

4. 某项目有四个可选方案，初始投资均相同，项目计算期为 15 年，财务净现值和投资回收期见表 3 - 4，应选择的最优方案是：［2020 - 19］

表 3 - 4   设 计 方 案

方案指标	甲	乙	丙	丁
财务净现值/万元	2400	2000	1600	2100
投资回收期/年 （行业均值为 8 年）	7.6	6	8.5	7.4

A. 甲   B. 乙   C. 丙   D. 丁

【答案】 A

【说明】 解析详见第 3 题。

5. 建设项目产品产量，产品生产，销售和价格等因素会对项目盈利或亏损产生影响。 投资方案对这种不确定的承受能力，通常要计算：［2020 - 20］

A. 资产负债率   B. 投资收益率   C. 偿债备付率   D. 盈亏平衡点

【答案】 D

【说明】 盈亏平衡点又称零利润点、保本点、盈亏临界点、损益分歧点、收益转折点。通常是指全部销售收入等于全部成本时（销售收入线与总成本线的交点）的产量。以盈亏平衡点的界限，当销售收入高于盈亏平衡点时企业盈利，反之，企业就亏损。盈亏平衡点越低，则企业更容易盈利，方案抗风险能力也越强。

6. 下列关于盈亏平衡点，说法正确的是：［2020 - 21］

A. 盈亏平衡点越高，适应市场变化的能力越强

B. 线性分析，盈亏平衡点用销售量来表示与销售价格成正比

C. 线性分析，盈亏平衡点用销售量来表示与总固定成本成反比

D. 盈亏平衡点越低，方案抗风险能力也越强

【答案】 D

【说明】 解析详见第 5 题。

7. 某项目有四个设计方案，具体信息见表 3 - 5，则应选择的最优方案是：［2021 - 21］

表 3 - 5   设 计 方 案

项 目	甲	乙	丙	丁
设计生产能力/(t/年)	2000	1800	1800	1600
盈亏平衡点/t	1000	1080	1260	1200
盈亏平衡时生产能力利用率	50.00%	60.00%	70.00%	75.00%

A. 甲   B. 乙   C. 丙   D. 丁

【答案】 A

【说明】 盈亏平衡点越低，且盈利平衡时的生产能力利用率越低，则盈利的可能性及空

间越大。

8. 下列建筑平面形式中，只考虑维护墙与建筑面积时最经济的是：[2019-008]
A. L形建筑   B. 圆形建筑   C. 长方形建筑   D. 正方形建筑

【答案】 B

【说明】 同等建筑面积的情况下，圆形建筑的周长是最小的，假设建筑高度一致，圆形建筑的维护结构面积最小。

9. 建筑设计阶段影响工程造价的因素是：[2009-17]
Ⅰ. 平面形状；Ⅱ. 层高；Ⅲ. 混凝土强度等级；Ⅳ. 文明施工；Ⅴ. 结构类型
A. Ⅰ、Ⅱ、Ⅳ   B. Ⅰ、Ⅱ、Ⅳ   C. Ⅱ、Ⅲ、Ⅴ   D. Ⅰ、Ⅱ、Ⅴ

【答案】 C

【说明】 在建筑设计阶段影响工程造价的因素主要有平面形状、流通空间、建筑层高、建筑物层数、柱网布置、建筑物的体积与面积、建筑结构等。

10. 采用价值工程进行设计方案优化时的核心工作是：[2019-14]
A. 优化工作   B. 质量分析   C. 方案创新   D. 功能分析

【答案】 D

【说明】 参见《工程造价术语标准》(GB/T 50875—2013)。

　　2.1.25 价值工程：以提高产品或作业的价值为目的，通过有组织的创造性工作，用最低的寿命周期成本，实现使用者所需功能的一种管理技术。

　　2.1.25 条文说明：价值工程涉及价值、功能和寿命周期成本等三个基本要素，是一门工程技术理论，其基本思想是以最少的费用换取所需要的功能。

11. 建筑方案设计阶段运用价值工程的理念进行设计方案优化，其目标是：[2021-10]
A. 进行方案的功能分析
B. 降低方案的总投资额
C. 以最低的全寿命周期成本实现建筑的必要功能
D. 延长建筑的使用寿命

【答案】 C

【说明】 解析详见第10题。

12. 除了策划阶段，决定建筑造价的重要阶段是：[2020-06]
A. 设计阶段   B. 施工图阶段   C. 招投标阶段   D. 竣工结算阶段

【答案】 A

【说明】 工程设计阶段是控制工程造价的关键环节，应积极推行限额设计。既要按照批准的设计任务书及投资估算控制初步设计及概算，按照批准的初步设计及总概算控制施工图设计及预算；又要在保证工程功能要求的前提下，按各专业分配的造价限额进行设计，保证估算、概算，起到层层控制的作用，不突破造价限额。

■限额设计方法

13. 下列关于限额设计的说法，正确的是：[2022(05)-12]
A. 限额设计是通过减少使用功能，使工程造价大幅度降低

B. 限额设计可以降低技术标准，使工程造价大幅度降低

C. 限额设计是通过增加投资额，提升使用功能

D. 限额设计需要在投资额度不变的情况下，基于建筑工程全寿命从而优化设计，实现使用功能和建设规模的最大化

【答案】 D

【说明】 参见《工程造价术语标准》（GB/T 50875—2013）。

2.1.24 限额设计：按照投资或造价的限额开展满足技术要求的设计工作。即按照可行性研究报告批准的投资限额进行初步设计，按照批准的初步设计概算进行施工图设计，按照施工图预算对施工图设计中各专业设计文件作出决策的设计工作程序。

14. 关于限额设计的说法，正确的是：〔2020-08〕

A. 按分配的投资和控制设计，不允许出设计变更

B. 按批准的投资估算控制初步设计，按批准的初步设计概算控制施工图设计

C. 限额设计的核心是通过降低使用功能来实现降低工程造价

D. 限额设计的中心是降低安全来实现降低造价

【答案】 B

15. 下列对于初步设计阶段限额设计的说法，正确的是：〔2019-13〕

A. 限额设计应以批准的投资估算作为设计总限额

B. 限额设计必须考虑项目全周期的成品，因此限额一般较高

C. 限额的分配一般根据类似工程的经验分配的，确保了分配的合理性

D. 若不能在分配的限额内完成设计，设计人员一般会采取降低技术标准的做法

【答案】 A

16. 若某专业的设计人员的初步设计方案超过了事先分配的设计限额，应采取的做法是：〔2022（05）-24，2019-12〕

A. 向项目经理要求提高限额

B. 修改设计方案以达到限额设计的要求

C. 如果不超过设计限额的10%，则不用修改

D. 向其他限额没有用完的专业人员申请借用限额

【答案】 B

【说明】 第14题～第16题解析详见第13题。

17. 关于限额设计目标及分解办法，正确的是：〔2022（05）-10〕

A. 限额设计目标只包括造价目标

B. 限额设计的造价总目标是初步设计确定的设计概算额

C. 在初步设计前将决策阶段确定的投资额分解到各专业设计造价限额

D. 各专业造价限额在任何情况下均不得修改、突破

【答案】 C

【说明】 限额设计目标包括造价目标、质量目标、进度目标、安全目标及环保目标。分解工程造价目标是实行限额设计的一个有效途径和主要方法。

■工业建筑设计的主要经济技术指标

18. 下列有关工业项目总平面设计评价指标的说法，正确的是：[2011-19]

   A. 建筑系数反映了总平面设计的功能分区的合理性

   B. 土地利用系数反映出总平面布置的经济合理性和土地利用效率

   C. 绿化系数应该属于工程量指标的范畴

   D. 经济指标是指工业项目的总运输费用、经营费用等

   【答案】 B

   【说明】 选项A建筑系数用以说明建筑物分布的疏密程度、卫生条件及土地利用率。选项C绿化系数应该属于技术经济指标的范畴。选项D经济指标主要是建筑密度指标、土地利用系数、绿化系数等。

19. 下列建筑指标中，能全面反映厂区用地是否经济合理的指标是：[2022(05)-14,2017-10]

   A. 容积率   B. 土地利用系数   C. 建筑密度   D. 绿化系数

   【答案】 B

   【说明】 土地利用系数指厂区的建筑物、构筑物、各种堆场、铁路、道路、管线等的占地面积之和与厂区占地面积之比，它比建筑密度更能全面反映厂区用地是否经济合理的情况。

20. 能全面反映工业建筑厂区用地是否经济合理的建设设计指标是：[2019-19]

   A. 容积率   B. 绿地率   C. 土地利用系数   D. 建筑周长系数

   【答案】 C

   【说明】 解析详见第19题。

21. 某工业项目中，建筑占地面积 4000m²，厂区道路占地面积 300m²，工程管网占地面积 500m²，厂区占地面积 6000m²，则该厂的土地利用系数为：[2017-12]

   A. 66.67%   B. 71.67%   C. 20%   D. 80%

   【答案】 D

   【说明】 解析详见第19题。土地利用系数=（4000＋300＋500）/6000×100%＝80%。

22. 已知某厂区占地面积为 14 000m²，其中，厂房、办公楼占地面积为 8000m²，原材料和燃料堆场 2500m²，厂区道路占地面积 2000m²，绿化占地面积 1500m²，则该厂区的建筑密度是：[2019-18]

   A. 17.85%   B. 42.85%   C. 57.14%   D. 75.00%

   【答案】 D

   【说明】 工业厂区总平面建筑密度指标是指厂房内建筑物、构筑物、各种堆场的占地面积与厂区占地面积之比。计算过程：（8000＋2500)/14 000×100%＝75%。

●民用建筑主要技术经济指标和工程量表

23. 在住宅小区规划设计中节约用地的主要措施有：[2011-17]

   A. 增加建筑的间距   B. 提高住宅层数或高低层搭配

   C. 缩短房屋进深   D. 压缩公共建筑的层数

   【答案】 B

【说明】 在住宅小区规划设计中节约用地的主要措施：压缩建筑间距；提高住宅层数和高低层搭配；适当增加房屋长度；提高公共建筑的层数；合理布置道路。

24. 居住区技术经济指标中的人口净密度指的是：[2019 - 24]

A. 居住总户数/住宅用地面积   B. 居住总人口/住宅用地面积

C. 居住总户数/居住区用地面积   D. 居住总人口/居住区用地面积

【答案】 B

【说明】 参见《城市规划基本术语标准》（GB/T 50280—1998）。

  5.0.14 条文说明：人口净密度是居住区规划的重要经济技术指标之一，反映居住区住宅用地的使用强度，公式为：人口净密度＝居住总人口/住宅用地总面积（人/hm²）。

25. 下列建筑设计指标中，影响居住小区容积率大小的因素是：[2017 - 09]

A. 总建筑面积和建筑基地面积   B. 各类建筑基地面积和居住区用地面积

C. 建筑使用面积和居住区用地面积 D. 各类建筑总建筑面积和居住区用地面积

【答案】 D

【说明】 建筑面积毛密度：也称容积率，是每公顷居住用地上拥有的各类建筑的建筑面积（万 m²/hm²）或以居住区总建筑面积（万 m²）与居住区用地（万 m²）的比值表示。

26. 住宅用地占小区用地的 60%，住宅基地面积为 15 000m²，住宅净密度为 12%，绿化率为 10%，总建筑面积为 320 000m²，容积率是多少？[2021 - 14]

A. 0.79   B. 1.39   C. 1.54   D. 1.67

【答案】 C

【说明】 解析详见第 25 题。容积率＝320 000/[15 000/（0.12×0.6）]＝1.54。

27. 某住宅小区设计方案，居住面积系数为 60%，墙体等结构所占面积为 4200m²，标准层的居住面积为 12 000m²，标准层的辅助面积为 4000m²，则该建筑设计方案的结构面积系数为：[2021 - 15]

A. 20.00%   B. 21.00%   C. 33.33%   D. 35.00%

【答案】 B

【说明】 居住面积系数＝居住建筑标准层的居住面积/居住建筑标准层建筑面积，所以居住建筑标准层建筑面积＝12 000m²/0.6＝20 000m²；结构面积系数＝4200/20 000×100%＝21%。

28. 某住宅小区用地面积为 60 000m²，总建筑面积为 120 000m²，用地范围内所有建筑基底面积之和为 30 000m²，则该小区的建筑密度是：[2017 - 11]

A. 20%   B. 25%   C. 50%   D. 100%

【答案】 C

【说明】 建筑密度：居住区用地内，各类建筑的基底总面积与居住区用地面积的比率（%）。

29. 下列技术经济指标中，属于公共建筑设计方案节地经济指标的是：[2022(05) - 13，2012-15]

A. 体形系数 B. 建筑平面系数 C. 容积率 D. 结构面积系数

【答案】 C

【说明】　①体形系数指建筑物与室外大气接触的外表面积与其所包围体积的比值，一般来讲，体形系数越小对节能越有利。②建筑平面系数也称"建筑系数"，或称"K"值，指建筑物使用面积（在居住建筑中为居住面积）占建筑面积的百分率。③容积率：项目用地范围内地上总建筑面积（但必须是±0.000标高以上的建筑面积）与项目总用地面积的比值。④结构面积系数：结构面积/建筑面积，结构面积越小，说明有效使用面积增加，这是评价采用新材料、新结构的重要指标。

30. 某公共建筑，使用房间面积 6000m²，辅助用房面积 2400m²，结构面积 1000m²，建筑平面系数是多少？［2020-13］

A. 53.9% 　　　　B. 63.83% 　　　　C. 74.94% 　　　　D. 89.36%

【答案】　B

【说明】　建筑平面系数，或称"K"值，指使用面积占建筑面积的比例，一般用百分比表示，$K = 6000/(6000 + 2400 + 1000) \times 100\% = 63.83\%$。

31. 下列说法正确的是［2020-12］

A. 结构面积越大，使用率越高　　　　　B. 建筑平面系数越高，使用率越高

C. 辅助面积越大，使用率越高　　　　　D. 平面系数越大，辅助空间越大

【答案】　B

【说明】　解析详见第 30 题。

32. 某厂区的规划方案中包括厂房、办公楼、露天堆场、铁路、道路、管线和绿化等面积，若厂区用地面积不变，提高建筑系数的可行做法是？［2020-24］

A. 减少厂房的占地面积　　　　　　　　B. 增加绿化面积

C. 增加露天堆场的面积　　　　　　　　D. 减少管线的占地面积

【答案】　C

【说明】　根据《工业企业总平面设计规范》（GB 50187—2012）B.0.6，建筑系数应按下式计算：

$$建筑物系数 = \frac{建筑物、构筑物用地面积 + 露天设备用地面积 + 露天堆场及露天操作场用地面积}{厂区用地面积} \times 100\%$$

33. 反映公共建筑使用期内经济性的指标是：［2022(05)-25，2011-18］

A. 单位造价　　　B. 能源耗用量　　　C. 面积使用系数　　　D. 建筑用钢量

【答案】　B

【说明】　反映公共建筑使用期内经济性的指标主要有土地占有量、年度经常使用费、能源耗用量等能源耗用量。能耗指标是各种反映能源消耗量的数据指标，用来描述能源消耗量的大小和种类。

●建筑材料价格比较（解析中的材料价格仅作为参考）

▲墙体

34. 以下单层房屋层高相同的非黏土墙（240mm 厚）哪一个单价（元/m²）最高？［2008-10］

A. 框架间内墙　　　B. 普通外墙　　　C. 框架间外墙　　　D. 普通内墙

【答案】　A

【说明】 240mm 厚砖外墙单价 44.50 元/m²；240mm 厚砖内墙单价 44.56 元/m²；240mm 厚混凝土框架间墙单价 177.28 元/m²，内墙价格高于外墙。

35. 下列隔断墙每平方米综合单价最高的是：[2005-11]
    A. 硬木装饰隔断　　　　　　　　B. 硬木半玻璃隔断
    C. 铝合金半玻璃隔断　　　　　　D. 轻钢龙骨单排石膏板隔断
    【答案】 C
    【说明】 硬木装饰隔断 76.67 元/m²；硬木半玻璃隔断 128.19 元/m²；铝合金半玻璃隔断 250.62 元/m²；轻钢龙骨单排石膏板隔断 55.25 元/m²。

36. 下列产品的单价（元/m³）哪一种最贵？[2013-12，2004-08]
    A. 加气保温块 600mm×250mm×50mm　　B. 加气保温块 600mm×250mm×100mm
    C. 加气块 600mm×250mm×150mm　　　　D. 加气块 600mm×250mm×300mm
    【答案】 A
    【说明】 加气保温块 600mm×250mm×50mm 价格为 710 元/m³；加气保温块 600mm×250mm×100mm 价格为 660 元/m³；加气块 600mm×250mm×150mm 价格为 440 元/m³；加气块 600mm×250mm×300mm 价格为 360 元/m³。

▲楼地层

37. 下列地坪材料价格最高的是：[2012-14]
    A. 环氧树脂地坪　　B. 地砖地坪　　C. 花岗岩地坪　　D. 普通水磨石地坪
    【答案】 C
    【说明】 环氧树脂地坪 64.18 元/m²；地砖地坪 126.15 元/m²；花岗岩地坪 253.50 元/m²；普通水磨石地坪 67.65 元/m²。

38. 下列地面面层单价最高的是：[2009-13]
    A. 水泥花砖　　　　　　　　　　B. 白锦砖
    C. 抛光通体砖　　　　　　　　　D. 预制白水泥水磨石
    【答案】 C
    【说明】 水泥花砖 18 元/m²；白锦砖 51 元/m²；抛光通体砖 96 元/m²；预制白水泥水磨石 23 元/m²。

39. 下列各种块料楼地面的面层单价（元/m²）哪一种最高？[2008-12]
    A. 陶瓷锦砖面层　　　　　　　　B. 石塑防滑地砖面层
    C. 钛合金不锈钢覆面地砖面层　　D. 碎拼大理石面层
    【答案】 C
    【说明】 陶瓷锦砖面层 68.17 元/m²；石塑防滑地砖面层 97.83 元/m²；钛合金不锈钢覆面地砖面层 305.70 元/m²；碎拼大理石面层 183.44 元/m²。

40. 以下钢筋混凝土楼板每平方米造价最高的是：[2012-16]
    A. 120mm 厚现浇楼板　　　　　　B. 120mm 厚短向预应力多孔板
    C. 300mm 厚预制槽形板　　　　　D. 压型钢板上浇 100mm 现浇楼板
    【答案】 D

【说明】 120mm 厚现浇楼板 74.89 元/m^2；120mm 厚短向预应力多孔板 104.42 元/m^2；300mm 厚预制槽形板 141.42 元/m^2；压型钢板上浇 100mm 现浇楼板 152.89 元/m^2。

41. 下列各类楼板的做法中，单价最高的是：〔2006-09〕
    A. C30 钢筋混凝土平板 100mm 厚　　　　B. C30 钢筋混凝土有梁板 100mm 厚
    C. C25 钢筋混凝土平板 100mm 厚　　　　D. C25 钢筋混凝土有梁板 100mm 厚
    【答案】 B
    【说明】 C30 钢筋混凝土平板 100mm 厚 67.26 元/m^2；C30 钢筋混凝土有梁板 100mm 厚 74.90 元/m^2；C25 钢筋混凝土平板 100mm 厚 56.71 元/m^2；C25 钢筋混凝土有梁板 100mm 厚 68.14 元/m^2。

42. 下列吊顶面层的综合单价（元/m^2）最高的是：〔2006-13〕
    A. 纤维板　　　　B. 铝合金方板　　　　C. 胶合板　　　　D. 珍珠岩石膏板
    【答案】 B
    【说明】 纤维板 25.16 元/m^2；铝合金方板 122.35 元/m^2；胶合板 77.21 元/m^2；珍珠岩石膏板 38.70 元/m^2。

43. 下列吊顶材料每平方米综合单价最高的是：〔2005-10〕
    A. 轻钢龙骨轴线内包面积小于或等于 30m^2
    B. 轻钢龙骨轴线内包面积大于 30m^2
    C. 铝合金龙骨轴线内包面积小于或等于 30m^2
    D. 铝合金龙骨轴线内包面积大于 30m^2
    【答案】 C
    【说明】 铝合金龙骨价格高于轻钢龙骨价格，面积越小，单位价格越高。

▲饰面装修

44. 下列外墙面层材料每平方米单价最低的是：〔2011-14〕
    A. 花岗石　　　　B. 大理石　　　　C. 金属板　　　　D. 水泥砂浆
    【答案】 D
    【说明】 花岗石 450 元/m^2；大理石 215 元/m^2；金属板 1200 元/m^2；水泥砂浆 12 元/m^2。

45. 一般情况下，下列装饰工程的外墙块料综合单价最低的是：〔2009-15〕
    A. 湿贴人造大理石　　　　　　　　B. 湿贴天然磨光花岗石
    C. 干挂人造大理石　　　　　　　　D. 干挂天然磨光花岗石
    【答案】 A
    【说明】 湿贴人造大理石 215 元/m^2；湿贴天然磨光花岗石 450 元/m^2；干挂人造大理石 600 元/m^2；干挂天然磨光花岗石 835 元/m^2。

46. 一般情况下，下列装饰工程的外墙块料综合单价最低的是：〔2005-14〕
    A. 挂贴人造大理石　　　　　　　　B. 挂贴天然磨光花岗石
    C. 干挂人造大理石　　　　　　　　D. 干挂天然磨光花岗石
    【答案】 A
    【说明】 挂贴人造大理石 215 元/m^2；挂贴天然磨光花岗石 450 元/m^2；干挂人造大理

石 600 元/m²；干挂天然磨光花岗石 835 元/m²。

47. 下列哪一种做法的磨光花岗石面层单价（元/m²）最高？〔2008-11〕
   A. 挂贴　　　　B. 干挂勾缝　　　　C. 粉状胶黏剂粘贴　　D. 砂浆粘贴
   【答案】　B
   【说明】　挂贴天然磨光花岗石 450 元/m²；干挂天然磨光花岗石 835 元/m²。

48. 在外墙外保温改造中，每平方米综合单价最高的是：〔2010-13〕
   A. 25mm 厚聚苯颗粒保温砂浆，块料饰面
   B. 25mm 厚聚苯颗粒保温砂浆，涂料饰面
   C. 25mm 厚挤塑泡沫板，块料饰面
   D. 25mm 厚挤塑泡沫板，涂料饰面
   【答案】　C
   【说明】　25mm 厚聚苯颗粒保温砂浆，块料饰面 135.36 元/m²；25mm 厚聚苯颗粒保温砂浆，涂料饰面 123.70 元/m²；25mm 厚挤塑泡沫板，块料饰面 136.61 元/m²；25mm 厚挤塑泡沫板，涂料饰面 105.26 元/m²。

49. 下列保温材料，单位体积价格最高的是：〔2013-14〕
   A. 挤塑聚苯板　　B. 泡沫玻璃板　　C. 岩棉保温板　　D. 酚醛树脂板
   【答案】　B
   【说明】　挤塑聚苯板价格 700 元/m³，泡沫玻璃板价格 2600 元/m³，岩棉保温板价格 700 元/m³，酚醛树脂板价格 400 元/m³。

50. 下列内墙面装饰材料每平方米综合单价最低的是：〔2005-12〕
   A. 装饰壁布　　B. 弹性丙烯酸涂料　　C. 绒面软包　　D. 防霉涂料
   【答案】　D
   【说明】　装饰壁布 30 元/m²；弹性丙烯酸涂料 40 元/m²；绒面软包 70 元/m²；防霉涂料 14 元/m²。

51. 下列保护层的单价（元/m²）哪一种最贵？〔2004-11〕
   A. 水泥砂浆　　B. 水泥聚苯板　　C. 聚乙烯泡沫塑料　　D. 豆石混凝土
   【答案】　D
   【说明】　水泥砂浆 19 元/m²；水泥聚苯板 51 元/m²；聚乙烯泡沫塑料 47 元/m²；豆石混凝土 54 元/m²。

▲楼梯

52. 下述台阶做法哪种单价（元/m²）最贵？〔2007-09〕
   A. 花岗石面　　B. 地砖面　　C. 剁斧石面　　D. 水泥面
   【答案】　A
   【说明】　花岗石面 482.8 元/m²；地砖面 359.48 元/m²；剁斧石面 341.74 元/m²；水泥面 210.95 元/m²。

53. 下列产品的单价（元/m²）哪一种最便宜？〔2004-14〕
   A. 水磨石隔断(青水泥)　　　　　　　　B. 水磨石窗台板(青水泥)

C. 水磨石踏步(青水泥)　　　　　　　　　D. 水磨石扶曲(青水泥)

【答案】　C

【说明】　水磨石隔断(青水泥)95.00 元/m²；水磨石窗台板(青水泥)80.40 元/m²；水磨石踏步(青水泥)79.00 元/m²；水磨石扶曲(青水泥)102.53 元/m²；扶曲板即预制水磨石，在其中加入预应力制作而成。

▲门窗

54. 下列各种同材质单玻木窗的单价哪一种最低？ ［2008-13］

A. 单层矩形普通木窗　　　　　　　　　　B. 矩形木百叶窗

C. 圆形木窗　　　　　　　　　　　　　　D. 多角形木窗

【答案】　A

【说明】　木窗工艺越简单，价格越低。

55. 下列各种木门的单价，哪一种最低？ ［2008-14］

A. 纤维板门　　　B. 硬木镶板门　　　C. 半截玻璃木门　　　D. 多玻璃木门

【答案】　A

【说明】　纤维板门175 元/m²；硬木镶板门977 元/m²；半截玻璃木门307 元/m²；多玻璃木门246 元/m²。

56. 下列同等材质的铝合金窗中单价（元/m²）最贵的是：［2007-10］

A. 双层玻璃推拉窗　　　　　　　　　　　B. 单层玻璃推拉窗

C. 中空玻璃平开窗　　　　　　　　　　　D. 单层玻璃平开窗

【答案】　C

【说明】　平开窗单价高于推拉窗，中空玻璃平开窗高于单层玻璃平开窗。

57. 一般情况下，下列窗中单价最低的是：［2006-11］

A. 塑钢中空玻璃窗　　　　　　　　　　　B. 塑钢双层玻璃窗

C. 喷塑铝合金中空玻璃窗　　　　　　　　D. 喷塑铝合金双层玻璃窗

【答案】　B

【说明】　塑钢窗的价格低于喷塑铝合金窗，双层玻璃价格低于中空玻璃。

58. 门窗工程中，下列铝合金门综合单价（元/m²），最贵的是哪种？ ［2006-17］

A. 推拉门　　　　　　　　　　　　　　　B. 平开门

C. 自由门（带地弹簧）　　　　　　　　　D. 推拉栅栏

【答案】　C

【说明】　铝合金平开门478.90 元/m²；铝合金推拉门333.63 元/m²；铝合金自由门686.97 元/m²。

59. 下列产品的单价（元/m²），哪一种最贵？［2003-11］

A. 塑钢固定窗　　　B. 塑钢平开窗　　　C. 塑钢推拉门　　　D. 塑钢平开门

【答案】　D

【说明】　塑钢固定窗276.50 元/m²；塑钢平开窗383.87 元/m²；塑钢推拉门368.34 元/m²；塑钢平开门434.66 元/m²。

60. **下列产品的单价（元/m² ）哪一种最贵？** ［2004-12］

    A. 中空玻璃（双白）6mm 隔片（聚硫胶）

    B. 中空玻璃（双白）9mm 隔片（聚硫胶）

    C. 中空玻璃（双白）6mm 隔片（不干胶条）

    D. 中空玻璃（双白）9mm 隔片（不干胶条）

【答案】 B

【说明】 聚硫胶是气密性比较好，不易进入空气，价格高于不干胶。6 隔片（聚硫胶）：96 元/m²，9 隔片（聚硫胶）：100 元/m²，6 隔片（不干胶条）：67 元/m²，9 隔片（不干胶条）：72 元/m²。

61. **下列产品的单价（元/m² ），哪一种最便宜？** ［2003-14］

    A. 中空玻璃（双白）6mm 隔片（聚硫胶）

    B. 中空玻璃（双白）9mn 隔片（聚硫胶）

    C. 中空玻璃（双白）6mm 隔片（不干胶条）

    D. 中空玻璃（双白）9mm 隔片（不干胶条）

【答案】 C

【说明】 解析详见第 60 题。

▲基础

62. **下列带形基础每立方米综合单价最低的是：** ［2009-10，2005-09］

    A. 有梁式钢筋混凝土 C15   B. 无梁式钢筋混凝土 C15

    C. 素混凝土 C15   D. 无圈梁砖基础

【答案】 D

【说明】 有梁式钢筋混凝土 C15：450 元/m³；无梁式钢筋混凝土 C15：380 元/m³；素混凝土 C15：250 元/m³；无圈梁砖基础：200 元/m³。

63. **以下（大于 10m³ 的）设备基础哪种单价（元/m³ ）最低？** ［2008-09］

    A. 毛石混凝土基础   B. 毛石预拌混凝土基础

    C. 现浇钢筋混凝土基础   D. 预拌钢筋混凝土基础

【答案】 A

【说明】 毛石混凝土基础 240 元/m³；毛石预拌混凝土基础 280 元/m³；现浇钢筋混凝土基础 450 元/m³；预拌钢筋混凝土基础 480 元/m³。

64. **基础按材料划分，下列哪一种造价最高？** ［2007-12，2003-16］

    A. 砖基础   B. 砖石基础

    C. 混凝土基础   D. 钢筋混凝土基础

【答案】 D

【说明】 无圈梁砖基础：200 元/m³；砖石基础：240 元/m³；素混凝土 C15：250 元/m³；钢筋混凝土 C15：450 元/m³。

65. **下列框排架结构基础的单价（元/m³ ）哪一种最贵？** ［2004-09］

    A. 砖带形基础   B. 钢筋混凝土带形基础（无梁式）

C. 钢筋混凝土独立基础   D. 钢筋混凝土杯形基础

【答案】 D

【说明】 无圈梁砖基础 200 元/m³；无梁式钢筋混凝土基础 330 元/m³；钢筋混凝土独立基础 345 元/m³；钢筋混凝土杯形基础 370 元/m³。

66. **下列框排架结构基础的单价（元/m³），哪一种最便宜？**［2003-08］

    A. 砖带形基础   B. 钢筋混凝土带形基础（无梁式）

    C. 钢筋混凝土独立基础   D. 钢筋混凝土杯形基础

【答案】 A

【说明】 解析详见第 65 题。

▲其他

67. **某住宅地下 2 层车库，地上 18 层，下列选项中单位体积钢筋混凝土价格最高的是：**［2013-15］

    A. 地上结构钢筋混凝土内墙   B. 地下室钢筋混凝土内墙

    C. 地下室钢筋混凝土底板   D. 地上结构钢筋混凝土楼板

【答案】 C

【说明】 地下单位体积钢筋混凝土价格高于地上单位体积钢筋混凝土价格，单位体积钢筋混凝土楼板价格高于单位体积钢筋混凝土内墙价格。

68. **下列同口径管材单价最高的是：**［2017-13，2009-12］

    A. PVC 管   B. PP 管   C. 铸铁管   D. 无缝钢管

【答案】 D

【说明】 同口径管材单价无缝钢管最高。

69. **下列相同等级的混凝土单价（元/m³）哪一种最贵？** ［2007-11，2004-10］

    A. 普通混凝土   B. 抗渗混凝土

    C. 豆石混凝土   D. 免振捣自密实混凝土

【答案】 D

【说明】 免振捣自密实混凝土是高性能混凝土的一种，其最主要的性质是能够依靠自重而不用振捣，自行填充模板内的空间，形成密实的混凝土结构。该种混凝土价格比其他类型混凝土价格都高。

70. **下列产品的单价（元/m³），哪一种最贵？**［2003-10］

    A. 普通混凝土 C40   B. 抗渗混凝土 C40   C. 高强混凝土 C65   D. 陶粒混凝土 C30

【答案】 C

【说明】 普通混凝土 C40：440 元/m³；抗渗混凝土 C40：450 元/m³；高强混凝土 C65：590 元/m³；陶粒混凝土 C30：400 元/m³。

71. **下列烟囱中哪一种造价（元/座）最低？** ［2006-14］

    A. 砖混结构 30m 高   B. 砖混结构 50m 高

    C. 钢筋混凝土结构 30m 高   D. 钢筋混凝土结构 50m 高

【答案】 A

【说明】 砖混结构单价低于钢筋混凝土结构，30m高砖烟囱单座造价低于50m高砖烟囱。

72. 下列产品的单价（元/m³），哪一种最便宜？［2004-13］

    A. 玻璃钢水箱1～5m³   B. 玻璃钢水箱6～14m³

    C. 玻璃钢水箱15～50m³   D. 玻璃钢水箱51～100m³

【答案】 D

【说明】 玻璃钢水箱容积越大，单价越便宜。

73. 下列产品的单价（元/台），哪一种最贵？［2003-13］

    A. 冷却塔 DBNL3 - 12   B. 冷却塔 DBNL3 - 20

    C. 冷却塔 DBNL3 - 40   D. 冷却塔 DBNL3 - 60

【答案】 D

【说明】 DBNL3 为冷却塔型号，12、20、40、60 代表冷却水量（m³/h）。

74. 下列哪种材料价格最高？［2020 - 10］

    A. PVC 防水卷材   B. 丙纶防水卷材

    C. Ⅰ型 SBS 改性沥青防水   D. 三元乙丙防水卷材

【答案】 D

【说明】 三元乙丙卷材为高分子防水卷材，价格偏高，是改性沥青防水卷材的2～3倍。

75. 下面哪项体现了可持续发展的理念？［2020 - 23］

    A. 选用高档材料   B. 使用当地大量出产的经济耐用材料

    C. 选用业主喜欢的材料   D. 种植名贵树木

【答案】 B

【说明】 建筑材料使用可持续发展就是要采用当地材料，减少运输成本，低碳减排。

● 建筑结构形式价格比较

76. 一般情况下，多层砌体结构房屋建筑随层数的增加，土建单方造价（元/m²）出现的变化是：［2013-16］

    A. 增加   B. 不变

    C. 减少   D. 二者无关系

【答案】 C

【说明】 多层建筑层数不同对土建造价的影响，详见表3-6。

表 3 - 6   多层建筑层数不同对土建造价的影响

层数	1	2	3	4	5	6
造价比（%）	100	90	84	80	85	85

77. 一般情况下，砖砌体构形式的多层建筑随层数的增加，土建单方造价（元/m²）会呈何变化？［2011-15］

    A. 降低   B. 不变

    C. 增加   D. 层数增加越多单价降低越大

【答案】 A

78. 多层建筑随着层高的降低，土建单价的变化下列哪一种说法是正确的？［2007-13，2004-15］

A. 没关系　　　　B. 减少　　　　C. 增加　　　　D. 相同

【答案】 B

79. 一般情况下，砌体结构的多层建筑随层数的增加，土建单方造价（元/m²）会呈何种变化？［2006-16］

A. 降低　　　　B. 不变　　　　C. 增加　　　　D. 二者无关系

【答案】 A

80. 相同结构形式的多层建筑（6层以下），层数越多，下列土建单价的说法中哪一种说法是正确的？［2004-16］

A. 越高　　　　B. 不变　　　　C. 越低　　　　D. 没关系

【答案】 C

81. 相同结构形式的单层与3层建筑，就其土建单位造价做比较，下列哪一种是正确的？［2003-15］

A. 单层比3层的要低　　　　　　B. 单层比3层的要高

C. 两者相同　　　　　　　　　　D. 单层比3层的要低得多

【答案】 B

【说明】 第77题～第81题解析详见第76题。

82. 建造3层的商铺，若层高由3.6m增至4.2m，则土建造价约增加：［2009-16］

A. 不可预测　　B. 3%　　　　C. 8%　　　　D. 15%

【答案】 C

【说明】 多层建筑层高不同对土建工程造价的影响，详见表3-7。

表3-7　　　　　　　　　多层建筑层数不同对土建造价的影响

层数	3.6	4.2	4.8	5.4	6.2
造价比（%）	100	108	117	125	133

注：每±10cm层高约增减造价1.33%～1.50%。

83. 某砌体结构6层住宅楼，若将每一层层高由2.8m提高到3.0m，其他条件不变，则该住宅楼造价可能发生的变化是：［2022（05）-15，2021-23］

A. 增加1.33%～1.50%　　　　　B. 增加2.0%～3.0%

C. 保持不变　　　　　　　　　　D. 不确定

【答案】 B

【说明】 解析详见第82题。

84. 下列各类建筑中，土建工程单方造价最高的是：［2012-11］

A. 砌体结构车库　　　　　　　　B. 砌体结构锅炉房

C. 框架结构停车棚　　　　　　　D. 钢筋混凝土结构地下车库

【答案】 D

【说明】 钢筋混凝土结构单方造价比砖混结构单方造价高，有地下室的钢筋混凝土结构单方造价比不带地下室钢筋混凝土结构单方造价高。

85. 下列各类建筑中土建工程单方造价最高的是：［2011-13，2010-14］

  A. 砌体结构车库   B. 砌体结构住宅

  C. 框架结构住宅   D. 钢筋混凝土结构地下车库

  【答案】 D

  【说明】 题中所列各类建筑中，钢筋混凝土结构地下车库工程的单方造价最高。

86. 下列各类车库建筑中，土建工程单方造价最低的是：［2006-10］

  A. 石材砌体结构车库   B. 钢筋混凝土框架结构车库

  C. 钢筋混凝土框架结构地下车库   D. 砌体结构车库

  【答案】 A

  【说明】 钢筋混凝土框架结构地下车库＞钢筋混凝土框架结构车库＞砌体结构车库＞石材砌体结构车库。

87. 同地区同结构形式的住宅，下列哪种方案结构工程单价（元/m²）最高？［2007-16］

  A. 多层   B. 14 层以下小高层

  C. 15～20 层高层   D. 21～30 层高层

  【答案】 D

  【说明】 高层住宅单方造价高于多层住宅，高层住宅层数越高，单方造价越高。

88. 同一地区，在结构形式及装修标准基本相同的情况下，单方造价最低的是：［2005-13］

  A. 多层住宅   B. 多层宿舍

  C. 多层医院门诊部（三级甲等）   D. 多层商店

  【答案】 B

  【说明】 多层医院门诊部（三级甲等）＞多层商店＞多层住宅＞多层宿舍。

89. 某住宅小区建造大型地下车库，在符合规范的前提下，控制造价的重点在于：［2012-13］

  A. 混凝土的用量   B. 保温材料的厚度

  C. 钢筋的用量   D. 木材的用量

  【答案】 C

  【说明】 题目中四种材料价格：钢筋＞混凝土＞木材＞保温材料。

90. 钢筋混凝土多层住宅，随着层数的增加，其每平方米建筑面积木材的消耗量是：［2005-16］

  A. 随之增加   B. 基本维持不变   C. 随之减少   D. 随之大幅减少

  【答案】 C

  【说明】 钢筋混凝土多层住宅，随着层数的增加，其每平方米建筑面积木材的消耗量随之减少。

91. 北方某地区单层钢结构轻型厂房建安工程单方造价为 1000 元/m²，造价由以下三项工程组成：［2008-15］

  （1）土建工程（包括结构、建筑、装饰装修工程）

  （2）电气工程（包括强电、弱电工程）

  （3）设备工程（包括水、暖、通风、管道等工程）

问下列哪一组单方造价的组成比例较合理?

A. (1) 80%; (2) 3%; (3) 17%   B. (1) 60%; (2) 20%; (3) 20%

C. (1) 80%; (2) 10%; (3) 10%   D. (1) 60%; (2) 10%; (3) 30%

【答案】 B

【说明】 北方地区单层钢结构轻型厂房建安工程单方造价由下列项目组成:①土建工程(包括结构、建筑、装饰装修工程);②电气工程(包括强电、弱电工程);③设备工程(包括水、暖、通风空调、管道等工程)。三项比例一般为:60%∶20%∶20%。

92. 北方某地区框架-剪力墙结构病房楼,地上 19 层,地下 2 层,一般装修,其建安工程单方造价为 3500 元/m²,造价由以下三项工程组成:[2008-16]

(1) 土建工程(包括结构、建筑、装饰装修工程)

(2) 电气工程(包括强电、弱电、电梯工程)

(3) 设备工程(包括水、暖、通风空调、管道等工程)

问下列哪一组单方造价的组成较合理?

A. (1) 2500 元/m²; (2) 700 元/m²; (3) 300 元/m²

B. (1) 2100 元/m²; (2) 550 元/m²; (3) 850 元/m²

C. (1) 1600 元/m²; (2) 950 元/m²; (3) 950 元/m²

D. (1) 2050 元/m²; (2) 200 元/m²; (3) 1250 元/m²

【答案】 B

【说明】 公共建筑中各单位工程造价比见表 3-8。

表 3-8 公共建筑中各单位工程造价比

分部工程	单位工程	造价比(%)	
土建工程	建筑装修	34~35	65~66
	结构	30~31	
电气工程	强电工程	8~9	14~17
	弱电工程	4~5	
	电梯	2~3	
设备工程	给水排水工程(含消防喷淋)	7~8	18~20
	采暖及空调	11~12	

93. 一般钢筋混凝土框架结构不含室内精装修的民用建筑的造价,其建筑与结构造价的比例下列哪一项比较接近? [2007-14,2006-12]

A. 0.4∶0.6   B. 0.5∶0.5   C. 0.6∶0.4   D. 0.7∶0.3

【答案】 C

94. 高层内浇外砌大模板结构住宅,一般情况下,建安工程单价(元/m²)中土建工程的比例,下列哪一项比较接近? [2007-15]

A. 50% 以下   B. 50%~60%   C. 61%~89%   D. 90% 以上

【答案】 B

95. 一般学校建筑，其土建工程与设备安装工程的造价比例大致是：〔2005-15〕
A. 41%～42%：59%～58%　　　　　B. 51%～52%：49%～48%
C. 65%～66%：35%～34%　　　　　D. 80%～81.6%：20%～18.4%
【答案】 C
【说明】 第93题～第95题解析详见第92题。

96. 一般框架结构的高层住宅工程，材料费在土建工程直接费中占比的合理范围是：〔2017-17〕
A. 10%～20%　　　B. 20%～30%　　　C. 40%～50%　　　D. 60%～80%
【答案】 D
【说明】 土建工程直接费中人工、材料、机械费构成比见表3-9。

表3-9　　　　　　　土建工程直接费中人工、材料、机械费构成比

序号	项目名称	构成比例（%）	备注
1	人工费	10～15	土建工程直接费中，人工工资占15%左右，材料及机械使用费占85%左右
2	材料费	70～80	
3	机械费	5～10	

97. 在8度地震设防地区，钢筋混凝土剪力墙结构的小高层住宅，每平方米建筑面积钢筋消耗量是：〔2006-15〕
A. 20～30kg　　　B. 31～40kg　　　C. 41～50kg　　　D. 51kg以上
【答案】 D
【说明】 住宅用钢量：小高层11～12层，钢筋消耗量50～52kg/m²；高层17～18层钢筋消耗量54～60kg/m²；高层30层，钢筋消耗量65～75kg/m²。

98. 在8度地震设防要求下，钢筋混凝土框架结构的办公楼，层数为26～30层，一般情况下每平方米建筑面积钢材的消耗量是：〔2005-17〕
A. 90kg以上　　　B. 75～89kg　　　C. 66～74kg　　　D. 55～65kg
【答案】 A
【说明】 考虑到该建筑为26～30层建筑，应为钢筋混凝土框架剪力墙架结构，用钢量远远大于钢筋混凝土框架结构，选项A最接近。

99. 柱径相同，按长度计价单价最高的是：〔2022（05）-22，2020-15〕
A. 灰土基础桩　　　　　　　　　B. 水泥粉煤灰碎石（CFG桩）
C. 碎石灌注桩　　　　　　　　　D. 机械成孔C40钢筋混凝土灌注桩
【答案】 D
【说明】 采用比较法，C40混凝土的成本高于碎石、水泥粉煤灰碎石和灰土，因此在柱直径相同下，单价成本最高。

▲建筑材料管理

100. 关于A、B、C三种建筑工程材料的存货管理办法中有关A类存货的说法正确的是：〔2021-11〕
A. 占总成本5%～10%，材料数量10%～20%

B. 占总成本 5%～10%，材料数量 20%～30%

C. 占总成本 70%～80%，材料数量 10%～20%

D. 占总成本 10%～20%，材料数量 20%～30%

【答案】 C

【说明】 A 类存货品种占全部存货的 10%～15%，资金占存货总额的 80% 左右。实行重点管理。如大型备品备件等。B 类存货为一般存货，品种占全部存货的 20%～30%，资金占全部存货总额的 15% 左右，适当控制，实行日常管理，如日常生产消耗用材料等。C 类存货行占全部存货的 60%～65%。资金占存货总额的 5% 左右。进行一般管理，如办公用品、劳保用品等随时都可以采购。

● 《建筑工程建筑面积计算规范》(GB/T 50353—2013)

101. 根据《建筑工程建筑面积计算规范》(GB/T 50353—2013)，下列无柱雨篷建筑面积计算正确的是：[2013-21]

A. 雨篷的结构外边线至外墙结构外边线的宽度小于 2.1m 的，不计算建筑面积

B. 雨篷的结构外边线至外墙结构外边线的宽度超过 2.1m 的，超过部分的雨篷结构板水平投影面积计算建筑面积

C. 雨篷的结构外边线至外墙结构外边线的宽度超过 2.1m 的，超过部分的雨篷结构板水平投影面积的 1/2 计算建筑面积

D. 雨篷的结构外边线至外墙结构外边线的宽度超过 2.1m 的，按雨篷栏板的内净面积计算雨篷的建筑面积

【答案】 A

【说明】 3.0.16 无柱雨篷的结构外边线至外墙结构外边线的宽度在 2.10m 及以上的，应按雨篷结构板的水平投影面积的 1/2 计算建筑面积。

102. 根据《建筑工程建筑面积计算规范》(GB/T 50353—2013)，下列关于建筑面积的计算，正确的是：[2012-18]

A. 建筑物凹阳台按其水平投影面积计算

B. 有永久性顶盖出挑的无柱室外楼梯，按自然层水平投影面积计算

C. 建筑物顶部有围护结构的楼梯间，层高超过 2.1m 的部分计算全面积

D. 无柱雨篷的结构外边线至外墙结构外边线的宽度超过 2.1m 时，按雨篷结构板的水平投影面积的 1/2 计算

【答案】 D

【说明】 解析详见第 101 题。选项 A、选项 B、选项 C 详见《民用建筑通用规范》(GB 55031—2022) 第 3.1.5 条、3.1.4—4、3.1.4 条。

103. 某学校建造一座单层游泳馆，地面处外围护结构外表面所围空间的水平投影面积 4650m²，游泳馆南北各有一无柱雨篷，其中南侧雨篷的结构外边线至外墙结构外边线 2.4m，雨篷结构板的投影面积 12m²；北侧雨篷的结构外边线至外墙结构外边线 1.8m，雨篷结构板的投影面积 9m²，则该建筑的建筑面积为：[2009-20]

A. 4650m²   B. 4656m²   C. 4660.5m²   D. 4671m²

【答案】 B

【说明】 解析详见第 101 题。$S = 4650m^2 + 12m^2/2 = 4656m^2$

104. 下列哪一种情况按水平投影面积的一半计算建筑面积？［2004-20］

    A. 利用建筑物的空间安置箱罐的平台   B. 层高小于 2.2m 的深基础地下架空层

    C. 两层建筑的无顶盖室外疏散楼梯   D. 室外爬梯

【答案】 C

【说明】 3.0.20 室外楼梯应并入所依附建筑物自然层，并应按其水平投影面积的 1/2 计算建筑面积。

105. 某 2 层楼室内楼梯水平投影面积 15m²，无顶盖室外楼梯水平投影面积 25m²，则楼梯的建筑面积是：［2012-22］

    A. 80m²   B. 65m²   C. 55m²   D. 40m²

【答案】 C

【说明】 $S = 15m^2 \times 2 + 25m^2 \times 2/2 = 55m^2$。

106. 根据《建筑工程建筑面积计算规范》（GB/T 50353—2013），对于设置在内部连通的建筑高低跨之间变形缝面积，计算建筑面积时，正确的做法是：［2017 - 24］

    A. 不计算建筑面积   B. 计算在高跨建筑的建筑面积之内

    C. 计算在低跨建筑的面积之内   D. 在高跨和低跨建筑之间平均分配

【答案】 C

【说明】 3.0.25 与室内相通的变形缝，应按其自然层合并在建筑物建筑面积内计算。对于高低联跨的建筑物，当高低跨内部连通时，其变形缝应计算在低跨面积内。

107. 以下说法正确的是：［2011-21］

    A. 建筑物通道（骑楼、过街楼的底层）应计算建筑面积

    B. 与室内相通的变形缝，应按其自然层合并在建筑物建筑面积内计算

    C. 屋顶水箱、花架、凉棚、露台、露天游泳池应计算建筑面积

    D. 建筑物外墙保温不应计算建筑面积

【答案】 B

【说明】 解析详见第 106 题。

■《民用建筑通用规范》（GB 55031—2022）

108. 外墙有外保温层的建筑物，建筑面积计算应按：［2022（05）- 20，2021 - 17，2019 - 20，2007 - 19］

    A. 保温材料的水平截面面积计算，并计入自然层建筑面积

    B. 保温材料的水平截面面积的 2/3 计算，并计入自然层建筑面积

    C. 保温材料的水平截面面积的 1/2 计算，并计入自然层建筑面积

    D. 装饰面层外边线的水平截面面积的计算，并计入自然层建筑面积

【答案】 D

【说明】 3.1.1 建筑面积应按建筑每个自然层楼（地）面处外围护结构外表面所围空间的水平投影面积计算。

    3.1.1 条文说明：本条对面积计算的界面作出了规定。条文中的"每个自然层"为

非单层建筑时，建筑面积应为建筑各自然层面积的总和；"楼（地）面处"是指楼（地）面的设计完成面，对于没有结构楼板的地面，应为混凝土垫层顶面；"外围护结构"是指外墙，包括作为外围护结构的玻璃幕墙、金属幕墙、石材幕墙、人造板材幕墙等；"外表面"是指外围护结构的设计完成面，建筑外围护结构一般由墙体、保温层、饰面层组成，设计完成面即装饰面层外边线；当幕墙作为外围护结构时，"外表面"为幕墙面板外边线。

109. 计算向外倾斜的围护结构的楼层建筑面积，应依据的是：[2022（05）-18，2019-22]

A. 底板面的外墙外围水平面积和顶板面的外墙外围水平面积的平均值

B. 顶板面的外墙外围水平面积

C. 楼层层高 2/3 处的围护结构的外围水平面积

D. 楼面处外围护结构外表面所围空间的水平投影面积

【答案】 D

110. 以幕墙作为围护结构的建筑物，建筑面积计算正确的是：[2010-20]

A. 按楼板水平投影线计算　　　　B. 按幕墙面板外边线计算

C. 按幕墙内边线计算　　　　　　D. 根据幕墙具体做法而定

【答案】 B

【说明】 第 109 题、第 110 题解析详见第 108 题。

111. 某多层建筑，一层结构层高 5m，外墙维护结构外表面所围空间的水平投影面积 7500m²；二层结构层高 3.0m，外墙维护结构外表面所围空间的水平投影面积 3000m²，屋顶水箱间结构层高 2.5m，外墙维护结构外表面所围空间的水平投影面积 40m²；负一层结构层高 2.4m，外墙维护结构外表面所围空间的水平投影面积 4500m²，则该建筑面积总建筑面积是：[2020-16]

A. 10 500m²　　　B. 15 000m²　　　C. 15 020m²　　　D. 15 040m²

【答案】 D

【说明】 3.1.4-1 永久性结构的建筑空间，有永久性顶盖、结构层高或斜面结构板顶高在 2. 20m 及以上的，应按下列规定计算建筑面积：有围护结构、封闭围合的建筑空间，应按其外围护结构外表面所围空间的水平投影面积计算。

　　3.1.4-1 条文说明，本款包括：建筑外围护结构以内的各类使用空间及局部楼层；地下室、半地下室及其相应出入口；与室内相通的变形缝；建筑内的设备层、管道层、避难层；立体书库、立体仓库、立体车库；水箱间、电梯机房；门厅、大厅及门厅、大厅内的回廊；封闭的通廊、挑廊、连廊，封闭架空通道；有顶盖的采光井；室内有围护设施的悬挑看台、舞台灯控室、室内场馆看台下部空间；附属在建筑物外墙的落地橱窗等。但不包括有永久性顶盖，有围护结构、均布荷载不大于 0.5kN/㎡，且点荷载不大于 1kN 的室内非上人顶盖，如展览、机场等建筑中的房中房顶部。

　　建筑内的楼梯（间）、电梯井、提物井、管道井、通风排气竖井、烟道应按建筑自然层计算建筑面积。

$$S = 7500m^2 + 3000m^2 + 40m^2 + 4500m^2 = 15\ 040m^2$$

112. 某单层厂房外墙维护结构外表面所围空间的水平投影面积为 1623m²，厂房内设有局部 2 层设备用房，设备用房的外墙维护结构外表面所围空间的水平投影面积为 300m²，层高 2.25m，则该厂房总面积是：[2010-21]

    A. 1623m²   B. 1773m²   C. 1923m²   D. 2223m²

    【答案】 C

    【说明】 $S = 1623m² + 300m² = 1923m²$。

113. 某单层厂房外墙外围水平面积为 1623m²，厂房内设有局部两层办公用房，办公用房的外墙外围水平面积为 300m²，则该厂房总建筑面积是：[2005-19]

    A. 1323m²   B. 1623m²   C. 1923m²   D. 2223m²

    【答案】 C

    【说明】 $S = 1623m² + 300m² = 1923m²$。

114. 单层建筑物内设有局部楼层者，局部楼层结构层高在多少时，其建筑面积应计算全面积？[2007-03]

    A. 层高在 2.00m 及以上者   B. 层高在 2.10m 及以上者

    C. 层高在 2.20m 及以上者   D. 层高在 2.40m 及以上者

    【答案】 C

115. 形成建筑空间的坡屋顶中，应计算全面的部位是：[2020-17，2019-021，2013-18]

    A. 斜面结构板顶高度在 2.20m 及以上的部位

    B. 斜面结构净高在 2.10m 及以上的部位

    C. 斜面结构板顶高度在 1.20m 及以上的部位

    D. 斜面结构净高在 1.20m 及以上的部位

    【答案】 A

116. 地下室、半地下室出入口外墙外侧坡道有围护结构，有顶盖的部位，结构层高 2.20m，建筑面积的计算规则是：[2005-20]

    A. 按其上口外墙中心线所围面积计算

    B. 不计算

    C. 应按其外围护结构外表面所围空间的水平投影面积计算全面积

    D. 根据具体情况计算

    【答案】 C

117. 无结构层的立体书库，其建筑面积应按下列哪一种计算？[2008-21]

    A. 一层计算   B. 按书库层数计算

    C. 按书库层数的一半计算   D. 不计算

    【答案】 A

118. 某图书馆单层书库的建筑面积为 500m²，结构层高为 2.2m，其应计算的建筑面积是：[2007-20]

    A. 500m²   B. 375m²   C. 250m²   D. 125m²

    【答案】 A

119. **根据《民用建筑通用规范》(GB 55031—2022),下列建筑物门厅建筑面积计算正确的是:**［2013-20］

A. 净高 9.6m 的门厅按一层计算建筑面积

B. 门厅内回廊应按自然层面积计算建筑面积

C. 门厅内回廊净高在 2.2m 及以上者应按走廊结构底板水平投影计算 1/2 面积

D. 门厅内回廊净高不足 2.2m 者应不计算面积

【答案】 A

120. **建筑物外有围护结构的门斗,结构层高超过 2.2m,其建筑面积计算的规则是:**［2006-21］

A. 按其外围护结构外表面所围空间的水平投影面积计算全面积

B. 按其外围护结构内包线的水平面积计算

C. 按其外围护结构外表面所围空间的水平投影面积计算 1/2 面积

D. 不计算建筑面积

【答案】 A

121. **附属在建筑物外墙的落地橱窗,其建筑面积应按下列哪一种计算?** ［2008-20］

A. 按其外围护结构外表面所围空间的水平投影面积计算

B. 按其外围护结构的内包水平面积计算

C. 按其外围护结构的垂直投影面积计算

D. 按其外围护结构的垂直投影面积的 1/2 计算

【答案】 A

122. **结构层高在 2.20m 及以上的凸(飘)窗,其建筑面积应按下列何种方式计算?** ［2012-19,2011-22,2009-19,2008-18］

A. 按围护结构外围水平面积计算

B. 按围护结构外围水平面积的 1/2 计算

C. 挑出大于 350mm 时按其围护结构外围水平面积计算

D. 不计算

【答案】 A

123. **关于建筑物内通风排气竖井的建筑面积计算规划,正确的是:**［2010-19］

A. 按建筑物自然层计算　　　　　B. 按建筑物自然层的 1/2 计算

C. 按建筑物自然层的 1/4 计算　　D. 不计算

【答案】 A

124. **下列哪一种情况按建筑物自然层计算建筑面积?**［2003-17］

A. 建筑物内的上料平台　　　　　B. 坡地建筑物吊脚架空层

C. 挑阳台　　　　　　　　　　　D. 管道井

【答案】 D

125. **下列哪一种情况按建筑物自然层计算建筑面积?**［2004-21］

A. 电梯井　　　　　　　　　　　B. 建筑物内的门厅

C. 穿过建筑物的通道　　　　　　D. 地下室的出入口

【答案】 A

126. 根据《民用建筑通用规范》(GB 55031—2022)，关于建筑面积计算的说法，正确的是：[2017-21]

A. 有顶盖的采光井应按建筑物自然层计算建筑面积

B. 室内楼梯应并入建筑物的自然层计算建筑面积

C. 室外楼梯应并入所依附建筑物自然层计算全面积

D. 电梯井应按一层计算建筑面积

【答案】 B

【说明】 第112题～第126题解析详见第111题。

127. 两栋多层建筑物之间在第四层和第五层设两层水平架空走廊，其中第五层走廊有围护结构，围护结构外围水平面积为30m²，第四层走廊无围护结构，有维护设施，结构底板面积为30m²；两层走廊层高均为3.9m，结构底板面积均为30m²，则两层走廊的建筑面积应为：[2013-22]

A. 30m²   B. 45m²   C. 60m²   D. 75m²

【答案】 C

【说明】 3.1.4-2永久性结构的建筑空间，有永久性顶盖、结构层高或斜面结构板顶高在2.20m及以上的，应按下列规定计算建筑面积：无围护结构、以柱围合，或部分围护结构与柱共同围合，不封闭的建筑空间，应按其柱或外围护结构外表面所围空间的水平投影面积计算。

3.1.4-2条文说明，本款包括：由墙、柱围合的雨篷、车棚、货棚、站台、有顶盖平台、有顶盖空中花园；门廊、门斗；室外楼梯；地下车库出入口；室外场馆看台下部空间；有柱的室外连廊；建筑物架空层及吊脚架空层；结构转换层等。

128. 根据《民用建筑通用规范》(GB 55031—2022)，坡地的建筑物吊脚架空层建筑面积计算方法正确的是：[2013-19]

A. 无围护结构且结构层高在2.20m及以上的部分应按其柱结构外表面所围空间的水平投影面积计算全面积

B. 无围护结构且结构层高在2.20m及以上的部分应按其围护结构水平投影计算全面积

C. 无围护结构应按利用部位水平投影计算1/2面积

D. 无围护结构层高不足2.2m的，应按其顶板水平投影计算1/2面积

【答案】 A

129. 根据《民用建筑通用规范》(GB 55031—2022)，建筑物结构层高3.0m，架空层建筑面积计算方法正确的是：[2022(05)-16]

A. 按其地面水平投影计算全面积

B. 按其柱结构外表面所围空间的水平投影面积计算全面积

C. 有围护结构，按其地面水平投影计算全面积

D. 无围护结构，按其顶板水平投影1/2计算面积

【答案】 B

130. 有永久性顶盖无围护结构的双排柱场馆看台建筑面积应：〔2012-21〕

A. 按其柱结构外表面所围空间的水平投影面积计算

B. 按其顶盖水平投影面积计算

C. 按其顶盖面积计算

D. 按其顶盖面积的 1/2 计算

【答案】 A

【说明】 第 128 题～第 130 题解析详见第 127 题。

131. 有永久性顶盖无围护结构的单排柱车棚，结构层高 2.20m,应如何计算建筑面积?〔2007 - 21〕

A. 此部分不计算建筑面积

B. 应按其顶盖水平投影面积的 2/3 计算建筑面积

C. 应按其顶盖水平投影面积的 3/4 计算建筑面积

D. 应按其顶盖水平投影面积的 1/2 计算建筑面积

【答案】 D

【说明】 3.1.4-3 永久性结构的建筑空间，有永久性顶盖、结构层高或斜面结构板顶高在 2.20m 及以上的，应按下列规定计算建筑面积:

无围护结构、单排柱或独立柱、不封闭的建筑空间，应按其顶盖水平投影面积的 1/2 计算。

3.1.4-3 条文说明，本款包括: 由单排柱或独立柱支撑的室外连廊、车棚、货棚、站台、室外场馆看台雨篷、单排柱或独立柱支撑的室外楼梯等。

132. 关于建筑面积计算，下列哪种说法是正确的?〔2009-21〕

A. 有永久性顶盖无围护结构的单排柱车棚、货棚、站台、加油站、收费站等，应按其顶盖水平投影面积的 1/2 计算

B. 高低联跨的建筑物，应以高跨结构外边线为界分别计算建筑面积；其高低跨内部连通时，其变形缝应计算在高跨面积内

C. 以幕墙作为围护结构的建筑物，应按幕墙内结构线计算建筑面积

D. 阳台建筑面积应按围护设施外表面所围空间水平投影面积的计算全面积

【答案】 A

133. 下列哪一种情况按水平投影面积的一半计算建筑面积?〔2004-19〕

A. 层高为 3.5m 地下商店及相应出入口　　B. 有顶盖无围护结构独立柱的货棚

C. 突出墙外的门斗（结构层高 2.20m）　　D. 主体结构内的封闭阳台

【答案】 B

134. 下列哪一种情况按水平投影面积的一半计算建筑面积?〔2003-19〕

A. 突出屋面的有围护结构的 2.5m 楼梯间

B. 有顶盖无围护结构单排柱的货棚

C. 单层建筑物内分隔的控制室

D. 主体结构内的封闭阳台

【答案】 B

135. 某工业厂房一层勒脚以上结构外围水平面积为 7200m², 层高 6.0m, 局部二层结构外围水平面积为 350m², 层高 3.6m, 厂房外有覆混凝土顶盖的单排柱室外楼梯, 其顶盖水平投影面积为 7.5m², 则该厂房的总建筑面积为: [2009-18]

A. 7565m²   B. 7557.5m²   C. 7550m²   D. 7200m²

【答案】 B

【说明】 第132题~第135题解析详见第131题。本题中, $S = 7200\text{m}^2 + 350\text{m}^2 + 7.5\text{m}^2 \times 2/2 = 7557.50\text{m}^2$。

136. 有围护设施的室外走廊、檐廊, 其建筑面积计算规则是: [2017-22, 2010-18, 2006-19, 2005-21]

A. 按其顶盖的水平投影面积计算全面积

B. 按其顶盖水平投影面积计算 1/2 面积

C. 按其围护设施结构底板水平投影面积计算

D. 按其围护设施外表面所围空间水平投影面积的 1/2 计算

【答案】 D

【说明】 3.1.4-4 永久性结构的建筑空间, 有永久性顶盖、结构层高或斜面结构板顶高在 2.20m 及以上的, 应按下列规定计算建筑面积: 无围护结构、有围护设施、无柱、附属在建筑外围护结构、不封闭的建筑空间, 应按其围护设施外表面所围空间水平投影面积的 1/2 计算。

3.1.4-4 条文说明, 本款包括: 无柱的室外挑廊、连廊、檐廊; 出挑的无柱室外楼梯; 出挑的有顶盖空中花园等, 不包含无柱雨篷。

137. 根据《民用建筑通用规范》(GB 55031—2022), 阳台建筑面积的计算规则正确是: [2022(05)-19, 2021-17, 2020-18, 2017-23, 2007-17, 2006-18, 2005-18]

A. 在主体结构内的阳台, 应按其结构外围水平面积计算全面积; 在主体结构外的阳台, 应按其结构底板水平投影面积计算 1/2 面积

B. 在主体结构内的阳台, 应按其结构底板水平投影面积计算 1/2 面积; 在主体结构外的阳台, 应按其结构外围水平面积计算全面积

C. 阳台建筑面积应按围护设施外表面所围空间水平投影面积的 1/2 计算; 当阳台封闭时, 应按其外围护结构外表面所围空间的水平投影面积计算

D. 阳台建筑面积应按围护设施外表面所围空间水平投影面积计算全面积; 当阳台封闭时, 应按其外围护结构外表面所围空间的水平投影面积计算 1/2 面积

【答案】 C

【说明】 3.1.5 阳台建筑面积应按围护设施外表面所围空间水平投影面积的 1/2 计算; 当阳台封闭时, 应按其外围护结构外表面所围空间的水平投影面积计算。

138. 根据《民用建筑通用规范》(GB 55031—2022), 不应计算建筑面积的是: [2022(05)-17, 2021-18, 2012-20, 2006-20, 2004-17, 2003-21, 2003-20, 2003-18]

A. 建筑物外墙外侧保温隔热层   B. 建筑物内的变形缝

C. 无顶盖架空通廊   D. 有围护结构的屋顶水箱间

【答案】 C

【说明】 3.1.6 下列空间与部位不应计算建筑面积：

1 结构层高或斜面结构板顶高度小于2.20m的建筑空间；

2 无顶盖的建筑空间；

3 附属在建筑外围护结构上的构（配）件；

4 建筑出挑部分的下部空间；

5 建筑物中用作城市街巷通行的公共交通空间；

6 独立于建筑物之外的各类构筑物。

139. 利用坡屋顶内空间时，不计算面积的斜面结构板顶高度为：[2010-17]

A. 小于1.2m

B. 小于1.5m

C. 小于1.8m

D. 小于2.2m

【答案】 A

140. 结构层高2.10m有围护结构的剧场舞台灯光控制室，其建筑面积的计算方法是：[2008-19]

A. 不计算建筑面积

B. 按其围护结构的外围水平面积计算

C. 按其围护结构的外围水平面积的1/2计算

D. 按其围护结构的辅线尺寸计算

【答案】 C

【说明】 第139题、第140题解析详见第138题。

141. 一栋4层坡屋顶住宅楼，勒脚以上结构外围水平面积每层为930m²，1~3层各层层高均为3.0m；建筑物顶层全部加以利用，结构层高超过2.2m的面积为410m²，结构层高在1.2~2.2m的面积为200m²，其余部位结构层高小于1.2m，该住宅的建筑面积为：[2011-20]

A. 3100m²

B. 3200m²

C. 3400m²

D. 3720m²

【答案】 B

【说明】 解析详见第111题和第138题， $S = 930m² \times 3 + 410m² = 3200m²$ 。

142. 设在建筑物顶部水箱间，其建筑面积应按下列哪一种计算？[2008-17]

A. 结构层高在2.20m及以上的应计算全面积；结构层高在2.20m以下的，应计算1/2面积

B. 结构层高在2.20m及以上的应计算全面积；结构层高在2.20m以下的，不计算面积

C. 按自然层面积计算

D. 不计算

【答案】 B

【说明】 解析详见第111题和第138题。

■估算、概算、预算的作用、编制依据和内容

143. 概算费用包括：[2013-07]

A. 从筹建到装修完成的费用

B. 从开工到竣工验收的费用

C. 从筹建到竣工交付使用的费用　　　　　D. 从立项到施工保修期满的费用

【答案】　C

【说明】　设计概算是设计文件的重要组成部分，是在投资估算的控制下由设计单位根据初步设计图纸及说明、概算定额（或概算指标）、各项费用定额（或取费标准）、设备、材料预算价格等资料，用科学的方法计算、编制和确定的建设项目从筹建至竣工交付使用所需全部费用的文件。

144. **下列定额或指标中，可作为初步设计阶段编制概算依据的是：**［2021-04］

　　A. 预算定额　　　　　　　　　　　　　　B. 概算定额

　　C. 估算定额　　　　　　　　　　　　　　D. 基础定额

【答案】　B

【说明】　解析详见第 143 题。

145. **根据初步设计图纸计算工程量，套用概算定额编制的费用是：**［2012-02］

　　A. 工程建设其他费用　　　　　　　　　　B. 建筑安装工程费

　　C. 不可预见费　　　　　　　　　　　　　D. 设备及工器具购置费

【答案】　B

【说明】　根据初步设计图纸计算工程量，套用概算定额编制的费用是建筑安装工程费。建筑安装工程费用由人工费、材料费、施工机具使用费、企业管理费、利润、规费和税金组成。

146. **工程建设投资的最高限额是：**［2009-04］

　　A. 经批准的设计总概算的投资额　　　　　B. 施工图预算的投资额

　　C. 投资估算的投资额　　　　　　　　　　D. 竣工结算的投资额

【答案】　A

【说明】　建设工程项目投资的最高限额是经批准的设计总概算的投资额。根据查询相关公开信息显示：设计概算是制定和控制建设投资的依据，对于使用政府资金的建设项目按照规定报请有关部门或单位批准初步设计及总概算，一经上级批准，总概算就是总造价的最高限额，不得任意突破，若有突破须报原审批部门批准。

　　　　政府编制设计概算的过程中，初步设计阶段是必须编制设计概算的。这一规定适用于两种情况：①当项目设计分为两个阶段时，即在初步设计阶段必须编制设计概算。②当项目设计采用三个阶段时，初步设计阶段和技术设计阶段都必须编制设计概算。

147. **政府投资建设项目造价不应高于的是：**［2019-05］

　　A. 设计单位编制的初步设计设计概算　　　B. 经审查批准的施工图预算

　　C. 经批准的设计总概算　　　　　　　　　D. 承发包合同价

【答案】　C

【说是】　解析详见第 146 题。

148. **下列关于政府编制设计概算的说法，正确的是：**［2020 - 07］

　　A. 分两阶段的话，初步设计阶段必须编制设计概算

　　B. 分两阶段的话，技术设计阶段必须编制修正概算

C. 采用三阶段设计的，初步设计阶段必须编制设计概算

D. 采用三阶段设计的，初步设计阶段和技术设计阶段必须编制设计概算

【答案】 A

【说明】 设计概算是设计文件的重要组成部分，是在投资估算的控制下由设计单位根据初步设计图纸及说明、概算定额（或概算指标）、各项费用定额（或取费标准）、设备、材料预算价格等资料，用科学的方法计算、编制和确定的建设项目从筹建至竣工交付使用所需全部费用的文件。采用两阶段设计的建设项目，初步设计阶段必须编制设计概算；采用三阶段设计的，技术设计阶段必须编制修正概算。

149. **关于政府投资项目设计概算编制的说法，正确的是：**［2021-05］

    A. 施工图设计突破总概算的，需要按照规定程序备案

    B. 设计概算的编制只有独立性，可不受投资估算的控制

    C. 扩大初步设计阶段可以不编制修正概算

    D. 初步设计阶段必须编制设计概算

【答案】 D

【说明】 详见第148题。

150. **设计三级概算是指：**［2011-05，2010-06］

    A. 项目建议书概算、初步可行性研究概算、详细可行性研究概算

    B. 投资概算、设计概算、施工图概算

    C. 总概算、单项工程综合概算、单位工程概算

    D. 建筑工程概算、安装工程概算、装饰装修工程概算

【答案】 C

【说明】 设计概算可分为单位建筑工程概算、单项工程综合概算和项目建设总概算三级。各级之间概算的相互关系如图3-1所示。

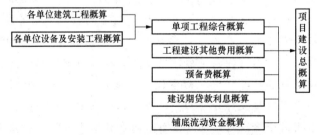

图3-1 设计概算的编制内容及相互关系

151. **设计概算通常包括三级概算，分别是：**［2017-07］

    A. 建筑工程概算、设备及安装工程概算、工程建设其他费用概算

    B. 单项工程综合概算、工程建设其他费用概算、建设期贷款利息概算

    C. 单位工程概算、单项工程综合概算、建设项目总概算

    D. 单位工程概算、工程建设其他费用概算、建设期贷款利息概算

【答案】 C

【说明】 解析详见第150题。

152. **建设项目总概算除了工程建设其他费用概算、预备费及投资方向调节税等，还应包括：** [2010-08，2004-06]

A. 工程监理费　　　　　　　　　　B. 单项工程综合概算

C. 工程设计费　　　　　　　　　　D. 联合试运转费

【答案】　B

【说明】　建设项目总概算是确定整个建设项目从筹建到竣工验收所需全部费用的文件，它是由各单项工程综合概算、工程建设其他费用概算、预备费、建设期贷款利息概算和经营性项目铺底流动资金概算等汇总编制而成的。

153. **总概算按费用划分为六部分，其中有工程费用、其他费用、建设期贷款利息等，以下哪一项也包括在内？** [2008-01]

A. 培训费　　　　　　　　　　　　B. 建设单位管理费

C. 预备费　　　　　　　　　　　　D. 安装工程费

【答案】　C

154. **当建设项目资金来源有银行贷款时，总概算应计列：** [2007-04]

A. 全部贷款利息　　　　　　　　　B. 建设期贷款利息

C. 经营期贷款利息　　　　　　　　D. 流动资金贷款利息

【答案】　B

【说明】　第 153 题、第 154 题解析详见第 152 题。

155. **安装工程的单位工程概算书应包括哪些内容？** [2007-05]

A. 安装工程直接费计算表，安装工程人工、材料、机械台班价差表，安装工程费用构成表

B. 编制说明，总概算表，单项工程综合概算书

C. 工程概况，编制方法，编制依据

D. 编制说明，编制依据，其他需要说明的内容

【答案】　A

【说明】　单位工程概算书，是计算一个独立建筑物或构筑物（即单项工程）中每个专业工程所需工程费用的文件，分为以下两类：①建筑工程概算书；②设备及安装工程概算书。单位工程概算文件应包括：建筑（安装）工程直接费计算表、建筑（安装）工程人工、材料、机械台班价差表、建筑（安装）工程费用构成表。

156. **初步设计概算编制的主要依据是：** [2005-07，2003-07]

A. 初步设计图纸及说明　　　　　　B. 方案招标文件

C. 项目建议书　　　　　　　　　　D. 施工图

【答案】　A

【说明】　初步设计概算的编制是基于设计图纸和说明进行的，这些图纸和说明详细描述了项目的规模、布局、功能需求等关键信息，是评估项目成本和进行预算编制的基础。

157. 某建设工程，既没有初步设计，也没有可以进行估算的指标，但是急需进行设计概算，应采用：[2022（05）-06]

    A. 扩大单价法   B. 综合单价法

    C. 概算指标法   D. 类似工程预算法

【答案】　D

【说明】　类似工程预算法是利用技术条件与设计对象相类似的已完工程或在建工程的工程造价资料来编制拟建工程设计概算的方法。

158. 下列方法中，哪一项适用于概算编制？[2004-05]

    A. 生产能力指数法   B. 0.6 指数法

    C. 类似工程预算法   D. 单位指标估算法

【答案】　C

【说明】　单位工程概算指标的编制方法包括概算定额法（扩大单价法）、概算指标法、类似工程预算法。

159. 下列方法中，哪一项适用于概算编制？[2003-06]

    A. 生产能力指数法   B. 单位指标估算法

    C. 类比法   D. 概算指标法

【答案】　D

【说明】　解析详见第 158 题。

160. 当建筑工程初步设计达到一定深度，建筑结构比较明确，有比较详细的设计图纸并能够计算出楼面、墙体等分部分项工程的工程量时，最适宜用于编制单位工程设计概算的方法是：[2017-08,2009-06]

    A. 类似工程预算法   B. 概算指标法

    C. 概算定额法   D. 扩大单价法

【答案】　C

【说明】　概算定额法又叫扩大单价法或扩大结构定额法。它是采用概算定额编制单位建筑工程概算的方法。当初步设计建设项目达到一定深度，建筑结构比较明确，基本上能按初步设计图纸计算出楼面、地面、墙面、门窗和屋面等分部工程的工程量时，可采用这种方法编制建筑工程概算。

161. 若某工程初步设计内容不够深入，不足以准确计算工程量，但其采用的技术比较成熟，且有类似概算指标可以运用时，其应采用的概算方法是：[2019-10，2011-07]

    A. 扩大单价法   B. 综合单价法

    C. 概算指标法   D. 类似工程预算法

【答案】　C

【说明】　当初步设计深度不够，不能准确地计算工程量，但工程设计采用的技术比较成熟，而又有类似概算指标可以利用时，可采用概算指标法来编制工程设计概算。

162. 编制土建分部分项工程预算时，需用下列哪种定额或指标？[2004-04]

    A. 概算定额   B. 概算指标

C. 估算指标　　　　　　　　　　　　　　　D. 预算定额

【答案】　D

【说明】　国家和地区都颁发有现行建筑、安装工程预算定额及单位估价表，并有相应的工程量计算规则，是编制施工图预算分项工程子目，计算工程量，选用单位估价表、计算直接费的主要依据。

163. 编制施工图预算的依据是：［2019 - 007］

    A. 概算定额　　　　　　　　　　　　　　B. 预算定额

    C. 投资估算指标　　　　　　　　　　　　D. 有代表性的企业定额

【答案】　B

【说明】　解析详见第 162 题。

164. 单位工程建筑工程预算按其工程性质分为：［2009-05］

    Ⅰ. 一般土建工程预算；Ⅱ. 采暖通风工程预算；Ⅲ. 电气照明工程预算；

    Ⅳ. 给水排水工程预算；Ⅴ. 设备安装工程预算

    A. Ⅰ、Ⅲ　　　　　　　　　　　　　　　B. Ⅰ、Ⅲ、Ⅴ

    C. Ⅰ、Ⅲ、Ⅳ、Ⅴ　　　　　　　　　　D. Ⅰ、Ⅱ、Ⅲ、Ⅳ

【答案】　D

【说明】　单位工程预算按其工程性质分为建筑单位工程预算和设备及安装单位工程预算两大类：①建筑工程预算，包括土建工程预算、给水排水、采暖工程预算，通风、空调工程预算，电气、照明工程预算，弱电工程预算，特殊构筑物工程预算和工业管道工程预算等。②设备及安装工程预算包括机械设备及安装工程预算、电气设备及安装工程预算、热力设备及安装工程预算，以及工具器具及生产家具购置费预算等。

165. 初步设计完成后，设计项目遴选时采用的建筑工程单方造价一般是指：［2017 - 14］

    A. 工程概算价格/使用面积　　　　　　　B. 工程估算价格/建筑面积

    C. 工程概算价格/建筑面积　　　　　　　D. 工程估算价格/占地面积

【答案】　C

【说明】　单方造价是单位建筑面积所消耗的一次性投资。①±0.000 以上造价（即不包括基础），（元/m²）；②±0.000 以下造价（即基础），（元/m²）；单方造价指标是衡量建筑物技术经济效果的重要指标之一，由土建、水暖、电气、通风、卫生、煤气等部分组成。

166. 总概算文件应有五项，除包括编制说明、总概算表、各单项工程综合概算书等外，还包括下列哪一项？　［2008-03］

    A. 分年投资计划表　　　　　　　　　　　B. 设备表

    C. 主要材料表　　　　　　　　　　　　　D. 项目清单表

【答案】　C

【说明】　设计总概算文件应包括：编制说明、总概算表、各单项工程综合概算书、工程建设其他费用概算表、主要建筑安装材料汇总表。

167. 总概算文件包括总概算表、各单项工程综合概算书（表）、编制说明、主要建筑安装材料汇总表及：［2007-08］

A. 设计费计算表　　　　　　　　　　B. 建设单位管理费计算表

C. 工程建设其他费用概算表　　　　　D. 单位估价表

【答案】 C

【说明】 解析详见166题。

168. 下列对设计概算编制过程的描述中，正确的是：［2019 - 06］

A. 施工图设计突破总概算的建设项目，需要按规定程序报经审批

B. 采用三阶段设计的建设项目，技术设计可以修正也可以不修正概算

C. 竣工决算超过了批准的设计概算，一定是计算概算编制的质量有问题

D. 采用两阶段设计的建设项目，初步设计可以编制也可以不编制设计概算

【答案】 A

【说明】 经批准的设计概算是建设项目投资的最高限额，设计单位必须按照批准的初步设计和总概算进行施工图设计，施工图预算不能突破设计概算。如需要突破总概算时，应按规定程序报经批准。

169. 编制概算时，对室外工程总图专业应提交下列哪些内容？［2007-06］

A. 平、立、剖面及断面尺寸

B. 主要材料表和设备清单

C. 建筑场地地形图，场地标高及道路、排水沟、挡土墙、围墙等的断面尺寸

D. 项目清单及材料做法

【答案】 C

【说明】 编制概算时，对室外工程总图专业应提交建筑场地地形图，场地标高及道路、排水沟、挡土墙、围墙等的断面尺寸。

170. 单位工程预算书的编制除了以当地预算定额及相关规定为依据外，还应以下列哪一项为依据？［2008 - 05］

A. 初步设计预算　　　　　　　　　　B. 施工图设计的图纸和文字说明

C. 施工组织方案　　　　　　　　　　D. 初步设计

【答案】 B

【说明】 单位工程预算书的编制应以施工图设计的图纸和文字说明为依据。

171. 关于施工图预算的说法，正确的是：［2013-08］

A. 施工图预算是申报项目投资额的依据

B. 施工图预算必须由设计单位编制

C. 施工图预算是控制施工阶段造价的依据

D. 施工图预算加现场签证等于结算价

【答案】 C

【说明】 选项A施工图预算是编制或调整固定资产投资计划的依据。选项B施工图预算设计单位可以编制，施工单位也可以编制。

172. 建筑工程预算编制的主要依据是：[2010-05]

A. 初步设计图纸及说明　　　　　B. 方案招标文件

C. 项目建议书　　　　　　　　　D. 施工图

【答案】　D

【说明】　参见《建设项目施工图预算编审规程》(CECA/GC 5—2010)。

　　5.0.1 本条阐述了建设项目施工图预算的编制依据，建设项目施工图预算编制依据涉及面很广，一般指编制建设项目施工图预算所需的一切基础资料。

173. 编制工程施工图预算工料单价法的主要方法一种为单价法，另一种为：[2006-05]

A. 实物法　　　　　　　　　　　B. 扩大综合定额法

C. 类似工程预算法　　　　　　　D. 概算指标法

【答案】　A

【说明】　参见《建设项目施工图预算编审规程》(CECA/GC 5—2010)。

　　6.2.1 单位工程预算的编制应根据施工图设计文件、预算定额（或综合单价）以及人工、材料及施工机械台班等价格资料进行编制。主要编制方法有单价法和实物量法；其中单价法分为定额单价法和工程量清单单价法。

174. 编制施工图预算时采用的实物量法从性质上属于：[2020-04]

A. 预算单价法　　　　　　　　　B. 全费用综合单价法

C. 工料单价法　　　　　　　　　D. 指标法

【答案】　C

【说明】　参见《建设项目施工图预算编审规程》(CECA/GC 5—2010)。

　　6.2.4 条文说明：本条对实物量法编制施工图预算进行了解释，即依据施工图纸和预算定额的项目划分及工程量计算规则，先计算出分部分项工程量，然后套用预算定额（实物量定额）计算出各类人工、材料、机械的实物消耗量，再根据预算编制期的人工、材料、机械价格计算出直接费，最后再依据费用定额计算其他直接费、间接费、利润和税金等。实物量法的优点是能比较及时地将反映各种材料、人工、机械的当时当地市场单价计入预算价格，不需调价，反映当时当地的工程价格水平。

175. 采用单价法编制施工图预算是以分部分项工程量乘以单价后的合计作为：[2011-10]

A. 措施费　　　　　　　　　　　B. 直接工程费

C. 间接费　　　　　　　　　　　D. 建筑安装工程费

【答案】　B

【说明】　用单价法编制施工图预算主要计算公式为：

单位工程施工图预算直接工程费＝Σ（工程量×预算综合单价）

176. 编制土方工程预算时，1m³ 夯实土体积换算成天然密度体积的系数是：[2005-06]

A. 1.50　　　　　　B. 1.15　　　　　　C. 1.00　　　　　　D. 0.85

【答案】　B

【说明】　解析详见表 3-10。

	土 方 体 积 折 算 表		表 3-10

表 3-10　　　　　　　　　　土 方 体 积 折 算 表

虚方体积	天然密实度体积	夯实后体积	松填体积
1.00	0.77	0.67	0.83
1.30	1.00	0.87	1.08
1.50	1.15	1.00	1.25
1.20	0.92	0.80	1.00

177. 编制土建工程预算时，场地平整与土方工程是以下列哪一种挖填厚度为分界线？〔2003-04〕

A. 30cm　　　　　B. 40cm　　　　　C. 45cm　　　　　D. 50cm

【答案】 A

【说明】 根据《全国统一建筑工程预算工程量计算规则》第三章第一节第三条，人工平整场地是指建筑场地挖、填土方厚度在±30cm以内及找平。挖、填土方厚度超过±30cm以外时，按场地土方平衡竖向布置图另行计算。

第四章　招投标阶段投资控制

■工程量清单计价

1. 设计人员为提高工程量清单编制质量必须要做的是：[2021-22，2019-11]

A. 仔细计算工程数量
B. 避免设计图纸的错误
C. 设计时尽量考虑业主的要求
D. 设计时要考虑施工的难易程度

【答案】　A

【说明】　设计人员为提高工程量清单编制质量必须要做的是避免重、漏项，而不是避免设计图纸的错误。

2. 工程量清单的作用是：[2013-09]

A. 编制投资估算的依据
B. 编制设计概算的依据
C. 编制施工图预算的依据
D. 招标时为投标人提供统一的工程量

【答案】　D

【说明】　工程量清单的主要作用之一是为投标人提供统一的工程量，这是确保招标过程公平、公正和公开的关键步骤。工程量清单详细列出了建设工程的分部分项工程项目、措施项目、其他项目、规费项目和税金项目的名称和相应数量，为投标者提供了一个共同的基准，确保所有参与者都在相同的起点上进行竞争。这种标准化和透明化的做法有助于减少因计算不准确或项目描述不一致而导致的争议，从而营造一个公平的竞争环境。

■《建设工程工程量清单计价规范》(GB 50500—2013)

3. 根据《建设工程工程量清单计价规范》(GB 50500—2013)，工程量清单的编制阶段在：[2019-09，2017-05，2012-10]

A. 施工招标后
B. 施工图完成后
C. 设计方案确定后
D. 施工图审查后

【答案】　B

【说明】　工作量清单的编制是在施工图完成后，施工招标前进行。

4. 目前，我国施工阶段公开招标主要采用的计价模式是：[2009-11]

A. 工程量清单计价
B. 定额计价
C. 综合单价计价
D. 工料单价计价

【答案】　A

【说明】　工程量清单计价是国际上普遍采用的、科学的工程造价计价模式，现在已经成为我国在施工阶段公开招标投标活动中主要采用的计价模式。

5. 工程量清单计价中，分部分项工程的综合单价主要费用除人工费、材料和工程设备费、施工机具使用费外，还有哪两项？[2009-08]

A. 规费、税金
B. 税金、措施费
C. 利润、企业管理费
D. 规费、措施费

【答案】 C

【说明】 2.0.8综合单价：完成一个规定清单项目所需的人工费、材料和工程设备费、施工机具使用费和企业管理费、利润以及一定范围内的风险费用。

6. 根据《建设工程工程量清单计价规范》（GB 50500—2013），分部分项工程综合单价的组成中除人工费、材料和工程设备费、施工机具使用费以外还应有：［2021 - 13，2017 - 19］

A. 企业管理费、利润以及一定范围内的风险费用

B. 规费、利润以及一定范围内的风险费用

C. 规费、利润、税金

D. 企业管理费、利润、税金

【答案】 A

【说明】 解析详见第5题。

7. 按照全费用综合单价法，工程发承包价是：［2010 - 10］

A. 由人工、材料、机械的消耗量确定的价格

B. 由直接工程费汇总后另加间接费、利润、税金生成的价格

C. 由各分项工程量乘以综合单价的合价汇总后生成的价格

D. 由人工费、材料费、施工机械使用费、企业管理费与利润以及一定范围内的风险费用综合而成的价格

【答案】 C

【说明】 全费用综合单价即单价中综合了直接工程费、措施费管理费、规费、利润和税金等。以各分项工程量乘以综合单价的合价汇总后，就是生成了工程发承包价。

8. 根据《建设工程工程量清单计价规范》（GB 50500—2013），分部分项工程清单中的综合单价实质上是：［2017 - 06］

A. 工料单价

B. 不完全费用综合单价

C. 全费用综合单价

D. 工料单价加上现场管理费

【答案】 B

【说明】 分部分项工程单价中综合了直接工程费、管理费、利润，并考虑了风险因素，单价中未包括措施费、规费和税金，是不完全费用综合单价，以各分项工程量乘以部分费用综合单价的合价汇总，再加上项目措施费、规费和税金后，生成工程承发包价。

9. 根据《建设工程工程量清单计价规范》（GB 50500—2013），关于工程量清单计价的说法，正确的是：［2021 - 06］

A. 非国有资金投资的建设工程不宜采用工程量清单计价

B. 使用国有资本投资的建设工程发承包，必须采用工程量清单计价

C. 组成工程量清单的项目，除规费和税金外，其余所有项目均应采用竞争性费用计价

D. 工程量清单应采用工料单价计价

【答案】 B

【说明】 3.1.1 使用国有资金投资的建设工程发承包，必须采用工程量清单计价。

　　3.1.2 非国有资金投资的建设工程，宜采用工程量清单计价。（选项A）

　　3.1.4 工程量清单应采用综合单价计价。（选项D）

3.1.6 规费和税金必须按国家或省级、行业建设主管部门的规定计算，不得作为竞争性费用。（选项 C）

10. 采用工程量清单计价，可作为竞争性费用的是：［2022(05) - 07，2011 - 09］

A. 分部分项工程费　　　　　　　B. 税金

C. 规费　　　　　　　　　　　　D. 安全文明施工费

【答案】　A

【说明】　解析详见第 9 题和 3.1.5，措施项目中的安全文明施工费必须按国家或省级、行业建设主管部门的规定计算，不得作为竞争性费用。

11. 根据《建设工程工程量清单计价规范》（GB 50500—2013），应对招标工程量清单的准确性和完整性负责的单位是：［2020 - 11］

A. 造价咨询人　　　B. 设计单位　　　C. 投标人　　　D. 招标人

【答案】　D

【说明】　4.1.2 招标工程量清单必须作为招标文件的组成部分，其准确性和完整性应由招标人负责。

12. 下列有关招标工程量清单的叙述中，正确的是：［2011-11］

A. 招标工程量清单中含有工程数量和综合单价

B. 招标工程量清单是招标文件的组成部分

C. 在招标人同意的情况下，工程量清单可以由投标人自行编制

D. 招标工程量清单编制准确性和完整性的责任单位是投标单位

【答案】　B

【说明】　解析详见第 11 题。

13. 采用工程量清单计价，建设工程造价由下列何者组成？　［2010-12］

I. 分部分项工程费；II. 措施项目费；III. 其他项目费；IV. 规费；V. 税金；VI. 利润

A. I、II、III、IV、V　　　　　　B. I、II、III、IV、VI

C. I、III、IV、V、VI　　　　　　D. I、II、III、V、VI

【答案】　A

【说明】　4.1.4 招标工程量清单应以单位（项）工程为单位编制，应由分部分项工程项目清单、措施项目清单、其他项目清单、规费和税金项目清单组成。

14. 不属于工程量清单编制依据的是：［2013-12］

A. 工程设计图纸及相关资料　　　B. 施工招标范围

C. 地质勘探报告　　　　　　　　D. 施工占地范围

【答案】　D

【说明】　4.1.5 编制招标工程量清单应依据：

1 本规范和相关工程的国家计量规范；

2 国家或省级、行业建设主管部门颁发的计价定额和办法；

3 建设工程设计文件及相关资料；

4 与建设工程有关的标准、规范、技术资料；

5 拟订的招标文件；

6 施工现场情况、地勘水文资料、工程特点及常规施工方案；

7 其他相关资料。

15. **分部分项工程量清单应包括项目编码、项目名称、项目特征、计量单位和以下哪项?** ［2010-11］

A. 单价   B. 工程量   C. 税金   D. 费率

【答案】　B

【说明】　4.2.1 分部分项工程项目清单必须载明项目编码、项目名称、项目特征、计量单位和工程量。

16. **关于施工承包招标控制价说法正确的是:** ［2013-13］

A. 必须保密   B. 开标前应予以公布

C. 开标前由招标方确定是否上调或下浮   D. 不可作为评标的依据

【答案】　B

【说明】　5.1.6 招标人应在发布招标文件时公布招标控制价，同时应将招标控制价及有关资料报送工程所在地或有该工程管辖权的行业管理部门工程造价管理机构备查。

17. **投标人在工程量清单报价投标中，风险费用应在下列哪项中考虑?** ［2012-12］

A. 其他项目清单计价表   B. 分部分项工程量清单计价表

C. 零星工作费用表   D. 措施项目清单计价表

【答案】　B

【说明】　5.2.2 为使招标控制价与投标报价所包含的内容一致，综合单价中应包括招标文件中要求投标人承担的风险内容及其范围（幅度）产生的风险费用。

18. **根据《建设工程工程量清单计价规范》(GB 50500—2013) 规定，投标单位各实体工程的风险费用应计入:** ［2011-12］

A. 其他项目清单计价表   B. 材料清单计价表

C. 分部分项工程清单计价表   D. 措施费表

【答案】　C

【说明】　解析详见第 17 题。

19. **根据《建设工程工程量清单计价规范》(GB 50500—2013) 规定:投标工程量清单中挖土方清单的工程数量指的是:** ［2017 - 20］

A. 施工企业实际挖土方的工程数量   B. 根据设计图示尺寸计算的净量

C. 考虑施工企业施工方案的工程数量 D. 考虑行业平均施工水平的施工工程数量

【答案】　B

【说明】　工程量计算的依据如下：①施工图纸及设计说明、相关图集、设计变更、图纸答疑、会审记录等。②工程施工合同、招标文件的商务条款。③工程量计算规则，除另有说明外，清单项目工程量的计量按设计图示以工程实体的净值考虑。

20. **采用工程量清单计价的项目，单位工程投标报价为:** ［2017 - 18］

A. 直接工程费＋措施项目费＋企业管理费＋规费＋税金

B. 分部分项工程费＋措施项目费＋其他项目费＋规费＋税金

C. 分部分项工程费＋企业管理费＋其他项目费＋规费＋税金

D. 分部分项工程费＋企业管理费＋利润＋规费＋税金

【答案】 B

【说明】 根据附录 E.3 可得选项 B 正确。

■《房屋建筑与装饰工程工程量计算规范》(GB 50854—2013)

21. 编制基础砌筑工程分项预算时,下列哪一种工程量的计量单位是正确的?［2003-05］

 A. 立方米   B. 平方米   C. 长度米   D. 高度米

【答案】 A

【说明】 根据附录 D 可得选项 A 正确,即砖基础计量单位为立方米（m³）。

22. 现浇混凝土基础工程量的计量单位是:［2010-16,2005-05］

 A. 长度:m   B. 截面:m²   C. 体积:m³   D. 梁高:m

【答案】 C

【说明】 根据附录 E.3 可得选项 C 正确。

23. 现浇混凝土楼板综合单价中包含的费用是:［2013-10］

 A. 钢筋制作费   B. 混凝土制作费   C. 模板制作费   D. 钢筋绑扎费

【答案】 B

【说明】 4.2.7 本规范现浇混凝土工程项目"工作内容"中包括模板工程的内容,同时又在措施项目中单列了现浇混凝土模板工程项目。对此,招标人应根据工程实际情况选用。若招标人在措施项目清单中未编列现浇混凝土模板项目清单,即表示现浇混凝土模板项目不单列,现浇混凝土工程项目的综合单价中应包括模板工程费用。

第五章　施工阶段、竣工阶段投资控制

1. **建设项目的实际造价是：**［2009-03］
   A. 中标价　　　　　B. 承包合同价　　　　C. 竣工决算价　　　　D. 竣工结算价
   【答案】 C
   【说明】 《建设项目工程竣工决算编制规程》（CECA/GC 9—2013）2.0.1 工程竣工决算是以实物数量和货币指标为计量单位，综合反映竣工建设项目全部建设费用、建设成果和财务状况的总结性文件。条文说明：本条所指工程竣工决算是正确核定新增固定资产价值，考核分析投资效果，建立健全经济责任制的依据，是反映建设项目实际造价和投资效果的文件，是办理固定资产交付使用手续的依据。

2. **竣工决算价的作用：**［2022（05）-09］
   A. 与施工单位进行的结算，主要是核定工程量、价
   B. 项目交付资产实际价值
   C. 主要目标是核实应支付施工单位的款项
   D. 根据所收集的各种设计变更资料和修改图纸进行合同价款的增减汇总为竣工决算价
   【答案】 B

3. **核定建设项目交付资产实际价值依据的是：**［2021-02］
   A. 签约合同价　　　　　　　　B. 经修正的设计概算
   C. 工程结算价　　　　　　　　D. 竣工决算价
   【答案】 D

4. **建设项目实际工程造价是：**［2017-01］
   A. 施工中标价　　　　　　　　B. 经批准的设计概算
   C. 竣工决算价　　　　　　　　D. 竣工结算价
   【答案】 C

5. **下列可作为核定建设项目交付资产的实际价值依据的是：**［2019-01］
   A. 工程项目竣工决算价　　　　B. 工程项目竣工结算价
   C. 经修正的设计总概算　　　　D. 工程项目承包发包合同价
   【答案】 A
   【说明】 第 2 题~第 5 题解析详见第 1 题。

6. **竣工结算应依据的文件是：**［2012-09］
   A. 施工合同　　　　　　　　　B. 初步设计图纸
   C. 承包方申请的签证　　　　　D. 投资估算
   【答案】 A
   【说明】 竣工结算应依据的文件：①工程量清单计价规范；②施工合同；③工程竣工图

纸及资料；④双方确认的工程量；⑤双方确认追加（减）的工程价款；⑥双方确认的索赔、现场签证事项及价款；⑦投标文件；⑧招标文件；⑨其他依据。

7. **工程项目竣工时进行的"两算对比"指的是哪两个指标的对比？** ［2017－15］

    A. 竣工决算和设计概算   B. 竣工结算和投资估算

    C. 竣工决算和施工图预算   D. 竣工结算和设计概算

【答案】 C

【说明】 三算：设计概算、施工图预算、竣工决算。三超：设计概算超投资估算、施工图预算超设计概算、竣工决算超施工图预算。

8. **反映工程项目造价控制效果的"两算对比"指的是：** ［2019－23］

    A. 设计概算和投资估算   B. 竣工决算和设计概算

    C. 竣工结算和投资估算   D. 施工图预算和施工预算

【答案】 D

【说明】 两算对比：两算——施工图预算和施工预算。目的：以便进行总结和下次预算"两算"对比的内容有：人工工日，材料消耗量的对比；直接费的对比：人工费对比，机械台班费对比，材料费对比，脚手架费用对比，其他直接费的"两算"对比也都以金额对比。

第六章　工程投融资基本概念

1. 建设项目经济评价分为：〔2010-22〕

Ⅰ. 财务评价；　　Ⅱ. 国民经济评价；　　Ⅲ. 市场评价；　　Ⅳ. 潜力评价

A. Ⅰ、Ⅱ　　　　B. Ⅱ、Ⅲ　　　　C. Ⅲ、Ⅳ　　　　D. Ⅰ、Ⅳ

【答案】　A

【说明】　建设项目经济评价一般分为财务评价和国民经济评价两类。

2. 建设项目的经济评价一种是财务评价，另一种是：〔2006-22〕

A. 静态评价　　　B. 国民经济评价　　C. 动态评价　　D. 经济效益评价

【答案】　B

【说明】　解析详见第 1 题。

3. 项目内部潜在的最大盈利能力是：〔2019 - 15〕

A. 利润总额　　　B. 投资回收期　　C. 内部收益率　　D. 投资报酬率

【答案】　C

【说明】　内部收益率（ Internal Rate of Return，IRR）是评估投资项目盈利能力的一个重要指标。它反映了项目在考虑资金时间价值的情况下，通过计算项目整个寿命期内各年净现金流量现值累计等于零时的折现率，从而体现项目所能获得的实际最大投资收益率。这个指标不仅体现了项目自身的盈利能力，还考虑了资金的时间价值，因此能够准确地反映项目内部潜在的最大盈利能力。具体来说，内部收益率是在长期投资决策中常用的贴现评价方法之一，它能够判断项目是否可行，并且能够准确地反映内含报酬率优于基准报酬率的程度，因此在投资决策中被广泛应用。

4. 在投资方案财务评价中，获利能力较差的方案是：〔2013-23〕

A. 内部收益率小于基准收益率，净现值小于零

B. 内部收益率小于基准收益率，净现值大于零

C. 内部收益率大于基准收益率，净现值小于零

D. 内部收益率大于基准收益率，净现值大于零

【答案】　A

【说明】　在投资方案的财务评价中，获利能力的好坏可以通过内部收益率（ IRR）和净现值（ NPV）来衡量。内部收益率是使投资项目的净现值等于零的折现率，它代表了一项投资所渴望达到的报酬率。一般情况下，如果内部收益率大于或等于基准收益率，该项目被认为是可行的。净现值则是投资项目各年现金流量的折现值之和，如果净现值为正，表示项目的获利能力较好；如果净现值为负，则表示获利能力较差。因此，当内部收益率小于基准收益率且净现值小于零时，这表明该方案的获利能力较差。

5. 在投资方案财务评价中，获利能力较好的方案是：〔2012-23〕

A. 内部收益率小于基准收益率，净现值大于零

B. 内部收益率小于基准收益率，净现值小于零

C. 内部收益率大于基准收益率，净现值大于零

D. 内部收益率大于基准收益率，净现值小于零

【答案】 C

【说明】 解析详见第 4 题。

6. **进行建设项目财务评价时，项目可行的判据是：**[2020 - 24，2007-24]

A. 财务净现值≤0，投资回收期≥基准投资回收期

B. 财务净现值≤0，投资回收期≤基准投资回收期

C. 财务净现值≥0，投资回收期≥基准投资回收期

D. 财务净现值≥0，投资回收期≤基准投资回收期

【答案】 D

【说明】 投资回收期则是指从项目开始到累计的经济效益等于最初的投资支出所需的时间。当投资回收期小于或等于基准投资回收期时，说明项目能够在合理的时间内收回投资，进一步证明了项目的经济可行性。

7. **在对项目进行财务评价时，下列哪种情况，项目被评价为不可接受？** [2005-24]

A. 财务净现值>0

B. 项目投资回收期>行业基准回收期

C. 项目投资利润率>行业平均投资利润率

D. 项目投资利税率>行业平均投资利税率

【答案】 B

【说明】 解析详见第 6 题。

8. **从财务评价角度看，下列四个方案中哪一个最差？** [2003-22]

A. 投资回收期 6.1 年，内部收益率 15.5%

B. 投资回收期 5.5 年，内部收益率 16.7%

C. 投资回收期 5.9 年，内部收益率 16%

D. 投资回收期 8.7 年，内部收益率 12.3%

【答案】 D

【说明】 选项 D 的 8.7 年投资回收期是四个方案中最长的，这意味着资金需要更长的时间才能收回，增加了资金的机会成本。12.3% 内部收益率是四个方案中最低的，这表明该方案的盈利潜力相对较低。

9. **在项目财务评价指标中，属于反映项目盈利能力的动态评价指标的是：** [2012-24]

A. 借款偿还期　　　B. 财务净现值　　　C. 总投资收益率　　　D. 资本金利润率

【答案】 B

【说明】 在项目财务评价中，动态评价指标充分考虑了资金时间价值因素的影响，能够更客观地反映项目的盈利能力。其中，财务净现值（FNPV）是一个重要的动态评价指标。它指的是在项目计算期内各年净现金流量现值之和，这个值能够反映项目在整个计算期内是否为投资者创造了价值。如果财务净现值大于零，说明项目实施后除了能够收回原始投资外，还能为投资者带来额外的收益；反之，如果财务净现值小于零，则表明

项目实施后不仅无法收回投资,反而会导致投资者损失。因此,财务净现值是评估项目盈利能力的一个重要指标。

10. **用于评价项目财务盈利能力的指标是:** [2013-24]

    A. 借款偿还期   B. 流动比率

    C. 基准收益率   D. 财务净现值

【答案】 D

【说明】 解析详见第9题。

11. **在项目财务评价指标中,反映项目盈利能力的静态评价指标是:** [2013-25]

    A. 投资收益率   B. 借款偿还期

    C. 财务净现值   D. 财务内部收益率

【答案】 A

【说明】 投资收益率又称投资利润率是指投资方案在达到设计一定生产能力后一个正常年份的年净收益总额与方案投资总额的比率。它是评价投资方案盈利能力的静态指标,表明投资方案正常生产年份中,单位投资每年所创造的年净收益额。对运营期内各年的净收益额变化幅度较大的方案,可计算运营期年均净收益额与投资总额的比率。

12. **下列指标中,哪一个是项目财务评价结论中的重要指标?** [2004-24]

    A. 贷款利率   B. 所得税率

    C. 投资利润率   D. 固定资产折旧率

【答案】 C

【说明】 投资利润率是衡量项目财务效益的一个重要指标,它反映了项目财务评价结论中的重要地位。这个指标通过计算项目达到设计生产能力后的正常生产年份的年利润总额或项目生产期内的年平均利润总额与资本金总额之比来得出。它不仅度量了项目或企业单位资本金的盈利能力,而且还是评价投资者投入项目的资本金获得收益的能力的重要静态指标。

13. **判断建设项目盈利能力的参数不包括:** [2010-24]

    A. 资产负债率   B. 财务内部收益率

    C. 总投资收益率   D. 项目资本金净利润率

【答案】 A

【说明】 财务评价指标中的盈利能力分析指标包括项目投资财务内部收益率、项目投资财务净现值、项目资本金财务内部收益率、投资各方财务内部收益率、投资回收期、项目资本金净利润率、总投资收益率。

14. **在财务评价中使用的价格是:** [2011-23,2010-23,2009-07,2008-24]

    A. 影子价格   B. 基准价格

    C. 预算价格   D. 市场价格

【答案】 D

【说明】 财务评价是从企业角度出发,使用的是市场价格,根据国家现行财税制度和现行价格体系,分析计算项目直接发生的财务效益和费用,编制财务报表,计算财务评价指标,考察项目的盈利能力，清偿能力和外汇平衡等财务状况，借以判别项目的财务可行性。

15. 财务评价是从企业财务的角度，分析项目发生的收益和费用，考察项目的盈利能力、偿债能力和抵抗风险的能力，评价项目的财务可行性。 因此，在计算财务评价指标时应根据下列哪一项进行？ [2008-23]

    A. 预算价格   B. 国家现行的影子价格

    C. 国家现行的财税制度   D. 国家现行的财税制度和市场价格

【答案】 D

【说明】 解析详见第 14 题。

16. 一家私营企业拟在市中心投资建造一个商品房项目，对于该项目，业主主要应做：[2009-24，2005-22]

    A. 企业财务评价   B. 国家财务评价

    C. 国民经济评价   D. 社会评价

【答案】 A

【说明】 房地产开发项目经济评价分为财务评价和综合评价。财务评价是根据现行财税制度和价格体系，计算房地产开发项目的财务收入和财务支出，分析项目的财务盈利能力、清偿能力以及资金平衡状况，判断项目的财务可行性。房地产项目综合评价是从区域社会经济发展的角度，考察房地产项目的效益和费用，评价房地产项目的合理性。对于一般的房地产开发项目只需进行财务评价；对于重大的、对区域社会经济发展有较大影响的房地产项目，如经济开发区项目、成片开发项目，在做出决策前应进行综合评价。

17. 可行性研究阶段进行敏感性分析，所使用的分析指标之一是：[2011-24]

    A. 总投资额   B. 借款偿还期

    C. 内部收益率   D. 净年值

【答案】 C

【说明】 在可行性研究阶段，经济分析指标选用动态评价指标，常用净现值、内部收益率，通常还辅之以投资回收期等分析指标。

18. 下列建设项目财务评价指标中，反映盈利能力的指标是：[2022（05）-23]

    A. 总投资收益率   B. 投资报酬率

    C. 财务内部收益率   D. 利息背负率

【答案】 C

【说明】 财务评价中盈利能力指标的主要内容，具体包括财务内部收益率、财务净现值、项目投资回收期。

19. 财务评价指标是可行性研究的重要内容，以下指标哪一个不属于财务评价指标？ [2008-22]

    A. 固定资产折旧率   B. 盈亏平衡点

    C. 投资利润率   D. 投资利税率

【答案】 A

【说明】 项目财务评价指标根据是否考虑资金时间价值，可分为静态评价指标和动态评价指标，其中静态评价指标包括投资回收期、借款偿还期、投资利润率、投资利税率、资本金利润率、利息备付率、偿债备付率；动态评价指标包括投资回收期、财务净现值、财务内部收益率。

20. **财务评价指标的高低是经营类项目取舍的重要条件，以下指标哪一个不属于财务评价指标？** ［2007-22］

A. 还款期   B. 折旧率

C. 投资回收期   D. 内部收益率

【答案】 B

21. **对项目进行财务评价，可分为动态分析和静态分析两种，下列评价指标中属于动态指标的是：**［2006-24，2005-23］

A. 投资利润率   B. 投资利税率

C. 财务内部收益率   D. 投资报酬率

【答案】 C

22. **下列指标哪一个反映项目盈利水平？**［2003-23］

A. 折旧率   B. 财务内部收益率

C. 税金   D. 摊销费年限

【答案】 B

【说明】 第20题～第22题解析详见第19题。

23. **对建设项目进行偿债能力评价的指标是：**［2007-23］

A. 财务净现值   B. 内部收益率

C. 投资利润率   D. 资产负债率

【答案】 D

【说明】 偿债能力主要指标包括利息备付率、偿债备付率和资产负债率等。

24. **对建设项目动态投资回收期的描述，下列哪一种是正确的？** ［2006-23］

A. 项目以经营收入抵偿全部投资所需的时间

B. 项目以全部现金流入抵偿全部现金流出所需的时间

C. 项目以净收益抵偿全部投资所需的时间

D. 项目以净收益现值抵偿全部投资所需的时间

【答案】 D

【说明】 动态投资回收期是把投资项目各年的净现金流量按基准收益率折成现值之后，再来推算投资回收期，这就是它与静态投资回收期的根本区别。动态投资回收期就是净现金流量累计现值等于零时的年份。

25. **下列经济指标中，反映企业短期偿债能力的指标是：**［2021-20］

A. 总投资收益率   B. 速动比率

C. 投资回收期   D. 内部收益率

【答案】 B

【说明】 速动比率是用来衡量企业流动资产中可以到期用于偿还现金的能力。在正常情况下企业的速动比率应该等于或大于1，表明企业具有按期偿还短期负债的能力。

26. 某新建项目建设期为1年，向银行贷款500万元，年利率为10%，建设期内贷款分季度均衡发放，只计息不还款，则建设期贷款利息为：[2011-06]

A. 0万元　　　　　　B. 25万元　　　　　　C. 50万元　　　　　　D. 100万元

【答案】　B

【说明】　若银行贷款按季度平均放贷125万元，假设放贷时间为每季度第一天，第一季度贷款利息125×10%＝12.5（万元），第二季度贷款利息125×10%×0.75＝9.375（万元），第三季度贷款利息125×10%×0.5＝6.25（万元），第四季度贷款利息125×10%×0.25＝3.25（万元），合计贷款利息为31.25万元；假设放贷时间为每季度最后一天，第一季度贷款利息125×10%×0.75＝9.375（万元），第二季度贷款利息125×10%×0.5＝6.25（万元），第三季度贷款利息125×10%×0.25＝3.25（万元），第四季度贷款利息125×10%×0＝0（万元）合计贷款利息为18.75万元。所以建设期贷款利息为18.75万～31.25万元，答案为B。

27. 在设计阶段实施价值工程进行设计方案优化的步骤一般为：[2011-16]

A. 功能评价→功能分析→方案创新→方案评价

B. 功能评价→功能分析→方案评价→方案创新

C. 功能分析→功能评价→方案创新→方案评价

D. 功能分析→功能评价→方案评价→方案创新

【答案】　C

【说明】　实施价值工程进行设计方案优化详见表6-1。

表6-1　　　　　　　　　　设计方案优化

运用面步骤（程序）	新建项目设计方案的优选	设计阶段工程造价的控制	备　　注
对象选择		√	选择对控制造价影响较大的项目作为价值工程研究的对象。成本比重大，数量少的成本是实施价值工程的重点
功能分析	√	√	明确项目的各类功能，主要功能并对功能进行定义和整理
功能评价	√	√	比较各项功能的重要程度，计算功能评价系数
分配目标成本		√	在确定研究对象目标成本和功能评价系数的基础上，将目标成本分摊到各项功能上，通过成本与功能的对比确定重点改进对象
方案创新	√	√	根据功能分析结果，提出实现功能的方案
方案评价	√	√	计算方案创新中提出的各方案的价值系统，对各方案进行评价

28. 价值工程的评价顺序依次是：[2020-09]

①功能分析；②功能评价；③计算功能评价系数；④计算成本系数；⑤计算价值系数

A. ①→③→④→⑤→②　　　　　　　　B. ①→②→③→④→⑤

C. ①→⑤→②→④→③　　　　　　　　D. ③→②→①→④→⑤

【答案】　A

【说明】 价值工程活动的全过程，实际上是技术经济决策的过程，其基本程序是：①选择价值工程对象。②收集有关情报。③进行功能分析。④提出改进设想，拟订改进方案。⑤分析与评价方案。⑥可行性试验。性能上、工艺上、经济上证明方案实际可行的程度。⑦检查实施情况，评价价值工程活动的成果。

29. 某生产性项目，估算正常生产年份需流动资金1000万元，存货500万元。现金100万元，在不考虑其他因素的情况下，估算流动负债为：〔2022（05）- 04〕

   A. 1400万元   B. 1300万元   C. 800万元   D. 400万元

   【答案】 D

   【说明】 流动负债＝需求的流动资金－存货－现金＝1000－500－100＝400（万元）。

30. 能全面反映项目的资金活动全貌的报表是：〔2009-22〕

   A. 全部投资现金流量表   B. 资产负债表
   C. 资金来源与运用表   D. 损益表

   【答案】 C

   【说明】 资金来源与运用表：资金来源表包括利润、折旧、摊销、长期借款、短期借款、自有资金、其他资金、回收固定资产余值、回收流动资金等；资金运用表包括固定资产投资、建设期贷款利息、流动资金投资、所得税、应付利润、长期借款还本、短期借款还本、其他短期借款还本等。

31. 下列财务评价报表，哪一个反映资金活动全貌？〔2004-22〕

   A. 销售收入预测表   B. 成本预测表
   C. 贷款偿还期计算表   D. 资金来源与运用表

   【答案】 D

   【说明】 解析详见第30题。

32. 建设项目可行性研究经济评价中，图6-1为敏感性分析图，斜线（1）应为下列哪一种线？〔2004-23〕

   A. 建设投资斜线

   B. 主要原材料价格线

   C. 销售价格线

   D. 成本线

   【答案】 C

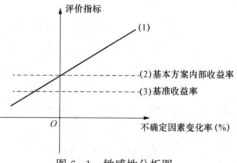

图6-1 敏感性分析图

   【说明】 如图6-2所示，图中纵坐标表示项目投资内部收益率；横坐标表示几种不确定变量因素的变化幅度（%），图上按敏感性分析计算结果画出各种变量因素的变化曲线，选择其中与横坐标相交的角度量大的曲线为敏感性因素变化曲线。同时，在图上还应标出财务基准收益率。从某个因素对投资财务内部收益率的影响曲线与基准收益率线的交点（临界点），可以得知该变量因素允许变化的最大幅度，即变量因素盈亏界限的极限变化值。变化幅度超过这个极限值，项目评价指标就不可行。如果发生这种极限变化的可能性很大，则表明项目承担的风险很大。因此，这个极限值对于项目决策十分重要。

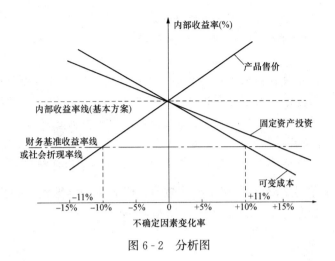

图 6-2　分析图

33. 建设项目可行性研究经济评价中，图 6-1 为敏感性分析图，斜线（1）应为下列哪一种线？〔2003-24〕

A. 生产能力线　　　B. 经营成本线　　　C. 建设投资线　　　D. 回收期线

【答案】　A

【说明】　回收期是项目的评价指标，而不是变化因素；无论是投资增大还是经营成本增大，内部收益率都会下降；只有生产能力增大时，内部收益率才能提高。

34. 进行非营利性项目的设计方案经济效果比选时，可参照的指标是：〔2019-17〕

A. 利润额度　　　B. 费用效果比　　　C. 财务净现值　　　D. 内部收益率

【答案】　B

【说明】　参见《建设项目全过程造价咨询规程》。

2.0.8 设计方案经济比选：指依据价值工程理论。将技术与经济相结合，按照建设工程经济效果，针对不同的设计方案，分析其技术经济指标，从中选出经济效果最优的方案。

35. 价值工程质量，在工程设计阶段，说法正确的是：〔2022（05）-08〕

A. 工程项目的成本节约最大可能阶段是施工阶段

B. 工程设计中该应用价值工程需与建设单位密切配合

C. 价值工程是一种用适宜的总成本可靠地实现产品的必要功能

D. 在功能不变或改善情况下，优化设计，降低成本

【答案】　D

【说明】　工程项目的成本节约最大可能阶段是设计阶段；工程设计中该应用价值工程需与施工单位、材料供应商密切配合；价值工程是一种用最低的总成本可靠地实现产品的必要功能。

36. 工程项目目标动态控制的工作程序正确的是：〔2021-09〕

A. 目标控制→目标制定→目标分解→目标调整

B. 目标制定→目标分解→目标控制→目标调整

C. 目标分解→目标制定→目标调整→目标控制

D. 目标制定→目标分解→目标调整→目标控制

【答案】 B

【说明】 第一步，项目目标动态控的准备工作；将项目按目标进行分解，以定用于目标控制的计划值。第二步，在项目实施过程中项目目标的动态控制：①收集项目目标的实际值，如实际投资、实际进度等；②定期(如每两周或每月进行项目目标的计划和实际值比较)；③通过项目目标的计划值和实际值的比较，如有偏差，则采取纠偏措施进行纠偏。第三步，如有必要，则进行目标的调整，目标调整后再回到第一步。

37. 某工业项目设计和生产给业主带来经济效益，但对周围湿地水土和生物多样性造成破坏，这种破坏性质上是：[2022(05) - 21,2020 - 22]

A. 内部不经济   B. 外部不经济   C. 环境不经济   D. 社会效益不经济

【答案】 B

【说明】 外部不经济是指某些企业或个人因其他企业和个人的经济活动而受到不利影响，又不能从造成这些影响的企业和个人那里得到补偿的经济现象，如江河上游造纸厂排放污水，造成下游农作物歉收、农业减产的情况。造成这种现象的根源在于环境资源的不可分割性，使其产权界定成本非常高或根本就难以界定，环境资源因此具有全部或部分公共性。这又使得人们可以互不排斥地共同使用自然生态环境资源，而不考虑其公正性和整个社会的意愿。

B

施工质量验收

第七章 砌 体 工 程

■《砌体结构通用规范》(GB 55007—2021)

1. 下列水泥进场的检查项，不属于进场抽样检验的是：[2017 - 35]

    A. 品种   B. 强度   C. 安定性   D. 凝结时间

【答案】 D

【说明】 3.1.2-2 砌体结构选用材料应符合下列规定：应对块材、水泥、钢筋、外加剂、预拌砂浆、预拌混凝土的主要性能进行检验，证明质量合格并符合设计要求。

2. 砌体工程施工中，下述哪项表述是错误的？ [2008 - 27]

    A. 砖砌体的转角处砌筑应同时进行

    B. 严禁无可靠措施的内外墙分砌施工

    C. 临时间断处应当留直槎

    D. 宽度超过 300mm 的墙身洞口上部应设过梁

【答案】 C

【说明】 5.1.3 砌体砌筑时，墙体转角处和纵横交接处应同时咬槎砌筑；砖柱不得采用包心砌法；带壁柱墙的壁柱应与墙身同时咬槎砌筑；临时间断处应留槎砌筑；块材应内外搭砌、上下错缝砌筑。

3. 在砌筑中因某种原因造成内外墙体不能同步砌筑时应留设斜槎。当建筑物层高 3m 时，其砌体斜槎的水平投影长度不应小于：[2005 - 30]

    A. 1.0m   B. 1.5m   C. 2.0m   D. 3.0m

【答案】 C

【说明】 5.1.3 条文说明：砖砌体转角处和交接处的砌筑和接槎质量，是保证砖砌体结构整体性能和抗震性能的关键之一，唐山、汶川等地区震害教训充分证明了这一点。通过对交接处同时砌筑和不同留槎形式接槎部位连接性能的模拟试验分析，证明同时砌筑的连接性能最佳；留踏步槎（斜槎）的次之；留直槎并按规定加拉结钢筋的再次之；仅留直槎不加拉结钢筋的最差。上述不同砌筑和留槎形式连接性能之比为 1：0.93：0.85：0.72。因此，为了不降低砖砌体转角处、交接处墙体的整体性和抵抗水平荷载的能力，确保砌体结构房屋的安全，对砖砌体在转角处和交接处的砌筑方式进行了规定（普通砖砌体斜槎砌筑示意图如图 7-1 所示），应在施工过程中严格执行。砌筑方法不正确将对墙、柱构件的承载力以及正常使用性能造成影响，甚至可能造成安全事故。

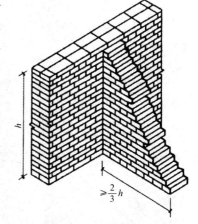

图 7-1 普通砖砌体斜槎砌筑示意

4. 有关砌体结构工程冬期施工的说法，错误的是：[2020 - 29]

A. 冬期施工期限以外，当日最低气温低于 0℃时，按冬期施工进行

B. 拌制砂浆用砂，不得含有冰块和大于 10mm 的冻结块

C. 电石膏如遭冻结，融化后严禁使用

D. 当地基土具冻胀性，应在未冻的地基上砌筑

【答案】 C

【说明】 5.1.8 冬期施工所用的石灰膏、电石膏、砂、砂浆、块材等应防止冻结。

5.1.8 条文说明：石灰膏、电石膏等在冻结条件下使用，将直接影响砂浆强度。砂中含有冰块或大于 10mm 的冻结块，将影响砂浆的均匀性、强度增长和砌体灰缝厚度的控制。遭水浸冻的砖或其他块体，使用时将降低其与砂浆的黏结强度。

5. 若砌筑结构工程在冬期施工，下列说法错误的是：[2019 - 51]

A. 砌体用砌块不得遭水浸冻

B. 已冻结的石灰膏经融化后也不能投入使用

C. 砖砌在 0℃条件下砌筑时，可不浇水但必须增大砂浆稠度

D. 当室外日平均气温连续 5d 稳定低于 5℃时，应采取冬期施工措施

【答案】 B

6. 关于砌体工程施工要求的说法，错误的是：[2017 - 31]

A. 采用掺外加剂法、暖棚法施工时，砂浆使用温度不应低于 5℃

B. 配筋砌体不得采用掺氯盐的砂浆施工

C. 最低温度不大于 −15℃时，采用外加剂法配制的砌筑砂浆等级应较常温施工提高一级

D. 遭冻结的石灰膏，融化后不得再投入使用

【答案】 D

【说明】 第 5 题、第 6 题解析详见第 4 题。

7. 有关普通混凝土小型空心砌块工程，正确的是：[2020 - 27]

A. 施工采用的小砌块的产品无龄期要求

B. 承重墙体使用的小砌块应完整、无破损、无裂缝

C. 小砌块应将生产时的正面朝上反砌于墙上

D. 小砌块墙体严禁逐块坐（铺）浆砌筑

【答案】 B

【说明】 5.1.10 承重墙体使用的小砌块应完整、无破损、无裂缝。

选项 C 详见 5.1.11，选项 A、D 详见《砌体结构工程施工质量验收规范》（GB 50203—2011）6.1.3 和 6.1.11。

■《砌体结构工程施工规范》(GB 50924—2014)

8. 通常情况下，砌体结构的主要材料不包括：[2021-25]

A. 砖块　　　　　B. 钢筋　　　　　C. 木块　　　　　D. 砂浆

【答案】 C

【说明】 2.0.1 砌体结构工程：由块体和砂浆砌筑而成的墙、柱作为建筑物主要受力构件及其他构件的结构工程。

2.0.2 配筋砌体工程：由配置钢筋的砌体作为建筑物主要受力构件的结构工程。配筋砌体工程包括配筋砖砌体、砖砌体和钢筋混凝土面层或钢筋砂浆面层的组合砌体、砖砌体和钢筋混凝土构造柱组合墙、配筋砌块砌体工程等。

9. **基础砌体基底标高不同时，应从低处砌起，并应由高处向低处搭砌。当设计无要求时，搭接长度不应小于：**〔2006-25〕

A. 基础扩大部分的宽度

B. 基础扩大部分的高度

C. 低处与高处相邻基础底面的高差

D. 规范规定的最小基础埋深

【答案】 C

【说明】 3.3.3-1 砌体的砌筑顺序应符合下列规定：基底标高不同时，应从低处砌起，并应由高处向低处搭接。当设计无要求时，搭接长度 L 不应小于基础底的高差 H，搭接长度范围内下层基础应扩大砌筑（图 7-2）。

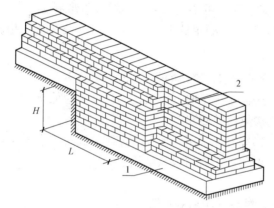

图 7-2　基础标高不同时的搭砌示意图（条形基础）

1—混凝土垫层；2—基础扩大部分

10. **当同一砌体墙体中不同部位的基底标高不同时，且设计无要求，正确的砌筑方法是：**〔2021-26〕

A. 由高处砌起，从高处一侧往低处一侧搭砌筑

B. 由低处砌起，从高处一侧往低处一侧搭砌筑

C. 最小搭接长度不应小于基础底高差的一半

D. 搭接长度范围内下层基础应扩大砌筑

【答案】 D

【说明】 解析详见第 9 题。

11. **砌筑砂浆采用机械搅拌时，自投料完算起，搅拌时间不少于 3min 的砂浆是：**〔2008-26〕

A. 水泥砂浆

B. 水泥混合砂浆和水泥粉煤灰砂浆

C. 掺用外加剂的砂浆和水泥粉煤灰砂浆

D. 掺用有机塑化剂的砂浆

【答案】 C

【说明】 5.4.3 现场拌制砌筑砂浆时，应采用机械搅拌，搅拌时间自投料完起算，应符合下列规定：

　　1 水泥砂浆和水泥混合砂浆不应少于120s；

　　2 水泥粉煤灰砂浆和掺用外加剂的砂浆不应少于180s；

　　3 掺液体增塑剂的砂浆，应先将水泥、砂干拌混合均匀后，将混有增塑剂的拌和水倒入干混砂浆中继续搅拌；掺固体增塑剂的砂浆，应先将水泥、砂和增塑剂干拌混合均匀后，将拌和水倒入其中继续搅拌。从加水开始，搅拌时间不应少于210s。

12. **下列砌块砌筑的说法中，错误的是：**〔2013-30〕

　　A. 砌块砌体的砌筑形式只有全顺式一种

　　B. 轻骨料混凝土小型空心砌块砌体水平灰缝的灰浆饱满度不得低于砌块净面积的80%

　　C. 轻骨料混凝土小型空心砌块砌体竖向灰缝的灰浆饱满度不得低于砌块净面积的80%

　　D. 加气混凝土砌块搭接长度不应小于砌块长度的1/3

【答案】 A

【说明】 6.2.6 砌体组砌应上下错缝，内外搭砌；组砌方式宜采用一顺一丁、梅花丁、三顺一丁。

　　组砌方式示意图如图7-3所示。

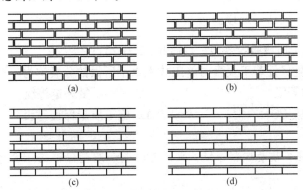

图7-3　组砌方式示意图

（a）一顺一丁的十字缝砌法；（b）一顺一丁的骑马缝砌法；（c）梅花丁砌法；（d）三顺一丁砌法

13. **240mm 厚承重墙体最上一皮砖的砌筑，应采用的砌筑方法为：**〔2005-29〕

　　A. 整砖顺砌　　　　B. 整砖丁砌　　　　C. 一顺一丁　　　　D. 三顺一丁

【答案】 B

【说明】 6.2.8 砖砌体在下列部位应使用丁砌层砌筑，且应使用整砖：

　　1 每层承重墙的最上一皮砖；

　　2 楼板、梁、柱及屋架的支承处；

　　3 砖砌体的台阶水平面上；

　　4 挑出层。

14. **下列关于石砌体工程的说法，错误的是：**〔2013-32〕

　　A. 料石砌体采用坐浆法砌筑

B. 石砌体每天的砌筑高度不得大于 1.2m

C. 石砌体勾缝一般采用 1：1 水泥砂浆

D. 料石基础的第一皮石块应采用丁砌层坐浆法砌筑

【答案】 A

【说明】 8.1.3 石砌体应采用铺浆法砌筑，砂浆应饱满，叠砌面的粘灰面积应大于 80%。

15. **在没有采取有效措施的情况下，不应使用轻骨料混凝土小型空心砌块或蒸压加气混凝土砌块的砌体部位或环境的是：**［2022（05）- 30］

   A. 建筑物防潮层以上墙体

   B. 短期浸水或化学侵蚀环境

   C. 砌体表面温度高于 70℃ 且小于 80℃ 的部位

   D. 长期处于有振动源环境的墙体

【答案】 D

【说明】 10.1.4 在没有采取有效措施的情况下，不应在下列部位或环境中使用轻骨料混凝土小型空心砌块或蒸压加气混凝土砌块砌体：

   1 建筑物防潮层以下墙体；

   2 长期浸水或化学侵蚀环境；

   3 砌体表面温度高于 80℃ 的部位；

   4 长期处于有振动源环境的墙体。

■《砌体结构工程施工质量验收规范》（GB 50203—2011）

16. **按质量控制和质量保证若干要素对施工技术水平所做的分级称为：**［2017 - 25］

   A. 工程质量验收等级
   B. 工程质量评定等级

   C. 施工质量控制等级
   D. 施工质量保证等级

【答案】 C

【说明】 2.0.8 施工质量控制等级：按质量控制和质量保证若干要素对施工技术水平所做的分级。

17. **当砌筑墙体时，为掩盖砌体灰缝内的质量缺陷，仅在靠近砌体表面处抹有砂浆，而内部无砂浆的竖向灰缝称为：**［2017 - 26］

   A. 隙缝
   B. 假缝
   C. 填缝
   D. 空缝

【答案】 B

【说明】 2.0.10 假缝：为掩盖砌体灰缝内在质量缺陷，砌筑砌体时仅在靠近砌体表面处抹有砂浆，而内部无砂浆的竖向灰缝。

18. **当基底标高不同时，砖基础砌筑顺序正确的是：**［2010-25］

   A. 从低处砌起，由高处向低处搭砌
   B. 从低处砌起，由低处向高处搭砌

   C. 从高处砌起，由低处向高处搭砌
   D. 从高处砌起，由高处向低处搭砌

【答案】 A

【说明】 3.0.6 砌筑顺序应符合下列规定：基底标高不同时，应从低处砌起，并应由高处向低处搭砌。

19. **下列对于砌体结构工程的说法，错误的是：**［2019 - 48］

　　A. 砌体墙体应设置皮数杆

　　B. 基底标高不同时，应由低处向高处搭砌

　　C. 砌体结构的标高、轴线应引自基准控制点

　　D. 宽度超过300mm的洞口上部，应设置钢筋混凝土过梁

　　【答案】　B

　　【说明】　解析详见第18题。

20. **砌体结构工程施工时，设置皮数杆的作用与下列哪个选项无关？**　［2017 - 28］

　　A. 保证砌体灰缝的厚度均匀、平直　　　B. 保证砌体接槎

　　C. 控制砌体高度　　　　　　　　　　D. 控制砌体高度变化的部位

　　【答案】　B

　　【说明】　3.0.7条文说明：使用皮数杆对保证砌体灰缝的厚度均匀、平直和控制砌体高度及高度变化部位的位置十分重要。

21. **下列有关皮数杆的书法，错误的是：**［2019 - 53］

　　A. 控制每皮砖砌筑的竖向位置　　　　B. 保证铺灰厚度均匀

　　C. 控制砌体垂直度　　　　　　　　　D. 保证砖皮水平

　　【答案】　D

　　【说明】　解析详见第20题。

22. **当墙体上留置临时施工洞口时，以下哪种情况需要会同设计单位进行确定？**　［2017 - 29］

　　A. 洞口侧边距交接处墙面大于500mm　　B. 洞口净宽度大于1m

　　C. 洞口高度超过1m　　　　　　　　　D. 建筑物抗震设防烈度9度

　　【答案】　D

　　【说明】　3.0.8在墙上留置临时施工洞口，其侧边离交接处墙面不应小于500mm，洞口净宽度不应超过1m。抗震设防烈度为9度地区建筑物的临时施工洞口位置，应会同设计单位确定。临时施工洞口应做好补砌。

23. **砌体施工在墙上留置临时施工洞口时，下述哪项做法不正确？**［2012-25］

　　A. 洞口两侧应留斜槎　　　　　　　　B. 其侧边离交界处墙面不应小于500mm

　　C. 洞口净宽度不应超过1000mm　　　　D. 宽度超过300mm的洞口顶部应设过梁

　　【答案】　A

　　【说明】　解析详见第22题。

24. **砌体施工中，必须按设计要求正确预留或预埋的部位中不包括：**［2012-26］

　　A. 脚手架拉结件　　　　　　　　　　B. 洞口

　　C. 管道　　　　　　　　　　　　　　D. 沟槽

　　【答案】　A

　　【说明】　3.0.11设计要求的洞口、沟槽、管道应于砌筑时正确留出或预埋，未经设计同意，不得打凿墙体和在墙体上开凿水平沟槽。宽度超过300mm的洞口上部，应设置钢筋混凝土过梁。不应在截面长边小于500mm的承重墙体、独立柱内埋设管线。

25. **在下列砌体结构建筑的施工工况中，非必须征得设计单位同意的是：** ［2021-27］

A. 抗震设防烈度 9°地区砌筑墙上临时施工洞口位置

B. 在 240mm 厚、宽度大于 1m 的窗间墙上设置脚手眼

C. 在已砌筑完成的墙体上后开凿永久洞口

D. 在已砌筑完成的墙体上后开凿水平沟槽埋设管道

【答案】 B

【说明】 解析详见第 22 题和第 24 题。

26. **当墙体宽度大于 1m 时，下列砌体工程中，可以设置脚手眼的墙体是：** ［2017 - 30］

A. 120mm 厚墙   B. 轻质墙体

C. 砖石墙   D. 窗间墙

【答案】 D

【说明】 3.0.9 不得在下列墙体或部位设置脚手眼：

1 120mm 厚墙、清水墙、料石墙、独立柱和附墙柱；

2 过梁上与过梁成 60°角的三角形范围及过梁净跨度 1/2 的高度范围内；

3 宽度小于 1m 的窗间墙；

4 门窗洞口两侧石砌体 300mm，其他砌体 200mm 范围内；转角处石砌体 600mm，其他砌体 450mm 范围内；

5 梁或梁垫下及其左右 500mm 范围内；

6 设计不允许设置脚手眼的部位；

7 轻质墙体；

8 夹心复合墙外叶墙。

27. **下列砌体施工质量控制等级的最低质量控制要求中，哪项不属于 B 级？** ［2012-27］

A. 砂浆、混凝土强度试块按规定制作   B. 强度满足验收规定，离散性较小

C. 砂浆拌和方式为机械拌和   D. 砂浆配合比计量控制严格

【答案】 D

【说明】 3.0.15 砌体施工质量控制等级分为三级，并应按表 3.0.15（表 7-1）划分。

表 7-1　　　　　　　施 工 质 量 控 制 等 级

项目	施工质量控制等级		
	A	B	C
现场质量管理	监督检查制度健全，并严格执行；施工方有在岗专业技术管理人员，人员齐全，并持证上岗	监督检查制度基本健全。并能执行；施工方有在岗专业技术管理人员，人员齐全，并持证上岗	有监督检查制度，施工方有在岗专业技术管理人员
砂浆、混凝土强度	试块按规定制作，强度满足验收规定，离散性小	试块按规定制作，强度满足验收规定，离散性较小	试块按规定制作，强度满足验收规定，离散性大
砂浆拌和	机械拌和；配合比计量控制严格	机械拌和；配合比计量控制一般	机械或人工拌和；配合比计量控制较差
砌筑工人	中级工以上，其中，高级工不少于 30%	高、中级工不少于 70%	初级工以上

注：1. 砂浆、混凝土强度离散性大小根据强度标准差确定。

　　2. 配筋砌体不得为 C 级施工。

28. 砌筑施工质量控制等级分为 A、B、C 三级，其中对砂浆配合比计量控制严格的是：[2010-26]

    A. A 级
               B. B 级

    C. C 级
               D. A 级和 B 级

【答案】 A

29. 砌体施工质量控制等级分为：[2009-25，2007-25]

    A. 二级
               B. 三级

    C. 四级
               D. 五级

【答案】 B

【说明】 第 28 题、第 29 题解析详见第 27 题。

30. 砌体施工时，为避免楼面和屋面堆载超过楼板的允许荷载值，楼板下宜采取临时支撑措施的部位是：[2012-28]

    A. 无梁板
               B. 预制板

    C. 墙体砌筑部位两侧
               D. 施工层进料口

【答案】 D

【说明】 3.0.18 砌体施工时。楼面和屋面堆载不得超过楼板的允许荷载值。当施工层进料口处施工荷载较大时，楼板下宜采取临时支撑措施。

31. 砌体施工时，对施工层进料口的楼板宜采取：[2008-25]

    A. 临时加固措施
               B. 临时支撑措施

    C. 现浇结构
                D. 提高混凝土强度等级的措施

【答案】 B

【说明】 解析详见第 30 题。

32. 砌体工程中，水泥进场使用前应分批进行复验，其检验批的确定是：[2012-29]

    A. 袋装水泥以 50t 为一批

    B. 散装水泥以每罐为一批

    C. 以同一生产厂家、同一天进场的为一批

    D. 以同一生产厂家、同品种、同等级、同批号连续进场的为一批

【答案】 D

【说明】 4.0.1-3 水泥使用应符合下列规定：

    不同品种的水泥，不得混合使用。抽检数量：按同一生产厂家、同品种、同等级、同批号连续进场的水泥，袋装水泥不超过 200t 为一批，散装水泥不超过 500t 为一批，每批抽样不少于一次。

33. 同一生产厂家、同品种、同等级、同批号连续进场的袋装水泥，每批抽样检验不少于一次，多少为一批？[2003-36]

    A.100t
         B. 150t
         C. 200t
         D. 300t

【答案】 C

【说明】 解析详见第 32 题。

34. 配制强度等级小于 M5 的水泥石灰砌筑砂浆，其使用的材料以下哪条不符规范规定？
[2004-30]
　　A. 砂的含泥量小于 10％　　　　　　　B. 没有使用脱水硬化的石灰膏
　　C. 直接使用了消石灰粉　　　　　　　D. 水泥经复验强度、安定性符合要求
【答案】　C
【说明】　4.0.3-2 拌制水泥混合砂浆的粉煤灰、建筑生石灰、建筑生石灰粉及石灰膏应
符合下列规定：
　　　建筑生石灰、建筑生石灰粉熟化为石灰膏，其熟化时间分别不得少于 7d 和 2d；沉
淀池中储存的石灰膏，应防止干燥、冻结和污染，严禁采用脱水硬化的石灰膏；建筑生
石灰粉、消石灰粉不得替代石灰膏配制水泥石灰砂浆。

35. 最适宜用来替换 M2.5 的水泥混合砂浆的水泥砂浆是：[2019-50]
　　A. M10　　　　　B. M7.5　　　　　C. M5.0　　　　　D. M2.5
【答案】　C
【说明】　4.0.6 施工中不应采用强度等级小于 M5 水泥砂浆替代同强度等级水泥混合砂
浆，如需替代，应将水泥砂浆提高一个强度等级。

36. 砌体施工时，在砂浆中掺入以下何种添加剂时，应有砌体强度的型式检验报告？[2012-30]
　　A. 增塑剂　　　　　B. 早强剂　　　　　C. 缓凝剂　　　　　D. 防冻剂
【答案】　A
【说明】　4.0.7 条文说明：由于在砌筑砂浆中掺用的砂浆增塑剂、早强剂、缓凝剂、防
冻剂等产品种类繁多，性能及质量也存在差异，为保证砌筑砂浆的性能和砌体的砌筑质
量，应对外加剂的品种和用量进行检验和试配，符合要求后方可使用。对砌筑砂浆增塑
剂，2004 年国家已发布、实施了行业标准《砌筑砂浆增塑剂》（JG/T 164），在技术性
能的型式检验中，包括掺用该外加剂砂浆砌筑的砌体强度指标检验，使用时应遵照
执行。

37. 砌体施工时，下述对砌筑砂浆的要求哪项不正确？[2012-31]
　　A. 不得直接采用消石灰粉
　　B. 应通过试配确定配合比
　　C. 现场拌制时各种材料应采用体积比计量
　　D. 应随拌随用
【答案】　C
【说明】　4.0.8 配制砌筑砂浆时，各组分材料应采用质量计量，水泥及各种外加剂配料
的允许偏差为±2％；砂、粉煤灰、石灰膏等配料的允许偏差为±5％。

38. 关于砌筑砂浆的说法，错误的是：[2013-31]
　　A. 施工中不可以用强度等级小于 M5 的水泥砂浆代替同强度等级的水泥混合砂浆
　　B. 配置水泥石灰砂浆时，不得采用脱水硬化的石灰膏
　　C. 砂浆现场拌制时，各组分材料应采用体积计量
　　D. 砂浆应随拌随用，气温超过 30℃时应在拌成后 2h 内用完
【答案】　C

【说明】 解析详见第37题。

39. **砂浆应随拌随用，当施工期间最高气温超过 30℃时水泥砂浆最迟使用完毕的时间是：**〔2011-25，2009-26〕

A. 2h   B. 3h   C. 4h   D. 5h

【答案】 A

【说明】 4.0.10 现场拌制的砂浆应随拌随用拌制的砂浆应在 3h 内使用完毕；当施工期间最高气温超过 30℃时，应在 2h 内使用完毕。预拌砂浆及蒸压加气混凝土砌块专用砂浆的使用时间应按照厂方提供的说明书确定。

40. **关于砌体结构工程湿拌砂浆的说法，错误的是：**〔2021-28〕

A. 可现场直接使用   B. 按气候条件采用遮阳措施

C. 必须存储在不吸水的专用容器内   D. 在存储过程中应随时补水

【答案】 D

【说明】 4.0.11 砌体结构工程使用的湿拌砂浆，除直接使用外必须储存在不吸水的专用容器内，并根据气候条件采取遮阳、保温、防雨雪等措施，砂浆在储存过程中严禁随意加水。

41. **做同一验收批砌筑砂浆试块强度验收，以下表述错误的是：**〔2010-27〕

A. 砂浆试块标准养护的龄期为 28d

B. 在同一盘砂浆中取 2 组砂浆试块

C. 不超过 250m³ 砌体的各种类型及强度的砌筑砂浆，每台搅拌机应至少抽检一次

D. 同一类型、强度等级的砂浆试块应不少于 3 组

【答案】 B

【说明】 4.0.12 砌筑砂浆试块强度验收时其强度合格标准应符合下列规定：

　　1 同一验收批砂浆试块强度平均值应大于或等于设计强度等级值的 1.10 倍；

　　2 同一验收批砂浆试块抗压强度的最小一组平均值应大于或等于设计强度等级值的 85%。

　　注：1. 砌筑砂浆的验收批，同一类型、强度等级的砂浆试块不应少于 3 组；同一验收批砂浆只有 1 组或 2 组试块时，每组试块抗压强度平均值应大于或等于设计强度等级值的 1.10 倍；对于建筑结构的安全等级为一级或设计使用年限为 50 年及以上的房屋，同一验收批砂浆试块的数量不得少于 3 组；

　　2. 砂浆强度应以标准养护，28d 龄期的试块抗压强度为准；

　　3. 制作砂浆试块的砂浆稠度应与配合比设计一致。

　　抽检数量：每一检验批且不超过 250m³ 砌体的各类、各强度等级的普通砌筑砂浆，每台搅拌机应至少抽检一次。验收批的预拌砂浆、蒸压加气混凝土砌块专用砂浆，抽检可为 3 组。

　　检验方法：在砂浆搅拌机出料口或在湿拌砂浆的储存容器出料口随机取样制作砂浆试块（现场拌制的砂浆，同盘砂浆只应作 1 组试块），试块标养 28d 后强度试验。预拌砂浆中的湿拌砂浆稠度应在进场时取样检验。

42. **砌体结构工程中，砌筑用砂浆试块强度验收合格标准正确的是：**〔2019 - 49〕

A. 在砌体砌筑部位随机取样制作砂浆试块

B. 制作砂浆试块的砂浆稠度可以与配合比设计不一致

C. 同一验收批砂浆试块强度平均值可等于设计强度等级值

D. 同一验收批砂浆试块抗压强度的最小一组平均值可略低于设计强度等级值

【答案】 D

43. 同一批验收砌筑砂浆试块抗压强度的最小一组平均值，必须大于或等于设计强度的多少倍时方可认为合格？〔2005-26，2004-29〕

A.0.65 倍　　　　　　B.0.75 倍　　　　　　C.0.85 倍　　　　　　D.0.90 倍

【答案】 C

【说明】 第 42 题、第 43 题解析详见第 41 题。

44. 在有冻胀环境的地区，建筑物地面或防潮层以下，不应采用的砌体材料是：〔2013-27，2005-25〕

A. 标准砖　　　　　　B. 多孔砖　　　　　　C. 毛石　　　　　　D. 配筋砌体

【答案】 B

【说明】 5.1.4 有冻胀环境和条件的地区，地面以下或防潮层以下的砌体，不应采用多孔砖。

45. 下列有关砖砌体工程施工的说法，错误的是：〔2019-52〕

A. 砖砌体挑出层的外皮砖，应整砖丁砌

B. 砌筑烧结普通砖时，砖应提前 1~2d 适当湿润

C. 有冻胀环境和条件的地区，地面以下可采用多孔砖

D. 非气候干燥炎热区，混凝土实心砖不需要浇水湿润

【答案】 C

46. 砖砌体砌筑时，下列哪条不符合规范要求？〔2004-28〕

A. 砖提前 1~2d，浇水湿润　　　　　B. 常温时，多孔砖可用于防潮层以下的砌体

C. 多孔砖的孔洞垂直于受压面砌筑　　　D. 竖向灰缝无透明缝、瞎缝和假缝

【答案】 B

【说明】 第 45 题、第 46 题解析详见第 44 题。

47. 可提高砖与砂浆的黏结力和砌体的抗剪强度，确保砌体的施工质量和力学性能的施工工艺措施是：〔2009-27〕

A. 采用混合砂浆　　　　　　　　B. 采用水泥砂浆

C. 采用掺有机塑化的水泥砂浆　　　　D. 砖砌筑前浇水湿润

【答案】 D

【说明】 5.1.6 砌筑烧结普通砖、烧结多孔砖、蒸压灰砂砖、蒸压粉煤灰砖砌体时，砖应提前 1~2d 适度湿润，严禁采用干砖或处于吸水饱和状态的砖砌筑，块体湿润程度宜符合下列规定：

1 烧结类块体的相对含水率 60%~70%；

2 混凝土多孔砖及混凝土实心砖不需浇水湿润，但在气候干燥炎热的情况下，宜在砌筑前对其喷水湿润。其他非烧结类块体的相对含水率 40%~50%。

48. 砖砌筑前浇水湿润是为了：〔2011-26〕

A. 提高砖与砂浆间的黏结力　　　　B. 提高砖的抗剪强度

C. 提高砖的抗压强度　　　　　　　D. 提高砖砌体的抗拉强度

【答案】 A

【说明】 5.1.6 条文说明：试验研究和工程实践证明，砖的湿润程度对砌体的施工质量影响较大。干砖砌筑不仅不利于砂浆强度的正常增长，大大降低砌体强度，影响砌体的整体性，而且砌筑困难；吸水饱和的砖砌筑时，会使刚砌的砌体尺寸稳定性差，易出现墙体平面外弯曲，砂浆易流淌，灰缝厚度不均，砌体强度降低。

49. **关于砌体工程的做法，正确的是：**〔2021-29〕
   A. 冻胀环境地区防潮层以下的砌体可采用多孔砖
   B. 同一楼层可以混砌规格尺寸一致的不同品种砖块
   C. 严禁采用干砖或处于吸水饱和状态的烧结砖砌筑
   D. 蒸压灰砂砖、蒸压粉煤灰砖在砌筑时无龄期要求

【答案】 C

【说明】 解析详见第 47 题。选项 A 详见 5.1.4。选项 B 详见 5.1.5，不同品种的砖不得在同一楼层混砌。

50. **砌砖工程当采用铺浆法砌筑且施工期间气温超过 30℃时，铺浆长度不得超过：**〔2006-27〕
   A. 500mm   B. 750mm   C. 1000mm   D. 1250mm

【答案】 A

【说明】 5.1.7 采用铺浆法砌筑砌体，铺浆长度不得超过 750mm；当施工期间气温超过 30℃时，铺浆长度不得超过 500mm。

51. **下列有关砌体结构工程做法，正确的是：**〔2020 - 26〕
   A. 同一规格不同品种可以在同一楼层混砌
   B. 有冻胀环境和条件的地区，地面以下或防潮层以下的砌体，宜采用多孔砖
   C. 铺浆法铺砌长度不得超过 750mm
   D. 砖过梁底部的模板及其支架拆除时，灰缝砂浆强度不应低于设计强度

【答案】 C

【说明】 解析详见第 50 题。选项 A 和选项 B 详见 5.1.5，选项 D 详见 5.1.10。

52. **拆除砖过梁底部的模板时，灰缝砂浆强度最低值不得低于设计强度的：**〔2009-28〕
   A. 80%   B. 75%   C. 60%   D. 50%

【答案】 B

【说明】 5.1.10 砖过梁底部的模板及其支架拆除时，灰缝砂浆强度不应低于设计强度的 75%。

53. **下列烧结多孔砖砌筑做法，错误的是：**〔2022（05）- 32〕
   A. 砌筑烧结多孔砖砌体时，砖应提前 1～2d 适度湿润
   B. 多孔砖的孔洞应垂直于受压面砌筑
   C. 半盲孔多孔砖的封底面应朝上砌筑
   D. 临时间断处补砌时，接槎处应洒水湿润，待两侧混凝土强度达到设计要求后砌筑

【答案】 D

【说明】 5.1.13 砖砌体施工临时间断处补砌时，必须将接槎处表面清理干净，洒水湿

润，并填实砂浆，保持灰缝平直。

54. 砖砌体水平灰缝的砂浆饱满度，下列哪条是正确的？[2004-27]

A. 不得小于 65%　　B. 不得小于 70%　　C. 不得小于 80%　　D. 不得小于 100%

【答案】 C

【说明】 5.2.2 砌体灰缝砂浆应密实饱满，砖墙水平灰缝的砂浆饱满度不得低于 80%；砖柱水平灰缝和竖向灰缝饱满度不得低于 90%。

55. 砖砌体砌筑方法，下列哪条是不正确的？[2004-26]

A. 砖砌体采用上下错缝，内外搭接

B. 370mm×370mm 砖柱采用包心砌法

C. 当气温超过 30℃ 时，采用铺浆法砌筑时的铺浆长度不得超过 500mm

D. 砖砌平拱过梁的灰缝砌成楔形缝

【答案】 B

【说明】 5.3.1 砖砌体组砌方法应正确，内外搭砌，上、下错缝。清水墙、窗间墙无通缝；混水墙中不得有长度大于 300mm 的通缝，长度 200~300mm 的通缝每间不超过 3 处，且不得位于同一面墙体上。砖柱不得采用包心砌法。

56. 砖砌体的灰缝应厚薄均匀，其水平灰缝厚度宜控制在 10mm±2mm 之间,检查时,应用尺量多少皮砖砌体高度折算?[2005-28]

A. 8　　　　　　　　B. 10　　　　　　　　C. 12　　　　　　　　D. 16

【答案】 B

【说明】 5.3.2 砖砌体的灰缝应横平竖直，厚薄均匀，水平灰缝厚度及竖向灰缝宽度宜为 10mm，但不应小于 8mm，也不应大于 12mm。

抽检数量：每检验批抽查不应少于 5 处。

检验方法：水平灰缝厚度用尺量 10 皮砖砌体高度折算；竖向灰缝宽度用尺量 2m 砌体长度折算。

57. 下列砖砌体的尺寸允许偏差，哪条是不符合规范规定的？[2003-28]

A. 混水墙表面平整度 8mm　　　　　　B. 门窗洞口高、宽（后塞口）±10mm

C. 外墙上下窗口偏移 35mm　　　　　　D. 清水墙游丁走缝 20mm

【答案】 C

【说明】 5.3.3 砖砌体尺寸、位置的允许偏差及检验应符合表 5.3.3（表 7-2）的规定。

表 7-2　　　　　　　　　砖砌体尺寸、位置的允许偏差及检验

项次	项　　　目			允许偏差/mm	检验方法	抽　检　数　量
1	轴线位移			10	用经纬仪和尺或用其他测量仪器检查	承重墙、柱全数检查
2	基础、墙、柱顶面标高			±15	用水准仪和尺检查	不应少于 5 处
3	墙面垂直度	每层		5	用 2m 托线板检查	不应少于 5 处
		全高	≤10m	10	用经纬仪、吊线和尺或其他测量仪器检查	外墙全部阳角
			>10m	20		

项次	项 目		允许偏差/mm	检验方法	抽 检 数 量
4	表面平整度	清水墙、柱	5	用2m靠尺和楔形塞尺检查	不应少于5处
		混水墙、柱	8		
5	水平灰缝平直度	清水墙	7	拉5m线和尺检查	不应少于5处
		混水墙	10		
6	门窗洞口高、宽(后塞口)		±10	用尺检查	不应少于5处
7	外墙上下窗口偏移		20	以底层窗口为准,用经纬仪或吊线检查	不应少于5处
8	清水墙游丁走缝		20	以每层第一皮砖为准,用吊线和尺检查	不应少于5处

58. 下列砖砌体的垂直度偏差,哪个是不符合规范规定的?[2003-29]

A. 每层5mm
B. 全高≤10m,10mm
C. 全高>10m,20mm
D. 全高>20m,30mm

【答案】 D

【说明】 解析详见第57题。

59. 轻骨料混凝土小型砌块砌筑时,产品龄期应超过:[2007-28]

A.7d   B.14d   C.21d   D.28d

【答案】 D

【说明】 6.1.3 施工采用的小砌块的产品龄期不应小于28d。

60. 关于混凝土小型空心砌块砌体工程,下列正确的表述是哪项?[2008-28]

A. 位于防潮层以下的砌体,应采用强度等级不低于C30的混凝土填充砌块的孔洞
B. 砌体水平灰缝的砂浆饱满度,按净面积计算不得低于60%
C. 小砌块应底面朝下砌于墙上
D. 轻骨料混凝土小型空心砌块的产品龄期不应小于28d

【答案】 D

【说明】 解析详见第59题。选项 A 详见6.1.6、选项 B 详见6.2.2、选项 C 详见6.1.10。

61. 承重墙施工用的小砌块,下列哪条是符合规范规定的?[2003-25]

A. 产品龄期大于28d
B. 表面有少许污物而未清除
C. 表面有少许浮水
D. 断裂的砌块

【答案】 A

【说明】 解析详见第59题。选项 C 详见6.1.7、选项 B 详见6.1.4、选项 D 详见《砌体结构通用规范》(GB 55007—2021)5.1.11。

62. 蒸压加气混凝土砌块和轻骨料混凝土小型空心砌块在砌筑时,其产品龄期应超过28d,其目的是控制:[2021-30,2011-30]

A. 砌块的规格形状尺寸
B. 砌块与砌体的黏结强度
C. 砌体的整体变形
D. 砌体的收缩裂缝

【答案】 D

【说明】 6.1.3 条文说明：小砌块龄期达到 28d 之前，自身收缩速度较快，其后收缩速度减慢，且强度趋于稳定。为有效控制砌体收缩裂缝，检验小砌块的强度，规定砌体施工时所用的小砌块，产品龄期不应少于 28d。

63. 底层室内地面以下的砌体应采用混凝土灌实小砌块的空洞，混凝土强度等级最低应不低于：[2010-30]

　　A. C10　　　　　　B. C15　　　　　　C. C20　　　　　　D. C25

【答案】 C

【说明】 6.1.6 底层室内地面以下或防潮层以下的砌体，应采用强度等级不低于 C20（或 Cb20）的混凝土灌实小砌块的孔洞。

64. 采用普通混凝土小型空心砌块砌筑墙体时，下列哪条是不正确的？[2004-25]

　　A. 产品龄期不小于 28d

　　B. 小砌块底面朝上反砌于墙上

　　C. 用于地面或防潮层以下的砌体，采用强度等级不小于 C20 的混凝土灌实砌块的孔洞

　　D. 小砌块表面有浮水时可以采用

【答案】 D

【说明】 6.1.7 砌筑普通混凝土小型空心砌块砌体，不需对小砌块浇水湿润，如遇天气干燥炎热，宜在砌筑前对其喷水湿润；对轻骨料混凝土小砌块，应提前浇水湿润，块体的相对含水率宜为 40%～50%。雨天及小砌块表面有浮水时，不得施工。

65. 下列关于砌体工程施工时湿润程度的说法，正确的是：[2022（05）- 26]

　　A. 烧结多孔砖需吸水饱和

　　B. 蒸压灰砂砖不需浇水湿润

　　C. 轻骨料混凝土小砌块应提前浇水湿润

　　D. 混凝土实心砖需浇水湿润

【答案】 C

【说明】 解析详见第 64 题。

66. 为混凝土小型空心砌块砌体浇筑芯柱混凝土时，其砌筑砂浆强度最低应大于：[2009-29]

　　A. 2MPa　　　　　B. 1.2MPa　　　　　C. 1.0MPa　　　　　D. 0.8MPa

【答案】 C

【说明】 6.1.15 - 2 芯柱混凝土宜选用专用小砌块灌孔混凝土。浇筑芯柱混凝土应符合下列规定：浇筑芯柱混凝土时，砌筑砂浆强度应大于 1MPa。

67. 混凝土小型空心砌块砌体的水平灰缝砂浆饱满度按净面积计算不得低于：[2011-27, 2005-27]

　　A. 50%　　　　　B. 70%　　　　　C. 80%　　　　　D. 90%

【答案】 D

【说明】 6.2.2 砌体水平灰缝和竖向灰缝的砂浆饱满度，按净面积计算不得低于 90%。

68. 下列有关砌体芯柱的做法，错误的是：［2022（05）-31］

A. 每一楼层芯柱处第一皮砌块应采用开口小砌块

B. 砌筑时应随砌随清除小砌块孔内的毛边

C. 浇筑芯柱混凝土每次连续浇筑的高度宜为半个楼层，不大于 1.8m

D. 芯柱在预制楼板处断开，在预制楼板处上下连接

【答案】 D

【说明】 6.2.4 小砌块砌体的芯柱在楼盖处应贯通，不得削弱芯柱截面尺寸；芯柱混凝土不得漏灌。

69. 砌筑毛石挡土墙时，下列哪条是不符合规范规定的？［2003-30］

A. 每砌 3～4 皮为一分层高度，每分层应找平一次

B. 外露面的灰缝厚度不大于 70mm

C. 两个分层高度间的分层处相互错缝不小于 80mm

D. 均匀设置泄水口

【答案】 B

【说明】 7.1.9 毛石、毛料石、粗料石、细料石砌体灰缝厚度应均匀，灰缝厚度应符合下列规定：

　　　1 毛石砌体外露面的灰缝厚度不宜大于 40mm；

　　　2 毛料石和粗料石的灰缝厚度不宜大于 20mm；

　　　3 细料石的灰缝厚度不宜大于 5mm。

70. 石砌挡土墙内侧回填土要分层回填夯实，其作用一是保证挡土墙内含水量无明显变化，二是保证：［2011-28］

A. 墙体侧向土压力无明显变化　　　　　B. 墙体强度无明显变化

C. 土体抗剪强度无明显变化　　　　　　D. 土体密实度无明显变化

【答案】 A

【说明】 7.1.11 条文说明：挡土墙内侧回填土的质量是保证挡土墙可靠性的重要因素之一；挡土墙顶部坡面便于排水，不会导致挡土墙内侧土含水量和墙的侧向土压力明显变化，以确保挡土墙的安全。

71. 设置在配筋砌体水平灰缝中的钢筋，应居中放置在灰缝中的目的一是对钢筋有较好的保护，二是：［2011-29］

A. 提高砌体的强度　　　　　　　　　　B. 提高砌体的整体性

C. 使砂浆与块体较好地黏结　　　　　　D. 有利于钢筋的锚固

【答案】 D

【说明】 8.1.3 条文说明：砌体水平灰缝中钢筋居中放置有两个目的：一是对钢筋有较好的保护；二是有利于钢筋的锚固。

72. 配筋砌体工程施工质量检查项目中，属于主控项目的是：［2022（05）-29］

A. 设置在砌体灰缝中钢筋的防腐保护

B. 构造柱与墙体的连接应设置马牙槎并预留拉结钢筋

C. 网状配筋砖砌体中，钢筋网规格及放置间距

D. 钢筋安装位置的允许偏差

【答案】 B

【说明】 8.2 主控项目

8.2.3 构造柱与墙体的连接应符合下列规定。

8.2.4 配筋砌体中受力钢筋的连接方式及锚固长度、搭接长度应符合设计要求。

73. 下列关于构造柱与墙体的连接处砌成马牙槎,做法正确的是:[2020-28]

A. 对称砌筑
B. 先进后退
C. 凹口越小越好
D. 高度越大越好

【答案】 A

【说明】 8.2.3-1 构造柱与墙体的连接应符合下列规定:墙体应砌成马牙槎,马牙槎凹凸尺寸不宜小于60mm,高度不应超过300mm,马牙槎应先退后进,对称砌筑;马牙槎尺寸偏差每一构造柱不应超过2处。

74. 下列关于构造柱与墙体的连接处应砌成马牙槎,表述错误的是:[2013-29]

A. 每个马牙槎的高度不应超过300mm
B. 马牙槎凹凸尺寸不宜小于60mm
C. 马牙槎先进后退
D. 马牙槎应对称砌筑

【答案】 C

75. 砖砌体中的构造柱,在与墙体连接处应砌成马牙槎,每一马牙槎沿高度方向的尺寸下列哪个是正确的?[2003-27]

A. 300mm
B. 500mm
C. 600mm
D. 1000mm

【答案】 A

76. 下列关于保证砖砌体工程施工质量的做法,错误的是:[2022(05)-28]

A. 砌筑灰缝应横平竖直、厚薄均匀
B. 构造柱与墙体的连接部位应砌成先进后退的马牙槎
C. 每层承重墙的最上一皮砖整砖丁砌
D. 平拱式过梁的灰缝应砌成楔形缝

【答案】 B

【说明】 第74题～第76题解析详见第73题。

77. 用轻骨料混凝土小型空心砌块或蒸压加气混凝土砌块砌筑墙体时,墙底部应砌烧结普通砖或多孔砖、普通混凝土小型空心砌块、现浇混凝土坎台等,其高度不宜小于:[2006-29]

A. 120mm
B. 150mm
C. 180mm
D. 200mm

【答案】 B

【说明】 9.1.6 在厨房、卫生间、浴室等处采用轻骨料混凝土小型空心砌块、蒸压加气混凝土砌块砌筑墙体时,墙底部宜现浇混凝土坎台,其高度宜为150mm。

78. 下列哪种材料宜用于厕浴的墙体底部?[2020-25]

A. 烧结多孔砖
B. 蒸压加气混凝土砌块

C. 混凝土小型空心砌块   D. 现浇混凝土坎台

【答案】 D

【说明】 解析详见第 77 题。

79. 下列有关填充墙砌体工程的说法，正确的是：[2019-054]

    A. 烧结空心砖的堆置高度不宜超过 2m

    B. 蒸压加气混凝土砌体可以与其他砌体混砌

    C. 不同强度的轻骨料混凝土小型空心砌块可以混砌

    D. 下雨天运输蒸压加气混凝土砌块，可不采取任何遮挡措施

【答案】 A

【说明】 9.1.3 烧结空心砖、蒸压加气混凝土砌块、轻骨料混凝土小型空心砌块等的运输、装卸过程中，严禁抛掷和倾倒；进场后应按品种、规格堆放整齐，堆置高度不宜超过 2m。蒸压加气混凝土砌块在运输及堆放中应防止雨淋。

    9.1.8 蒸压加气混凝土砌块、轻骨料混凝土小型空心砌块不应与其他块体混砌，不同强度等级的同类块体也不得混砌。

    注：窗台处和因安装门窗需要，在门窗洞口处两侧填充墙上、中、下部可采用其他块体局部嵌砌；对与框架柱、梁不脱开方法的填充墙，填塞填充墙顶部与梁之间缝隙可采用其他块体。

80. 关于填充墙砌体工程，下列表述错误的是：[2010-28]

    A. 填充墙砌筑前块材应提前 1d 浇水

    B. 蒸压加气混凝土砌块砌筑时的产品龄期为 28d

    C. 空心砖的临时堆放高度不宜超过 2m

    D. 填充墙砌至梁、板底时，应及时用细石混凝土填补密度

【答案】 D

【说明】 9.1.9 填充墙砌体砌筑，应待承重主体结构检验批验收合格后进行。填充墙与承重主体结构间的空（缝）隙部位施工，应在填充墙砌筑 14d 后进行。

81. 砌体填充墙砌至接近梁、板底时，应留一定空隙，待填充墙砌完并应间隔一段时间后，再将其补砌挤紧。 间隔时间至少不得少于：[2006-30]

    A.1d   B. 3d   C. 7d   D. 14d

【答案】 D

【说明】 解析详见第 80 题。

82. 下列关于蒸压加气混凝土砌块填充墙砌体的做法，正确的是：[2022（05）-27]

    A. 蒸压加气混凝土砌块砌筑时的产品龄期应小于 28d

    B. 蒸压加气混凝土砌体可以与其他砌体混砌

    C. 采用薄灰法砌筑应对砌块喷水湿润

    D. 应待承重主体结构检验批验收合格后进行砌筑

【答案】 D

【说明】 解析详见 80 题。选项 A、B 分别详见 6.1.3 条文说明、9.1.8，选项 C 详见《预拌砂浆应用技术规程》(JGJ/T 223—2010) 5.2.5。

83. **在砌筑填充墙砌体中，下列哪条是符合规范规定的？**〔2003-26〕

A. 墙体高度小于 3m 的垂直偏差是 10mm

B. 门窗洞口（后塞口）高、宽的允许偏差是±10mm

C. 空心砖或砌块的水平灰缝饱满度大于或等于 80%

D. 填充墙砌至梁板底时留有一定空隙，待 7d 后将其补砌挤紧

【答案】 B

【说明】 9.3.1 填充墙砌体尺寸、位置的允许偏差及检验方法应符合表 9.3.1（表 7 - 3）的规定。

表 7 - 3　　　　　填充墙砌体尺寸、位置的允许偏差及检验方法

序号	项 目		允许偏差/mm	检验方法
1	轴线位移		10	用尺检查
2	垂直度（每层）	≤3m	5	用 2m 托线板或吊线、尺检查
		>3m	10	
3	表面平整度		8	用 2m 靠尺和楔形尺检查
4	门窗洞口高、宽（后塞口）		±10	用尺检查
5	外墙上、下窗口偏移		20	用经纬仪或吊线检查

选项 C 详见 6.2.2，选项 D 详见 9.1.9。

84. **设置于填充墙砌体灰缝中的拉结筋或网片是为了：**〔2009-31〕

A. 与相邻的承重结构进行可靠的连接　　B. 提高填充墙砌体的承载力

C. 提高填充墙砌体的整体性　　　　　　D. 提高填充墙砌体的抗震性

【答案】 A

【说明】 9.3.4 条文说明：此条规定是为了保证填充墙体与相邻的承重结构（墙或柱）有可靠连接。

85. **下列表述哪项不符合砌筑工程冬期施工相关规定？**〔2010-29〕

A. 石灰膏、电石膏如遭冻结，应经融化后使用

B. 普通砖、空心砖在高于 0℃ 条件下砌筑时，应浇水湿润

C. 砌体用砖或其他块材不得遭水浸冻

D. 当采用掺盐砂浆法施工时，不得提高砂浆强度等级

【答案】 D

【说明】 10.0.12 采用外加剂法配制的砌筑砂浆，当设计无要求，且最低气温等于或低于－15℃ 时，砂浆强度等级应较常温施工提高一级。

86. **砌体施工进行验收时，对不影响结构安全性的砌体裂缝，正确的处理方法是：**〔2006-26〕

A. 应由有资质的检测单位检测鉴定，符合要求时予以验收

B. 不予验收，待返修或加固满足使用要求后进行二次验收

C. 应予以验收，对裂缝可暂不处理

D. 应予以验收，但应对明显影响使用功能和观感质量的裂缝进行处理

【答案】 D

【说明】 11.0.4 有裂缝的砌体应按下列情况进行验收：

1 对不影响结构安全性的砌体裂缝，应予以验收，对明显影响使用功能和观感质量的裂缝，应进行处理；

2 对有可能影响结构安全性的砌体裂缝，应由有资质的检测单位检测鉴定，需返修或加固处理的，待返修或加固处理满足使用要求后进行二次验收。

■《施工现场临时建筑物技术规范》（JGJ/T 188—2009）

87. 关于混凝土小型空心砌块的产品资料中，不属于工程质量评判资料的是：［2017-27］

A. 产品合格证书   B. 产品性能型式检验报告

C. 产品保修证书   D. 材料主要性能的进场复验报告

【答案】 C

【说明】 9.1.7 块材、水泥、钢筋、外加剂等除应有产品的合格证书、产品性能检测报告外，尚应有材料主要性能的进场复验报告。

■砌体工程其他

88. 砖砌体砌筑施工工艺顺序正确的是：［2013-28］

A. 抄平、放线、摆砖样、立皮数杆、盘角、挂线、砌筑、清理与勾缝

B. 抄平、放线、立皮数杆、摆砖样、盘角、挂线、砌筑、清理与勾缝

C. 抄平、放线、摆砖样、盘角、挂线、立皮数杆、砌筑、清理与勾缝

D. 抄平、放线、摆砖样、立皮数杆、挂线、砌筑、盘角、清理与勾缝

【答案】 A

【说明】 砌筑砖墙的工序：抄平、放线、摆砖（脚）、立皮数杆挂准线、铺灰砌砖、勾缝。

（1）抄平。砌筑砖墙前，先在基础防潮层或楼面上按标准的水准点或指定的水准点定出各层标高，并用水泥砂浆或C10细石混凝土找平。

（2）放线。底层墙身可按标志板（即龙门板）上轴线定位钉为准拉麻线，沿麻线挂下线锤，将墙身中心轴线放到基础面上，并据此墙身中心轴线为准弹出纵横墙边线，并定出门洞口位置。为保证各楼层墙身轴线的重合，并与基础定位轴线一致，可利用早已引测在外墙面上的墙身中心轴线，借助经纬仪把墙身中心轴线引测到楼层上去；或用线锤挂下来，对准外墙面上的墙身中心轴线，从而引测上去。轴线的引测是放线的关键，必须按图纸要求尺寸用钢皮尺进行校核。同样，按楼层墙身中心线，弹出各墙边线，划出门窗洞口位置。

（3）立皮数杆、挂准线。砖砌体施工应设置皮数杆。皮数杆上按设计规定的层高、施工规定的灰缝大小和施工现场砖的规格，计算出灰缝厚度，并标明砖的皮数，以及门窗洞口、过梁、楼板等的标高，以保证铺灰厚度和砖皮水平。它立于墙的转角处，其标高用水准仪校正。如墙的长度很长，可每隔10～12m再立一根。挂准线的方法之一是在皮数杆之间拉麻线，另一种方法是按皮数杆上砖皮进行盘留（一般盘五皮砖），然后将准线挂在墙身上。每砌一皮砖准线向上移动一次，沿着挂线砌筑，以保证砖墙的垂直平整。

（4）铺灰砌砖。实心砖砌体大都采用一顺一丁、三顺一丁、梅花丁（在同一皮内，

丁顺间砌）的砌筑形式；采用"三·一"砌砖法（即使用大铲、一铲灰、一块砖、一挤揉的操作方法）砌筑。砌砖工程当采用铺浆法砌筑时，铺浆长度不得超过750mm；施工期间气温超过30℃时，铺浆长度不得超过500mm。

240mm厚承重墙和每层墙的最上一皮砖，砖砌体的阶台水平面上及挑出层，应整砖丁砌。

（5）勾缝。清水外墙面勾缝应采用加浆勾缝，采用1∶1.5水泥浆进行勾缝。内墙面可以采用原浆勾缝，但须随砌随勾，并使灰缝光滑密实。

89. 砌筑砂浆中掺入微沫剂是为了提高：[2007-26]

A. 砂浆的和易性
B. 砂浆的强度等级
C. 砖砌体的抗压强度
D. 砖砌体的抗剪强度

【答案】 A

【说明】 微沫剂是以无水碳酸钠溶解于热水中，然后加入松香拌和而制成的一种黏性高分子胶体物质，是强烈的表面活性剂。拌和于砂浆中能发生乳化、分散、起泡作用，故在砂浆中掺入微沫剂后形成无数极微细的泡沫，因而在减少甚至全部不用石灰膏的情况下，砂浆仍具有可操作的和易性。

90. 毛石基础砌筑时应选用下列哪种砂浆？[2007-27]

A. 水泥石灰砂浆
B. 石灰砂浆
C. 水泥混合砂浆
D. 水泥砂浆

【答案】 D

【说明】 水泥砂浆虽然和易性差，容易沉淀和泌水，但砌筑毛石基础，尤其是在地面以下或者水中，比混合砂浆更具有优越性。

第八章 混凝土结构工程

■ **《混凝土结构通用规范》（GB 55008—2021）**

1. 下列结构混凝土用水泥进场的质量检查项，不属于检验项的是：［2022（05）- 36］

A. 胶砂强度　　　　B. 和易性　　　　C. 安定性　　　　D. 凝结时间

【答案】 B

【说明】 3.1.1 结构混凝土用水泥主要控制指标应包括凝结时间、安定性、胶砂强度和氯离子含量。水泥中使用的混合材品种和掺量应在出厂文件中明示。

2. 下列不属于钢筋混凝土模板支架工程中模板及支架应当满足的要求是：［2019 - 056］

A. 刚度要求　　　　B. 耐候性要求　　　　C. 承载力要求　　　　D. 整体稳固性要求

【答案】 B

【说明】 5.2.1 模板及支架应根据施工过程中的各种控制工况进行设计，并应满足承载力、刚度和整体稳固性要求。

3. 模板及其支架应根据安装、使用和拆除工况进行设计，应满足的基本要求不包括：［2021-32］

A. 承载力要求　　　B. 刚度要求　　　C. 经济性要求　　　D. 整体稳固要求

【答案】 C

【说明】 解析详见第 2 题。

■ **《混凝土结构工程施工规范》（GB 50666—2011）**

4. 一跨度为 6m 的现浇钢筋混凝土梁，当设计无要求时，施工模板起拱高度宜为跨度的：［2010-33］

A. $1/1000 \sim 2/1000$　　　　　　　B. $2/1000 \sim 4/1000$

C. $1/1000 \sim 3/1000$　　　　　　　D. $1/1000 \sim 4/1000$

【答案】 C

【说明】 4.4.6 对跨度不小于 4m 的梁、板，其模板施工起拱高度宜为梁、板跨度的 $1/1000 \sim 3/1000$。起拱不得减少构件的截面高度。

5. 当设计无规定时，跨度为 8m 的钢筋混凝土梁，其底模跨中起拱高度为：［2005-31］

A. $8 \sim 16mm$　　　B. $8 \sim 24mm$　　　C. $8 \sim 32mm$　　　D. $16 \sim 32mm$

【答案】 B

6. 对跨度不小于 4m 的现浇钢筋混凝土梁、板，其模板应按设计要求起拱，当设计无具体要求时，下列哪项起拱高度是不适宜的？［2004-35］

A. 为跨度的 $0.5/1000$　　　　　　　B. 为跨度的 $1/1000$

C. 为跨度的 $2/1000$　　　　　　　D. 为跨度的 $3/1000$

【答案】 A

【说明】 第 5 题、第 6 题解析详见第 4 题。

7. 某跨度为 6.0m 的现浇钢筋混凝土梁，对模板的起拱，当设计无具体要求时，模板起拱高度为 6mm，则该起拱值：[2008-31]

A. 一定是木模板要求的起拱值   B. 包括了设计起拱值和施工起拱值

C. 仅为设计起拱值   D. 仅为施工起拱值

【答案】 D

【说明】 4.4.6 条文说明：对跨度较大的现浇混凝土梁、板，考虑到自重的影响，适度起拱有利于保证构件的形状和尺寸。执行时应注意本条的起拱高度未包括设计起拱值，而只考虑模板本身在荷载下的下垂，故对钢模板可取偏小值，对木模板可取偏大值。当施工措施能够保证模板下垂符合要求，也可不起拱或采用更小的起拱值。

8. 当混凝土强度已达到设计强度的 75% 时，下列哪种混凝土构件是不允许拆除底模的？[2006-56，2003-34]

A. 跨度小于或等于 8m 的梁   B. 跨度小于或等于 8m 的拱

C. 跨度小于或等于 8m 的壳   D. 跨度大于或等于 2m 的悬臂构件

【答案】 D

【说明】 4.5.2 底模及支架应在混凝土强度达到设计要求后再拆除；当设计无具体要求时，同条件养护的混凝土立方体试件抗压强度应符合表 4.5.2（表 8-1）的规定。

表 8-1   底模拆除时的混凝土强度要求

构件类型	构件跨度/m	达到设计混凝土强度等级值的百分率（%）
板	≤2	≥50
	>2，≤8	≥75
	>8	≥100
梁、拱、壳	≤8	≥75
	>8	≥100
悬臂结构		≥100

9. 混凝土工程施工中，侧模拆除时混凝土强度应能保证：[2012-33，2011-31，2009-32]

A. 混凝土试块强度代表值达到抗压强度标准值

B. 混凝土结构不出现侧向弯曲变形

C. 混凝土结构表面及棱角不受损伤

D. 混凝土结构不出现裂缝

【答案】 C

【说明】 4.5.3 当混凝土强度能保证其表面及棱角不受损伤时，方可拆除侧模。

10. 纵向钢筋加工不包括：[2013-36]

A. 钢筋绑扎   B. 钢筋调直   C. 钢筋除锈   D. 钢筋剪切与弯曲

【答案】 A

【说明】 根据 5.3 钢筋加工和 5.4 钢筋连接与安装 2 部分内容可知，选项 B、C、D 属于钢筋加工内容，选项 A 属于钢筋连接与安装。

11. **除混凝土实心板外，混凝土用的粗骨料，其最大颗粒粒径不得超过构件截面最小尺寸的限值和不得超过钢筋最小净间距的限值分别为：**〔2006-35〕

A. 1/5，1/2　　　B. 1/4，3/4　　　C. 1/3，2/3　　　D. 2/5，3/5

【答案】　B

【说明】　7.2.3-1粗骨料宜选用粒形良好、质地坚硬的洁净碎石或卵石，并应符合下列规定：粗骨料最大粒径不应超过构件截面最小尺寸的1/4，且不应超过钢筋最小净间距的3/4；对实心混凝土板，粗骨料的最大粒径不宜超过板厚的1/3，且不应超过40mm。

12. **混凝土用的粗骨料最大颗粒粒径，下列哪条不符合规范规定？**〔2004-34〕

A. 不超过构件截面最小尺寸的 1/4

B. 不超过钢筋最小净间距的 3/4

C. 不超过实心板厚度的 1/2 且不超过 50mm

D. 最大颗粒粒径是以长径尺寸计

【答案】　C

【说明】　解析详见第11题。

13. **混凝土结构施工时，对混凝土配合比的要求，下述哪项是不准确的？**〔2012-37〕

A. 混凝土应根据实际采用的原材料进行配合比设计并进行试配

B. 首次使用的混凝土配合比应进行开盘鉴定

C. 混凝土拌制前应根据砂石含水率测试结果提出施工配合比

D. 进行混凝土配合比设计的目的完全是保证混凝土强度等级

【答案】　D

【说明】　7.3.1 混凝土配合比设计应经试验确定，并应符合下列规定：

1 应在满足混凝土强度、耐久性和工作性要求的前提下，减少水泥和水的用量；

2 当有抗冻、抗渗、抗氯离子侵蚀和化学腐蚀等耐久性要求时，尚应符合现行国家标准《混凝土结构耐久性设计标准》（GB/T 50476）的有关规定；

3 应分析环境条件对施工及工程结构的影响；

4 试配所用的原材料应与施工实际使用的原材料一致。

14. **混凝土现场拌制时，各组分材料计量采用：**〔2006-34〕

A. 均按体积　　　　　　　　　　　B. 均按重量

C. 原料按重量，水和外加剂溶液按体积　　D. 砂、石按体积，其余按重量

【答案】　C

【说明】　7.4.2-2混凝土搅拌时应对原材料用量准确计量，并应符合下列规定：原材料的计量应按重量计，水和外加剂溶液可按体积计，其允许偏差应符合表7.4.2（表8-2）的规定。

表8-2　　　　　　　　　　　混凝土原材料计量允许偏差　　　　　　　　　　　（%）

原材料品种	水泥	细骨料	粗骨料	水	矿物掺合料	外加剂
每盘计量允许偏差	±2	±3	±3	±1	±2	±1

原材料品种	水泥	细骨料	粗骨料	水	矿物掺合料	外加剂
累计计量允许偏差	±1	±2	±2	±1	±1	±1

注：1. 现场搅拌时原材料计量允许偏差应满足每盘计量允许偏差要求。

2. 累计计量允许偏差指每一运输车中各盘混凝土的每种材料累计称量的偏差，该项指标仅适用于采用计算机控制计量的搅拌站。

3. 骨料含水率应经常测定，雨、雪天施工应增加测定次数。

15. 混凝土中原材料每盘称量允许偏差±3%的材料是：[2010-32]

A. 水泥　　　　B. 矿物掺合料　　　C. 粗骨料、细骨料　D. 水、外加剂

【答案】 C

16. 混凝土拌和时，下列每盘原材料称量的允许偏差，哪条不正确？[2004-33]

A. 水泥±2%　　　　　　　　　　B. 矿物掺合料±4%

C. 粗骨料、细骨料±3%　　　　　D. 水、外加剂±1%

【答案】 B

【说明】 第15题、第16题解析详见第14题。

17. 墙模内粗骨料粒径大于25mm混凝土浇筑时，其自由落下高度不应超过3m，其原因是：[2013-37]

A. 减少混凝土对模板的冲击力　　　B. 防止混凝土离析

C. 加快浇筑速度　　　　　　　　　D. 防止出现施工缝

【答案】 B

【说明】 8.3.6 柱、墙模板内的混凝土浇筑不得发生离析，倾落高度应符合表8.3.6（表8-3）的规定；当不能满足要求时，应加设串筒、溜管、溜槽等装置。

表 8-3　　　　　　　柱、墙模板内混凝土浇筑倾落高度限制　　　　　　　(m)

条　件	浇筑倾落高度限值
粗骨料粒径大于25mm	≤3
粗骨料粒径小于或等于25mm	≤6

注：当有可靠措施能保证混凝土不产生离析时，混凝土倾落高度可不受本表限制。

18. 在已浇混凝土上进行后续工序混凝土工程施工时，要求已浇筑的混凝土强度应达到：[2007-32]

A.0.6MPa　　　　B.1.0MPa　　　　C.1.2MPa　　　　D.2.0MPa

【答案】 C

【说明】 8.5.8 混凝土强度达到1.2MPa前，不得在其上踩踏、堆放物料、安装模板及支架。

19. 预制构件起吊不采用吊架时，吊索与构件水平平面的夹角不宜小于多少度？[2005-36]

A.40°　　　　B.45°　　　　C.50°　　　　D.60°

【答案】 D

【说明】 9.1.3-2预制构件的吊运应符合下列规定：应采取保证起重设备的主钩位置、吊具及构件重心在竖直方向上重合的措施；吊索与构件水平夹角不宜小于60°，不应小于45°；吊运过程应平稳，不应有大幅度摆动，且不应长时间悬停。

20. 吊装预制混凝土构件时，起重吊索与构件水平面的夹角不应小于：[2007-33]

A. 45°　　　　　　B. 30°　　　　　　C. 15°　　　　　　D. 60°

【答案】 A

【说明】 解析详见第19题。

21. 关于混凝土结构工程雨期施工的说法，正确的是：[2022（05）-38]

A. 对粗骨料、细骨料应采取防水和防潮措施

B. 小雨可进行大面积作业的混凝土露天浇筑

C. 中雨天气不应进行混凝土露天浇筑

D. 在雨天进行钢筋焊接时，应采取挡雨等安全措施

【答案】 D

【说明】 10.4.8在雨天进行钢筋焊接时，应采取挡雨等安全措施。选项A详见10.4.1，选项B、C详见10.4.4。

22. 下列关于混凝土环境因素控制，说法错误的是：[2022（05）-40]

A. 施工设备和机具作业等采取可靠的降低噪声措施

B. 采取沉淀、隔油等措施处理施工过程中产生的污水

C. 使用后剩余的脱模剂及其包装等与普通垃圾混放

D. 混凝土外加剂、养护剂的使用，应满足环境保护和人身健康的要求

【答案】 C

【说明】 11.2.5宜选用环保型脱模剂。涂刷模板脱模剂时，应防止洒漏。含有污染环境成分的脱模剂，使用后剩余的脱模剂及其包装等不得与普通垃圾混放，并应由厂家或有资质的单位回收处理。

■《混凝土结构工程施工质量验收规范》（GB 50204—2015）

23. 混凝土结构工程验收中，预应力工程属于施工质量验收分级中的：[2017-32]

A. 分项施工　　B. 检验批　　　C. 主控项目　　　D. 一般项目

【答案】 B

【说明】 3.0.1混凝土结构子分部工程可划分为模板、钢筋、预应力、混凝土、现浇结构和装配式结构等分项工程。各分项工程可根据与生产和施工方式一致且便于控制施工质量的原则，按进场批次、工作班、楼层、结构缝或施工段划分为若干检验批。

24. 混凝土结构工程中，分项工程质量验收应先行验收合格的是：[2021-31]

A. 检验批　　　　B. 子分部工程　　　C. 分部工程　　　D. 单位工程

【答案】 A

【说明】 3.0.3分项工程的质量验收应在所含检验批验收合格的基础上，进行质量验收记录检查。

25. 检验批合格质量中，对一般项目的质量验收当采用计数检验时，除有专门要求外，一般项目在不得有严重缺陷的前提下，其合格点率最低应达到：[2006-36]

A.70％及以上　　　　B.75％及以上　　　　C.80％及以上　　　　D.85％及以上

【答案】　C

【说明】　3.0.4-2 检验批的质量验收应包括实物检查和资料检查，并应符合下列规定：一般项目的质量经抽样检验应合格；一般项目当采用计数抽样检验时，除本规范各章有专门规定外，其合格点率应达到80％及以上，且不得有严重缺陷。

26. 下列属于检验批的质量验收内容的钢筋混凝土结构工程施工验收选项的是：[2019-55]

A. 质量控制资料检查　　　　　　　　B. 结构实体检验

C. 观感质量验收　　　　　　　　　　D. 实物检查

【答案】　D

【说明】　解析详见第25题。

27. 关于检验批样本抽取的说法，错误的是：[2017-33]

A. 检验批内质量分布均匀　　　　　　B. 抽样符合真实性

C. 抽样具有代表性　　　　　　　　　D. 抽样应有针对性

【答案】　D

【说明】　3.0.5 检验批抽样样本应随机抽取，并应满足分布均匀、具有代表性的要求。

28. 混凝土结构施工过程中，前一工序的质量未得到监理单位（建设单位）的检查认可，不应进行后续工序的施工，其主要目的是：[2012-32]

A. 确保结构通过验收　　　　　　　　B. 对合格品进行工程计量

C. 明确各方质量责任　　　　　　　　D. 避免质量缺陷累积

【答案】　D

【说明】　在施工过程中，前一工序的质量未得到监理单位（建设单位）的检查认可，不应进行后续工序的施工，以免质量缺陷累积，造成更大损失。

29. 关于模板分项工程的叙述，错误的是：[2010-34]

A. 侧模板拆除时的混凝土强度应能保证其表面及棱角不受损伤

B. 钢模板应将模板浇水湿润

C. 后张法预应力混凝土结构件的侧模宜在预应力张拉前拆除

D. 拆除悬臂 2m 的雨篷底模时，应保证其混凝土强度达到100％

【答案】　B

【说明】　4.2.5-2 模板安装质量应符合下列规定：模板内不应有杂物、积水或冰雪等。

30. 下列关于混凝土工程模板安装要求的说法，错误的是：[2020-31]

A. 模板内不应有杂物、积水或冰雪等

B. 模板与混凝土的接触面应平整、清洁

C. 用作模板的地坪、胎膜等应平整、清洁，不应有影响构件质量的下沉、裂缝、起砂或起鼓

D. 隔离剂与结构性能及装饰施工无关

【答案】 D

【说明】 4.2.6 隔离剂的品种和涂刷方法应符合施工方案的要求。隔离剂不得影响结构性能及装饰施工；不得沾污钢筋、预应力筋、预埋件和混凝土接槎处；不得对环境造成污染。

31. **考虑到自重影响，现浇钢筋混凝土梁、板结构应按设计要求起拱的目的是：** ［2011-32］
    A. 提高结构的刚度　　　　　　　　　 B. 提高结构的抗裂度
    C. 保证结构的整体性　　　　　　　　 D. 保证结构构件的形状和尺寸

【答案】 D

【说明】 4.2.7 条文说明：对跨度较大的现浇混凝土梁、板的模板，由于其施工阶段自重作用，竖向支撑出现变形和下沉，如果不起拱可能造成跨间明显变形，严重时可能影响装饰和美观，故模板在安装时适度起拱有利于保证构件的形状和尺寸。

32. **混凝土结构工程施工中，固定在模板上的预埋件和预留孔洞的尺寸允许偏差必须为：** ［2007-29］
    A. 正偏差　　　　 B. 零偏差　　　　 C. 负偏差　　　　 D. 正负偏差

【答案】 A

【说明】 4.2.9 固定在模板上的预埋件和预留孔洞不得遗漏，且应安装牢固。有抗渗要求的混凝土结构中的预埋件，应按设计及施工方案的要求采取防渗措施。

预埋件和预留孔洞的位置应满足设计和施工方案的要求。当设计无具体要求时，其位置偏差应符合表 4.2.9（表 8-4）的规定。

检查数量：在同一检验批内，对梁、柱和独立基础，应抽查构件数量的 10%，且不应少于 3 件；对墙和板，应按有代表性的自然间抽查 10%，且不应少于 3 间；对大空间结构墙可按相邻轴线间高度 5m 左右划分检查面，板可按纵、横轴线划分检查面，抽查 10%，且均不应少于 3 面。

检验方法：观察，尺量。

表 8-4　　　　　　　　　　　预埋件和预留孔洞的安装允许偏差

项　　　　目		允许偏差/mm
预埋板中心线位置		3
预埋管、预留孔中心线位置		3
插筋	中心线位置	5
	外露长度	+10，0
预埋螺栓	中心线位置	2
	外露长度	+10，0
预留洞	中心线位置	10
	尺寸	+10，0

注：检查中心线位置时，沿纵、横两个方向量测，并取其中偏差的较大值。

33. 混凝土结构预埋螺栓检验时，外露长度允许偏差只允许有正偏差＋10mm，不允许有负偏差，沿纵、横两个方向量测的中心线位置最大允许偏差为：［2006-33］

A. 2mm   B. 3mm   C. 5mm   D. 10mm

【答案】 A

34. 检查固定在模板上的预埋件和预留孔洞的位置及尺寸，用下列哪种方法？［2008-32］

A. 用钢尺   B. 利用水准仪   C. 拉线   D. 用塞尺

【答案】 A

【说明】 第 33 题、第 34 题解析详见第 32 题。

35. 现浇混凝土结构模板安装的允许偏差，下列哪条不符合规范规定？［2004-31］

A. 柱、墙、梁截面内部尺寸允许偏差±5mm

B. 相邻模板表面高差 4mm

C. 表面平整度 5mm

D. 轴线位置 5mm

【答案】 B

【说明】 4.2.10 现浇结构模板安装的尺寸偏差及检验方法应符合表 4.2.10（表 8-5）的规定。

检查数量：在同一检验批内，对梁、柱和独立基础，应抽查构件数量的 10%，且不应少于 3 件；对墙和板，应按有代表性的自然间抽查 10%，且不应少于 3 间；对大空间结构，墙可按相邻轴线间高度 5m 左右划分检查面，板可按纵、横轴线划分检查面，抽查 10%，且均不应少于 3 面。

表 8-5   现浇结构模板安装的允许偏差及检验方法

项　目		允许偏差/mm	检验方法
轴线位置		5	尺量
底模上表面标高		±5	水准仪或拉线、尺量
模板内部尺寸	基础	±10	尺量
	柱、墙、梁	±5	尺量
	楼梯相邻踏步高差	±5	尺量
柱、墙垂直度	层高≤6m	8	经纬仪或吊线、尺量
	层高>6m	10	经纬仪或吊线、尺量
相邻模板表面高差		2	尺量
表面平整度		5	2m 靠尺和塞尺量测

注：检查轴线位置当有纵横两个方向时，沿纵、横两个方向量测，并取其中偏差的较大值。

36. 预制混凝土梁构件模板的安装允许偏差(mm)，下列哪个是不符合规范规定的？［2003-31］

A. 长度±4

B. 宽度与高度＋2、－5

C. 侧向弯曲 $L/1000$ 且小于或等于 15

D. 设计起拱±6

【答案】 D

【说明】 4.2.11 预制构件模板安装的允许偏差及检验方法应符合表 4.2.11（表 8-6）的规定。

检查数量：首次使用及大修后的模板应全数检查；使用中的模板应抽查 10%，且不应少于 5 件，不足 5 件的应全数检查。

表 8-6　　　　　　　　　预制构件模板安装的允许偏差及检验方法

项　　目		允许偏差/mm	检验方法
长度	梁、板	±4	尺量两侧边，取其中较大值
	薄腹梁、桁架	±8	
	柱	0，−10	
	墙板	0，−5	
宽度	板、墙板	0，−5	尺量两端及中部，取其中较大值
	梁、薄腹梁、桁架	+2，−5	
高（厚）度	板	+2，−3	尺量两端及中部，取其中较大值
	墙板	0，−5	
	梁、薄腹梁、桁架、柱	+2，−5	
侧向弯曲	梁、板、柱	$L/1000$ 且≤15	拉线、尺量最大弯曲处
	墙板、薄腹梁、桁架	$L/1500$ 且≤15	
板的表面平整度		3	2m 靠尺和塞尺量测
相邻两板表面高低差		1	尺量
对角线差	板	7	尺量两对角线
	墙板	5	
翘曲	板、墙板	$L/1500$	水平尺在两端量测
设计起拱	薄腹梁、桁架、梁	±3	拉线、尺量跨中

注：L—构件长度，mm。

37. 预制混凝土板构件模板安装，其尺寸允许偏差及检验方法，下列哪条是不符合规范规定的？〔2003-35〕

A. 长度±4mm，尺量两侧边，取其中较大值

B. 宽度±10mm，尺量一端及中部取较大值

C. 厚度+2mm，−3mm 尺量两端及中部，取其中较大值

D. 表面平整度 3mm，2m 靠尺和塞尺量测

【答案】 B

【说明】 解析详见第 36 题。

38. 混凝土结构施工时，后浇带模板的支顶和拆除应按：〔2012-34〕

A. 施工图设计要求执行　　　　　　B. 施工组织设计执行

C. 施工技术方案执行　　　　　　　D. 监理工程师的指令执行

【答案】 C

【说明】 后浇带模板的支顶和拆除应按施工技术方案执行。

39. 下列钢筋隐蔽工程验收内容的表述，哪项要求不完整？［2012-35］
   A. 纵向受力钢筋的牌号、规格、数量、位置
   B. 钢筋的连接方式、接头位置
   C. 箍筋、横向钢筋的牌号、规格、数量、间距、位置，箍筋弯钩的弯折角度及平直段长度
   D. 预埋件的规格、数量、位置
【答案】 B
【说明】 5.1.1 浇筑混凝土之前，应进行钢筋隐蔽工程验收。隐蔽工程验收应包括下列主要内容：
　　　1 纵向受力钢筋的牌号、规格、数量、位置；
　　　2 钢筋的连接方式、接头位置、接头质量、接头面积百分率、搭接长度、锚固方式及锚固长度；
　　　3 箍筋、横向钢筋的牌号、规格、数量、间距、位置，箍筋弯钩的弯折角度及平直段长度；
　　　4 预埋件的规格、数量和位置。

40. 在混凝土浇筑之前进行钢筋隐蔽验收时，无需对钢筋牌号进行隐蔽验收的是：［2021-32］
   A. 纵向受力钢筋　　　B. 箍筋　　　　　　C. 横向钢筋　　　　　D. 马凳筋
【答案】 D

41. 在浇筑混凝土之前对钢筋隐蔽工程的验收，下列哪条内容是无须验收的？［2003-33］
   A. 钢筋的牌号、规格、数量、位置　　　　B. 钢筋的连接方式，接头位置、接头质量等
   C. 预埋件的规格、数量和位置　　　　　　D. 钢筋表面的浮锈情况
【答案】 D
【说明】 第40题、第41题解析详见第39题。

42. 下列不属于成型钢筋进场检查项的是：［2022(05) - 37,2020 - 32］
   A. 极限强度　　　　　B. 屈服强度　　　　　C. 抗拉强度　　　　　D. 伸长率和重量偏差
【答案】 A
【说明】 5.2.2 成型钢筋进场时，应抽取试件作屈服强度、抗拉强度、伸长率和重量偏差检验，检验结果应符合国家现行相关标准的规定。

43. 对有抗震要求的结构构件，箍筋弯钩的弯折角度不应小于：［2009-33］
   A. 30°　　　　　　　B. 60°　　　　　　　C. 90°　　　　　　　D. 135°
【答案】 D
【说明】 5.3.3-1 箍筋、拉筋的末端应按设计要求作弯钩，并应符合下列规定：
　　对一般结构构件，箍筋弯钩的弯折角度不应小于90°，弯折后平直段长度不应小于箍筋直径的5倍；对有抗震设防要求或设计有专门要求的结构构件，箍筋弯钩的弯折角度不应小于135°，弯折后平直段长度不应小于箍筋直径的10倍。

44. 关于钢筋混凝土梁的箍筋末端弯钩的加工要求，下列说法正确的是：[2008-33]

A. 对一般结构构件箍筋弯折后平直段长度不宜小于箍筋直径的 8 倍

B. 对有抗震设防要求的箍筋弯折后平直段长度不应小于箍筋直径的 10 倍

C. 对一般结构构件箍筋弯钩的弯折角度不宜大于 90°

D. 对有抗震设防要求的结构构件箍筋弯钩的弯折角度不应小于 90°

【答案】 B

【说明】 解析详见第 43 题。

45. 混凝土结构工程施工中，当设计对直接承受动力荷载作用的结构构件无具体要求时，其纵向受力钢筋的接头不宜采用：[2010-35，2009-35，2008-35，2007-30]

A. 绑扎接头
B. 焊接接头
C. 冷挤压套筒接头
D. 锥螺纹套筒接头

【答案】 B

【说明】 5.4.6-2 当纵向受力钢筋采用机械连接接头或焊接接头时，同一连接区段内纵向受力钢筋的接头面积百分率应符合设计要求；当设计无具体要求时，应符合下列规定：直接承受动力荷载的结构构件中，不宜采用焊接；当采用机械连接时，不应超过 50%。

46. 在梁、柱类构件的纵向受力钢筋搭接长度范围内，受拉搭接区段的箍筋间距不应大于搭接钢筋较小直径的多少倍且不应大于 100mm？[2005-32]

A. 2
B. 3
C. 4
D. 5

【答案】 D

【说明】 5.4.8-2 梁、柱类构件的纵向受力钢筋搭接长度范围内箍筋的设置应符合设计要求；当设计无具体要求时，应符合下列规定：受拉搭接区段的箍筋间距不应大于搭接钢筋较小直径的 5 倍，且不应大于 100mm。

47. 预应力结构隐蔽工程验收内容不包括：[2008-34]

A. 预应力筋的品种、规格、级别、数量和位置

B. 预应力筋锚具和连接器及锚垫板的品种、规格、数量和位置

C. 成孔管道的规格、数量、位置和形状、连接以及灌浆孔、排气兼泌水孔

D. 张拉设备的型号、规格、数量

【答案】 D

【说明】 6.1.1 浇筑混凝土之前，应进行预应力隐蔽工程验收。隐蔽工程验收应包括下列主要内容：

　　1 预应力筋的品种、规格、级别、数量和位置；

　　2 成孔管道的规格、数量、位置、形状、连接以及灌浆孔、排气兼泌水孔；

　　3 局部加强钢筋的牌号、规格、数量和位置；

　　4 预应力筋锚具和连接器及锚垫板的品种、规格、数量和位置。

48. 下列预应力筋安装的检查项中，不属于设计要求的是：[2017-34]

A. 品种
B. 规格
C. 外观
D. 数量

【答案】 C

【说明】 解析详见第 47 题。

49. 下列对预应力筋张拉机具及压力表的技术要求，哪项不正确？〔2012-36〕

A. 应定期维护

B. 张拉设备和压力表应配套使用，且分别标定

C. 张拉设备的标定期限不应超过半年

D. 使用过程中千斤顶检修后应重新标定

【答案】 B

【说明】 6.1.3 预应力筋张拉机具及压力表应定期维护。张拉设备和压力表应配套标定和使用，标定期限不应超过半年。

50. 预应力的预留孔道灌浆用水泥应采用：〔2010-31〕

A. 普通硅酸盐水泥

B. 矿渣硅酸盐水泥

C. 火山灰硅酸盐水泥

D. 复合水泥

【答案】 A

【说明】 6.2.5 孔道灌浆用水泥应采用硅酸盐水泥或普通硅酸盐水泥。

51. 预应力混凝土结构后张法施工时，孔道灌浆用水泥应采用：〔2009-34〕

A. 普通硅酸盐水泥

B. 矿渣硅酸盐水泥

C. 火山灰硅酸盐水泥

D. 粉煤灰硅酸盐水泥

【答案】 A

【说明】 解析详见第 50 题。

52. 根据《混凝土结构工程施工质量验收规范》，不属于预应力成孔管道进场检查的内容是：〔2019 - 058〕

A. 抗拉强度检验

B. 外观质量检查

C. 径向刚度检验

D. 抗渗漏性能检验

【答案】 A

【说明】 6.2.8 预应力成孔管道进场时，应进行管道外观质量检查、径向刚度和抗渗漏性能检验。

53. 预应力钢丝镦头的强度不得低于钢丝强度标准值的百分比为：〔2005-34〕

A. 95％

B. 97％

C. 98％

D. 99％

【答案】 C

【说明】 6.3.3-3 预应力筋端部锚具的制作质量应符合下列规定：钢丝镦头不应出现横向裂纹，镦头的强度不得低于钢丝强度标准值的 98％。

54. 采用应力控制方法张拉预应力筋时，应校核预应力筋的：〔2007-31〕

A. 最大张拉应力值

B. 实际建立的预应力值

C. 最大伸长值

D. 实际伸长值

【答案】 D

【说明】 6.4.4 条文说明：实际张拉时通常采用张拉力控制方法，但为了确保张拉质量，还应对实际伸长值进行校核，6％的允许偏差是基于工程实践提出的，对保证张拉质量是有效的。

55. 后张法施工预应力混凝土结构孔道灌浆的作用是为了防止预应力钢筋锈蚀和保证：〔2011-33〕

A. 结构刚度

B. 结构承载力

C. 结构抗裂度

D. 结构耐久性

【答案】 D

【说明】 6.5.1 条文说明：预应力筋张拉后处于高应力状态，对腐蚀非常敏感，所以应尽早对孔道进行灌浆。灌浆是对预应力筋的永久保护措施，要求孔道内水泥浆饱满、密实，完全握裹住预应力筋。灌浆质量的检验应着重现场观察检查，必要时也可凿孔或采用无损检查。

56. **下列关于预应力施工的表述中，正确的是：**[2010-36]

A. 锚具使用前，预应力筋均应做静载锚固性能试验

B. 预应力筋可采用砂轮锯断、切割机切断或电弧切割

C. 当设计无具体要求时，预应力筋张拉时的混凝土强度不应低于设计的混凝土立方体抗压强度标准值为 90%

D. 预应力筋张拉完后应尽早进行孔道灌浆，以防止预应力筋腐蚀

【答案】 D

【说明】 解析详见第 55 题，选项 A、C 详见 6.2.3 和 6.4.1。选项 B 中，预应力筋可采用砂轮锯断、切割机切断，不应采用电弧切割。

57. **混凝土结构工程中，不符合扩大检验批容量的情况是：**[2020-30]

A. 获得认证的水泥和外加剂

B. 生产质量稳定的水泥和外加剂

C. 同一厂家、同一品种、同一规格的产品，连续三次进场检验均一次检验合格

D. 同一厂家具有多年合作经验

【答案】 D

【说明】 7.1.7 水泥、外加剂进场检验，当满足下列条件之一时，其检验批容量可扩大 1 倍：

　　1 获得认证的产品；

　　2 同一厂家、同一品种、同一规格的产品，连续三次进场检验均一次检验合格。

　　7.1.7 条文说明：对于获得认证或生产质量稳定的水泥和外加剂，在进场检验时，可比常规检验批容量扩大 1 倍。当水泥和外加剂满足本条的两个条件时，检验批容量也只扩大 1 倍。当扩大检验批后的检验出现一次不合格情况时，应按扩大前的检验批容量重新验收，并不得再次扩大检验批容量。对于混凝土原材料来讲，只有水泥和外加剂可以扩大检验批容量。

58. **钢筋混凝土结构严格控制含氯化物外加剂的使用，是为了防止：**[2009-36]

A. 降低混凝土的强度　　　　　　　　B. 增大混凝土的收缩变形

C. 降低混凝土结构的刚度　　　　　　D. 引起结构中的钢筋锈蚀

【答案】 D

【说明】 7.3.3 条文说明：在混凝土中，水泥、骨料、外加剂和拌和用水等都可能含有氯离子，可能引起混凝土结构中钢筋的锈蚀，应严格控制其氯离子含量。混凝土碱含量过高，在一定条件下会导致碱骨料反应。钢筋锈蚀或碱骨料反应都将严重影响结构构件受力性能和耐久性。

59. 现浇钢筋混凝土结构楼面预留后浇带的作用是避免混凝土结构出现：〔2011-35〕

    A. 温度裂缝   B. 沉降裂缝   C. 承载力降低   D. 刚度降低

【答案】 A

【说明】 混凝土后浇带对避免混凝土结构的温度收缩裂缝等有较大作用。

60. 混凝土浇筑留置后浇带主要是为了避免：〔2009-37〕

    A. 混凝土凝固时化学收缩引发的裂缝   B. 混凝土结构温度收缩引发的裂缝

    C. 混凝土结构施工时留置施工缝   D. 混凝土膨胀

【答案】 B

【说明】 解析详见第 59 题。

61. 关于钢筋混凝土结构工程质量验收的说法，错误的是：〔2021-34〕

    A. 现浇结构的验收质量应在混凝土表面修整完毕后进行

    B. 已经隐蔽且不可直接量测的内容，可检查其隐蔽工程验收记录

    C. 返工后的结构部件应有实施前后的文字及图像记录

    D. 现浇结构的外观质量缺陷严重程度由验收各方共同决定

【答案】 A

【说明】 8.1.1-1 现浇结构质量验收应符合下列规定：现浇结构质量验收应在拆模后、混凝土表面未作修整和装饰前进行，并应作出记录。

62. 现浇钢筋混凝土结构外观质量缺陷中，混凝土表面缺少水泥砂浆而形成石子外露的现象被称为：〔2019-57，2017-36，2005-33〕

    A. 蜂窝   B. 爆浆   C. 疏松   D. 夹渣

【答案】 A

【说明】 8.1.2 现浇结构的外观质量缺陷应由监理单位、施工单位等各方根据其对结构性能和使用功能影响的严重程度按表 8.1.2（表 8-7）确定。

表 8-7   现浇结构外观质量缺陷

名 称	现 象	严 重 缺 陷	一 般 缺 陷
露筋	构件内钢筋未被混凝土包裹而外露	纵向受力钢筋有露筋	其他钢筋有少量露筋
蜂窝	混凝土表面缺少水泥砂浆而形成石子外露	构件主要受力部位有蜂窝	其他部位有少量蜂窝
孔洞	混凝土中孔穴深度和长度均超过保护层厚度	构件主要受力部位有孔洞	其他部位有少量孔洞
夹渣	混凝土中夹有杂物且深度超过保护层厚度	构件主要受力部位有夹渣	其他部位有少量夹渣
疏松	混凝土中局部不密实	构件主要受力部位有疏松	其他部位有少量疏松
裂缝	裂缝从混凝土表面延伸至混凝土内部	构件主要受力部位有影响结构性能或使用功能的裂缝	其他部位有少量不影响结构性能或使用功能的裂缝

名　称	现　象	严　重　缺　陷	一　般　缺　陷
连接部位缺陷	构件连接处混凝土有缺陷及连接钢筋、连接件松动	连接部位有影响结构传力性能的缺陷	连接部位有基本不影响结构传力性能的缺陷
外形缺陷	缺棱掉角、棱角不直、翘曲不平、飞边凸肋等	清水混凝土构件有影响使用功能或装饰效果的外形缺陷	其他混凝土构件有不影响使用功能的外形缺陷
外表缺陷	构件表面麻面、掉皮、起砂、沾污等	具有重要装饰效果的清水混凝土构件有外表缺陷	其他混凝土构件有不影响使用功能的外表缺陷

63. 下列现浇简支梁结构外观质量缺陷，属于严重缺陷的是：[2022（05）-33]

　　A. 表面缺少水泥石子外漏　　　　　B. 箍筋有少量漏筋

　　C. 梁底中部有蜂窝　　　　　　　　D. 混凝土局部不密实

【答案】　C

【说明】　解析详见第 62 题。

64. 混凝土结构外观质量出现严重缺陷，提出技术处理方案的单位是：[2011-36]

　　A. 设计单位　　　　B. 施工单位　　　　C. 监理单位　　　　D. 建设单位

【答案】　B

【说明】　8.2.1 现浇结构的外观质量不应有严重缺陷。对已经出现的严重缺陷，应由施工单位提出技术处理方案，并经监理单位认可后进行处理；对裂缝或连接部位的严重缺陷及其他影响结构安全的严重缺陷，技术处理方案尚应经设计单位认可。对经处理的部位应重新验收。

65. 现浇混凝土结构的构件，其轴线位置尺寸的允许偏差，以下哪条不正确？[2004-32]

　　A. 整体基础 15mm　　　　　　　　B. 独立基础 15mm

　　C. 柱 8mm　　　　　　　　　　　　D. 梁 8mm

【答案】　B

【说明】　8.3.2 现浇结构的位置和尺寸偏差及检验方法应符合表 8.3.2（表 8-8）的规定。

　　　　检查数量：按楼层、结构缝或施工段划分检验批。在同一检验批内，对梁、柱和独立基础，应抽查构件数量的 10%，且不应少于 3 件；对墙和板，应按有代表性的自然间抽查 10%，且不应少于 3 间；对大空间结构，墙可按相邻轴线间高度 5m 左右划分检查面，板可按纵、横轴线划分检查面，抽查 10%，且均不应少于 3 面；对电梯井，应全数检查。

表 8-8　　　　　　　　　现浇结构的位置和尺寸允许偏差及检验方法

项　　目		允许偏差/mm	检验方法
轴线位置	整体基础	15	经纬仪及尺量
	独立基础	10	经纬仪及尺量
	柱、墙、梁	8	尺量

项　　目		允许偏差/mm	检验方法
垂直度	层高 ≤6m	10	经纬仪或吊线、尺量
	层高 >6m	12	经纬仪或吊线、尺量
	全高（H）≤300m	$H/30000+20$	经纬仪、尺量
	全高（H）>300m	$H/10000$ 且≤80	经纬仪、尺量
标高	层高	±10	水准仪或拉线、尺量
	全高	±30	水准仪或拉线、尺量
截面尺寸	基础	+15，−10	尺量
	柱、梁、板、墙	+10，−5	尺量
	楼梯相邻踏步高差	±6	尺量
电梯井	中心位置	10	尺量
	长、宽尺寸	+25，0	尺量
表面平整度		8	2m靠尺和塞尺量测
预埋件中心位置	预埋板	10	尺量
	预埋螺栓	5	尺量
	预埋管	5	尺量
	其他	10	尺量
预留洞、孔中心线位置		15	尺量

注：1. 检查轴线、中心线位置时，沿纵、横两个方向测量，并取其中偏差的较大值。

2. H—全高，mm。

66. 下列混凝土构件的轴线位置允许偏差，哪个是不符合规范规定的？［2003-32］

A. 独立基础 20mm　　B. 柱 8mm　　　　C. 墙 8mm　　　　D. 梁 8mm

【答案】　A

67. 对混凝土现浇结构进行拆模尺寸偏差检查时，必须全数检查的项目是：［2009-38］

A. 电梯井　　　　B. 独立基础　　　C. 大空间结构　　　D. 梁柱

【答案】　A

68. 对于现浇混凝土结构位置和尺寸允许偏差，应全数检查的是：［2022（05）-34］

A. 梁、柱　　　　B. 独立基础　　　C. 墙、板　　　　D. 电梯井

【答案】　D

【说明】　第66题～第68题解析详见第65题。

69. 下列装配结构的验收项目中，属于隐蔽工程验收内容的是：［2021-35］

A. 预制构件的结构性能检测　　　　B. 预制构件的外观质量检测

C. 浇筑连接节点的水泥强度　　　　D. 预制构件预埋件的规格

【答案】　D

【说明】　9.1.1 装配式结构连接节点及叠合构件浇筑混凝土之前，应进行隐蔽工程验收。隐蔽工程验收应包括下列主要内容：

1 混凝土粗糙面的质量，键槽的尺寸、数量、位置；

2 钢筋的牌号、规格、数量、位置、间距，箍筋弯钩的弯折角度及平直段长度；

3 钢筋的连接方式、接头位置、接头数量、接头面积百分率、搭接长度、锚固方式

及锚固长度；

　　4 预埋件、预留管线的规格、数量、位置。

70. 在装配结构分项工程中，不属于允许出现裂缝的预应力混凝土构件应当进行检验的是： [2019-59, 2004-36]

A. 挠度检验　　　　B. 抗裂检验　　　　C. 承载力检验　　　　D. 裂缝宽度检验

【答案】 D

【说明】 9.2.2-1 梁板类简支受弯预制构件进场时应进行结构性能检验，并应符合下列规定：

　　2）钢筋混凝土构件和允许出现裂缝的预应力混凝土构件应进行承载力、挠度和裂缝宽度检验；不允许出现裂缝的预应力混凝土构件应进行承载力、挠度和抗裂检验。

　　3）对大型构件及有可靠应用经验的构件，可只进行裂缝宽度、抗裂和挠度检验。

71. 梁板类简支受弯预制构件进场时，应进行结构性能检验，对有可靠应用经验的大型构件，可不进行检验的项目是： [2021-36]

A. 承载力　　　　B. 抗裂　　　　C. 裂缝宽度　　　　D. 挠度

【答案】 A

【说明】 解析详见第 70 题。

72. 对涉及混凝土结构安全的有代表性的部位应进行结构实体检验，不包括： [2017-37]

A. 混凝土强度　　　　　　　　　　B. 钢筋保护层厚度

C. 钢筋级别和直径　　　　　　　　D. 结构位置与尺寸偏差

【答案】 C

【说明】 10.1.1 对涉及混凝土结构安全的有代表性的部位应进行结构实体检验。结构实体检验应包括混凝土强度、钢筋保护层厚度、结构位置与尺寸偏差以及合同约定的项目；必要时可检验其他项目。

　　结构实体检验应由监理单位组织施工单位实施，并见证实施过程。施工单位应制定结构实体检验专项方案，并经监理单位审核批准后实施。除结构位置与尺寸偏差外的结构实体检验项目，应由具有相应资质的检测机构完成。

73. 不属于结构实体检查内容的钢筋混凝土结构工程施工质量检验项目的是： [2019-060]

A. 结构位置与尺寸偏差　　　　　　B. 钢筋保护层厚度

C. 钢筋抗拉强度　　　　　　　　　D. 混凝土强度

【答案】 C

74. 下列关于涉及混凝土结构安全的有代表性的部位进行结构实体检验的说法，正确的是： [2020-33]

A. 结构实体检验应由施工单位组织

B. 设计单位应制定结构实体检验专项方案

C. 实体检验专项方案要经过监理单位批准后实施

D. 除结构位置与尺寸偏差外的结构实体检验项目，应由具有相应资质的检测机构完成

【答案】 C

【说明】 第73题、第74题解析详见第72题。

75. 对涉及混凝土结构安全的重要部位应进行结构现场检验。 结构现场检验应在下列哪方面见证下进行？ 〔2005-35〕

    A. 结构工程师（设计单位）   B. 项目工程师（施工单位）

    C. 监理工程师   D. 质量监督站相关人员

【答案】 C

【说明】 10.1.1条文说明：结构性能检验应由监理工程师组织并见证，混凝土强度、钢筋保护层厚度应由具有相应资质的检测机构完成，结构位置与尺寸偏差可由专业检测机构完成，也可由监理单位组织施工单位完成。

76. 当混凝土结构施工质量不符合要求时，以下处理方法错误的是：〔2022（05）-35〕

    A. 经返工、返修或更换构件、部件的，应重新进行验收

    B. 经有资质的检测机构按国家现行相关标准检测鉴定达到设计要求的，应予以验收

    C. 经有资质的检测机构按国家现行相关标准检测鉴定达不到设计要求，但经原设计单位核算并确认仍可满足结构安全和使用功能的，不予以验收

    D. 经返修或加固处理能够满足结构可靠性要求的，可根据技术处理方案和协商文件进行验收

【答案】 C

【说明】 10.2.2-3 当混凝土结构施工质量不符合要求时，应按下列规定进行处理：经有资质的检测机构按国家现行相关标准检测鉴定达不到设计要求，但经原设计单位核算并确认仍可满足结构安全和使用功能的，可予以验收。

77. 某混凝土预制构件，设计要求的最大裂缝宽度限值为 0.20mm，则该构件检验的最大裂缝宽度允许值(mm)为：〔2006-32〕

A. 0.15   B. 0.20   C. 0.25   D. 0.30

【答案】 A

【说明】 B.1.5 预制构件的裂缝宽度检验应满足下式的要求：

$$\omega_{s,max}^{0} \leqslant [\omega_{max}]$$

式中 $\omega_{s,max}^{0}$——在检验用荷载标准组合值或荷载准永久组合值作用下，受拉主筋处的最大裂缝宽度实测值；

    $[\omega_{max}]$——构件检验的最大裂缝宽度允许值，按表 B.1.5（表 8-9）取用。

表 8-9   构件的最大裂缝宽度允许值   （mm）

设计要求的最大裂缝宽度限值	0.1	0.2	0.3	0.4
$[\omega_{max}]$	0.07	0.15	0.20	0.25

■《大体积混凝土施工标准》(GB 50496—2018)

78. 关于大体积混凝土施工的说法，错误的是：〔2013-38〕

    A. 混凝土中可掺入适量的粉煤灰   B. 尽量选用水化热低的水泥

    C. 可在混凝土内部埋设冷却水管   D. 混凝土内外温差宜超过 30℃，以利散热

【答案】 D

【说明】 3.0.4 大体积混凝土施工温控指标宜符合下列规定：

    1 混凝土浇筑体在入模温度基础上的温升值不宜大于50℃；

    2 混凝土浇筑体里表温差（不含混凝土收缩当量温度）不宜大于25℃；

    3 混凝土浇筑体降温速率不宜大于2.0℃/d。

■《混凝土强度检验评定标准》(GB/T 50107—2010)

79. 混凝土试件强度的尺寸换算系数为 1.00 时，混凝土试件的尺寸是：[2011-34]

    A. 50mm×50mm×50mm

    B. 100mm×100mm×100mm

    C. 150mm×150mm×150mm

    D. 200mm×200mm×200mm

【答案】 C

【说明】 4.3.2 当采用非标准尺寸试件时，应将其抗压强度乘以尺寸折算系数，折算成边长为150mm的标准尺寸试件抗压强度。尺寸折算系数按下列规定采用：

    1 当混凝土强度低于C60时，对边长度为100mm的立方体试件取0.95，对边长度为200mm的立方体试件取1.05；

    2 当混凝土强度等级不低于C60时，尺寸折减系数应由试验确定，其试件数量不应少于30对组。

80. 关于混凝土分项工程，下列错误的表述是：[2008-36]

    A. 当混凝土强度低于C60时，对边长度为100mm的立方体试件取0.95

    B. 当混凝土强度低于C60时，对边长度为150mm的立方体试件取1.00

    C. 当混凝土强度低于C60时，对边长度为200mm的立方体试件取1.05

    D. 当混凝土强度低于C60时，对边长度为250mm的立方体试件取1.10

【答案】 D

【说明】 解析详见第79题。

■《普通混凝土配合比设计规程》(JGJ 55—2011)

81. 关于大体积混凝土的配合比设计的说法，错误的是：[2022（05）-39]

    A. 水泥宜采用中、低热硅酸盐水泥或低热矿渣硅酸盐水泥

    B. 水胶比不宜大于0.55，用水量不宜大于175kg/m³

    C. 粗骨料应为连续级配，最大公称粒径不宜小于31.5mm，含泥量不应大于1.0%

    D. 在保证混凝土性能要求的前提下，应减少胶凝材料中的水泥用量，提高矿物掺合料掺量

【答案】 C

【说明】 7.5.1-2 粗骨料宜为连续级配，最大公称粒径不宜小于31.5mm，含泥量不应大于1.0%。

■其他

82. 模板是混凝土构件成形的模壳与支架，高层建筑核心筒模板应优先选用：[2013-33]

    A. 大模板   B. 滑升模板   C. 组合模板   D. 爬升模板

【答案】 D

【说明】 大模板是采用专业设计和工业化加工制作而成的一种工具式模板，一般与支架连为一体。由于它自重大，施工时需配以相应的吊装和运输机械，用于现场浇筑混凝土

墙体。它具有安装和拆除简便、尺寸准确、板面平整、周转使用次数多等优点；滑升模板适用于高耸的现浇钢筋混凝土结构，如电视塔、高层建筑等；组合模板适用于各种现浇钢筋混凝土工程，可事先按设计要求组拼成梁、柱、墙、楼板的大型模板，整体吊装就位，也可采用散装散拆方法，比较方便；爬升模板是施工剪力墙体系和筒体系的钢筋混凝土结构高层建筑的一种有效的模板体系。

83. 混凝土工程中，下列构件施工时不需要采用底部模板的是：[2013-34]

A. 雨篷　　　　B. 升板结构的楼板　C. 框架梁　　　　D. 钢混结构叠合楼板

【答案】 D

【说明】 叠合楼板是由预制板和现浇钢筋混凝土层叠合而成的装配整体式楼板。楼板分两层来施工。下面一层预制后，安装到设计位置，其上要再浇一层。两层共同受力。这样的楼板叫叠合楼板，同理，也有叠合梁预制板既是楼板结构的组成部分之一，又是现浇钢筋混凝土叠合层的永久性模板，现浇叠合层内可敷设水平设备管线。叠合楼板整体性好，刚度大，可节省模板，而且板的上下表面平整，便于饰面层装修，适用于对整体刚度要求较高的高层建筑和大开间建筑。

84. 采用焊条作业链接钢筋接头的方法称为：[2013-35]

A. 闪光对焊　　　B. 电渣压力焊　　　C. 电弧焊　　　　D. 套筒挤压连接

【答案】 C

【说明】 闪光对焊是将两根钢筋安放成对接形式，利用焊接电流通过两根钢筋接触点产生的电阻热，使接触点金属熔化，产生强烈飞溅，形成闪光，伴有刺激性气味，释放微量分子，迅速施加顶锻力完成的一种压焊方法；电渣压力焊是将两根钢筋安放成竖向或斜向（倾斜度在4：1的范围内）对接形式，利用焊接电流通过两根钢筋间隙，在焊剂层下形成电弧过程和电渣过程，产生电弧热和电阻热，熔化钢筋，加压完成的一种压焊方法；焊条电弧焊是用手工操纵焊条进行焊接工作，可以进行平焊、立焊、横焊和仰焊等多位置焊接；套筒挤压连接用特制的套筒套在两根钢筋的接头处，用液压机进行制作，形成刻痕，利用刻痕的机械咬合力来传动的一种连接方式。

第九章 防 水 工 程

■《建筑与市政工程防水通用规范》(GB 55030—2022)

1. 400mm≤年降雨量 P < 1300mm 地区的民用建筑和对渗漏敏感的工业建筑屋面防水等级为:[2004 - 37]

A. 一级防水
B. 二级防水
C. 三级防水
D. 四级防水

【答案】 A

【说明】 400mm≤年降雨量 P <1300mm 地区工程防水使用环境类别为Ⅱ类,详见 2.0.4,民用建筑和对渗漏敏感的工业建筑屋面工程防水类别为甲类,详见 2.0.3。2.0.6 工程防水等级应依据工程类别和工程防水使用环境类别分为一级、二级、三级。暗挖法地下工程防水等级应根据工程类别、工程地质条件和施工条件等因素确定,其他工程防水等级不应低于下列规定:

1 一级防水:Ⅰ类、Ⅱ类防水使用环境下的甲类工程;Ⅰ类防水使用环境下的乙类工程。

2 二级防水:Ⅲ类防水使用环境下的甲类工程;Ⅱ类防水使用环境下的乙类工程;Ⅰ类防水使用环境下的丙类工程。

3 三级防水:Ⅲ类防水使用环境下的乙类工程;Ⅱ类、Ⅲ类防水使用环境下的丙类工程。

2. 防水混凝土应满足工程所处环境和工作条件的耐久性要求,还应满足的要求的是:[2020 - 37]

A. 抗拉、抗压、抗裂
B. 抗压、抗渗、限制膨胀率
C. 抗拉、抗压、限制膨胀率
D. 抗压、抗渗、抗裂

【答案】 D

【说明】 3.2.3 防水混凝土除应满足抗压、抗渗和抗裂要求外,尚应满足工程所处环境和工作条件的耐久性要求。

3. 地下工程防水混凝土首先要满足的是:[2020 - 40]

A. 抗渗等级要求
B. 抗折等级要求
C. 抗冻等级要求
D. 抗侵蚀等级要求

【答案】 A

【说明】 4.1.5 地下工程迎水面主体结构应采用防水混凝土,并应符合下列规定:

1 防水混凝土应满足抗渗等级要求;

2 防水混凝土结构厚度不应小于 250mm;

3 防水混凝土的裂缝宽度不应大于结构允许限值,并不应贯通;

4 寒冷地区抗冻设防段防水混凝土抗渗等级不应低于 P10。

4. 地下工程迎水面主体结构应采用：[2022（05）-43]

   A. 水工混凝土   B. 纤维混凝土

   C. 防水混凝土   D. 结构混凝土

   【答案】 C

   【说明】 解析详见第 3 题。

5. 下列关于屋面防水工程施工中，表述正确的是：[2008-37]

   A. 屋面防水等级为一级的平屋面工程防水作法不应少于 2 道

   B. 屋面防水等级为二级的平屋面工程防水作法不应少于 2 道

   C. 空铺法是指铺贴防水卷材时，卷材与基层在周边一定宽度内黏结，其余部分仅点状黏结的施工方法

   D. 屋面防水层严禁在四级风及其以上施工

   【答案】 A

   【说明】 4.4.1-1 建筑屋面工程的防水做法应符合下列规定：平屋面工程的防水做法应符合表 4.4.1-1（表 9-1）的规定。

   表 9-1   平屋面工程的防水做法

防水等级	防水做法	防水层	
		防水卷材	防水涂料
一级	不应少于 3 道	卷材防水层不应少于 1 道	
二级	不应少于 2 道	卷材防水层不应少于 1 道	
三级	不应少于 1 道	任选	

6. 关于 $400mm \leqslant$ 年降雨量 $P < 1300mm$ 地区的民用建筑和对渗漏敏感的工业建筑屋面防水等级和防水做法，以下正确的是：[2020-35]

   A. 一级防水，不应少于 3 道   B. 一级防水，不应少于 2 道

   C. 二级防水，不应少于 2 道   D. 三级防水，不应少于 1 道

   【答案】 A

7. 下列关于平屋面防水等级的设防要求，错误的是：[2010-37]

   A. 年降雨量 $\leqslant 400mm$，对渗漏不敏感的工业建筑，屋面防水等级为三级

   B. 三级防水不应少于 1 道防水

   C. 防水材料可选用高聚合物改性沥青

   D. 防水材料可选用细石混凝土

   【答案】 D

   【说明】 第 6 题、第 7 题解析详见第 5 题。

8. 屋面工程防水等级为一级时，若选用合成高分子类防水卷材（预铺反粘防水卷材/橡胶类），规范规定其最小厚度不应小于：[2003-39]

   A. 0.8mm   B. 1.0mm   C. 1.2mm   D. 1.5mm

   【答案】 D

【说明】 3.3.10 卷材防水层最小厚度应符合表3.3.10（表9-2）的规定。

表9-2 卷材防水层最小厚度

防水卷材类型			卷材防水层最小厚度/mm
聚合物改性沥青类防水卷材	热熔法施工聚合物改性防水卷材		3.0
	热沥青粘结和胶粘法施工聚合物改性防水卷材		3.0
	预铺反粘防水卷材（聚酯胎类）		4.0
	自粘聚合物改性防水卷材（含湿铺）	聚酯胎类	3.0
		无胎类及高分子膜基	1.5
合成高分子类防水卷材	均质型、带纤维背衬型、组织内增强型		1.2
	双面复合型		主体片材芯材0.5
	预铺反粘防水卷材	塑料类	1.2
		橡胶类	1.5
	塑料防水板		1.2

9. **按规范规定，下述何种气象条件时仍可以进行某些种类的防水层露天施工？** ［2012-39］

A. 雨天　　　　　　　　　　　　　　B. 雪天

C. 五级及以上大风　　　　　　　　　D. 气温−10～−5℃

【答案】 D

【说明】 5.1.2 雨天、雪天或五级及以上大风环境下，不应进行露天防水施工。

■ 《屋面工程技术规范》（GB 50345—2012）

10. **关于屋面天沟、檐沟的细部防水构造的说法，错误的是：** ［2013-43］

A. 应根据天沟、檐沟的形状要求设置防水附加层

B. 在天沟、檐沟与屋面交接处的防水附加层宜空铺

C. 防水层需从沟底做起至外檐的顶部

D. 天沟、檐沟与屋面细石混凝土防水层的连接处应预留凹槽，用密封材料填严密

【答案】 B

【说明】 4.11.1 条文说明：屋面如不设保温层，则屋面与檐沟、天沟的附加层在转角处应空铺，空铺宽度宜为200mm，以防止基层开裂造成防水层的破坏。

11. **关于屋面细石混凝土找平层的说法，错误的是：** ［2013-42］

A. 必须使用火山灰质水泥　　　　　　B. 厚度为30～35mm

C. 分格缝间距不宜大于6m　　　　　　D. C20混凝土，宜加钢筋网片

【答案】 A

【说明】 4.3.2 卷材、涂膜的基层宜设找平层。找平层厚度和技术要求应符合表4.3.2（表9-3）的规定。

表 9 - 3 　　　　　　　　　 找平层厚度和技术要求

找平层分类	适用的基层	厚度/mm	技术要求
水泥砂浆	整体现浇混凝土板	15～20	1：2.5 水泥砂浆
	整体材料保温层	20～25	
细石混凝土	装配式混凝土板	30～35	C20 混凝土，宜加钢筋网片
	板状材料保温层		C20 混凝土

12. **屋面工程采用水泥砂浆找平层所设分格缝，其纵横缝的最大间距不大于下列哪一数值?** ［2006-60，2004-38，2003-38］

A. 4m 　　　　　　 B. 5m 　　　　　　 C. 6m 　　　　　　 D. 8m

【答案】　C

【说明】　4.3.3 保温层上的找平层应留设分格缝，缝宽宜为 5～20mm，纵横缝的间距不宜大于 6m。

13. **对卷材防水屋面保护层，下列哪项表述不正确?** ［2008-41］

A. 高聚物改性沥青卷材的保护层矿物颗粒经筛选、清洗后应立即均匀铺撒

B. 水泥砂浆保护层的表面应抹平压光

C. 细石混凝土保护层的每块分格面积不大于 $36m^2$

D. 块材材料保护层与卷材防水层之间应设置隔离层

【答案】　A

【说明】　4.7.1 条文说明：铝箔、矿物粒料，通常是在改性沥青防水卷材生产过程中，直接覆盖在卷材表面作为保护层。

14. **下列关于瓦屋面工程的做法，错误的是：** ［2020 - 41］

A. 瓦屋面与山墙及突出屋面结构的交接处，均应做不小于 250mm 高的泛水处理

B. 抗震设防，坡度不大，瓦材可以不采取固定加强措施

C. 瓦屋面应根据瓦的类型和基层种类采取相应的构造做法

D. 严寒及寒冷地区瓦屋面，檐口部位应采取防止冰雪融化下坠和冰坝形成等措施

【答案】　B

【说明】　4.8.4 在大风及地震设防地区或屋面坡度大于 100% 时，瓦片应采取固定加强措施。

15. **对防水等级为二级及坡度不小于 20% 的烧结瓦屋面，下列哪项表述不正确?** ［2008-42］

A. 瓦头伸入檐沟、天沟的长度宜为 50～70mm

B. 坡度大于 10% 的屋面，应采取固定加强措施

C. 金属檐沟、天沟伸入瓦内的宽度不应小于 150mm

D. 脊瓦在两坡面瓦上的搭盖宽度每边不应小于 40mm

【答案】　B

【说明】　解析详见第 14 题。

16. **下列关于屋面变形缝处防水施工做法，错误的是：**［2022（05）-45］

A. 防水层下应增设附加层，附加层在平面和立面的宽度不应小于 200mm

B. 防水层应铺贴或涂刷至泛水墙的顶部

C. 变形缝内应预填不燃保温材料

D. 等高变形缝顶部宜加扣混凝土或金属盖板

【答案】 A

【说明】 4.11.18-1 变形缝防水构造应符合下列规定：变形缝泛水处的防水层下应增设附加层，附加层在平面和立面的宽度不应小于 250mm。

17. **屋面工程中，下述板状材料保温层施工做法错误的是：**［2007-36］

A. 基层平整、干净、干燥

B. 干铺法施工保温材料应紧贴在基层表面上

C. 粘贴法施工板状保温材料应贴严、粘牢

D. 板状材料分层铺设时，上下层接缝应对齐

【答案】 D

【说明】 5.3.5-2 板状材料保温层施工应符合下列规定：相邻板块应错缝拼接，分层铺设的板块上下层接缝应相互错开，板间缝隙应采用同类材料嵌填密实。

18. **关于屋面防水卷材铺贴的说法，正确的是：**［2020-42］

A. 卷材应垂直屋脊铺贴

B. 上下层卷材应相互垂直铺贴

C. 平行屋脊的卷材接缝应顺水流方向搭接

D. 上下层卷材长边接缝应对齐

【答案】 C

【说明】 5.4.2-3 卷材防水层铺贴顺序和方向应符合下列规定：卷材宜平行屋脊铺贴，上下层卷材不得相互垂直铺贴。

5.4.5 卷材搭接缝应符合下列规定：

1 平行屋脊的搭接缝应顺流水方向，搭接缝宽度应符合本规范 4.5.10 的规定；

2 同一层相邻两幅卷材短边搭接缝错开不应小于 500mm；

3 上下层卷材长边搭接缝应错开，且不应小于幅宽的 1/3；

4 叠层铺贴的各层卷材，在天沟与屋面的交接处，应采用叉接法搭接，搭接缝应错开；搭接缝宜留在屋面与天沟侧面，不宜留在沟底。

■ **《屋面工程质量验收规范》**（GB 50207—2012）

19. **屋面工程中的子分部工程基层与保护中，不能单独划分为分项工程的是：**［2008-38］

A. 找坡层   B. 保温层

C. 找平层   D. 隔汽层

【答案】 B

【说明】 3.0.13 屋面工程各子分部工程和分项工程的划分，应符合表 3.0.13（表 9-4）的要求。

分部工程	子分部工程	分 项 工 程
屋面工程	基层与保护	找坡层，找平层，隔汽层，隔离层，保护层
	保温与隔热	板状材料保温层，纤维材料保温层，喷涂硬泡聚氨酯保温层，现浇泡沫混凝土保温层，种植隔热层，架空隔热层，蓄水隔热层
	防水与密封	卷材防水层，涂膜防水层，复合防水层，接缝密封防水
	瓦面与板面	烧结瓦和混凝土瓦铺装，沥青瓦铺装，金属板铺装，玻璃采光顶铺装
	细部构造	檐口，檐沟和天沟，女儿墙和山墙，水落口，变形缝，伸出屋面管道，屋面出入口，反梁过水孔，设施基座，屋脊，屋顶窗

表 9 - 4　　　　　　　　　屋面工程各子分部工程和分项工程的划分

20. 屋面防水工程的整体现浇保温层中，禁止使用水泥珍珠岩和水泥蛭石，原因是其材料：
〔2011-37〕

A. 强度低　　　　　B. 易开裂　　　　　C. 耐久性差　　　　　D. 含水率高

【答案】 D

【说明】 水泥珍珠岩和水泥蛭石施工后，其含水率可高达100％以上，且吸水率也很大，不能保证保温功能，故目前已淘汰使用。

21. 屋面卷材防水层与哪种保护层之间应设置隔离层？〔2009-39〕

A. 矿物颗粒保护层　　　　　　　B. 浅色涂料保护层

C. 细石混凝土保护层　　　　　　D. 铝箔保护层

【答案】 C

【说明】 4.4.1 块体材料、水泥砂浆或细石混凝土保护层与卷材、涂膜防水层之间，应设置隔离层。

22. 下列屋面卷材防水层保护层施工要求中错误的是：〔2010-40〕

A. 用块体材料做保护层时，宜设置分格缝，分格缝纵横间距不应大于 10m

B. 水泥砂浆保护层的表面应抹平压光，并应设表面分格缝，分格面积宜为 1.5m²

C. 用细石混凝土做保护层时，混凝土应振捣密实，表面应抹平压光，分格缝纵横间距不应大于 6m

D. 块体材料与女儿墙之间，应预留宽度为 30mm 的缝隙

【答案】 B

【说明】 4.5.3 用水泥砂浆做保护层时，表面应抹平压光，并应设表面分格缝，分格面积宜为 1m²。

23. 屋面工程中，保温层施工应符合有关规定，下述做法不正确的是：〔2008-39〕

A. 保温材料使用时的含水率，应相当于该材料在当地实验室 15℃ 人工风干状态下的平衡含水率

B. 基层应平整、干燥和干净

C. 保温材料在施工过程中应采取防潮、防水和防火等措施

D. 保温材料的热导率、表观密度或干密度、抗压强度或压缩强度、燃烧性能，必须符合设计要求

【答案】 A

【说明】 5.1.6 保温材料使用时的含水率，应相当于该材料在当地自然风干状态下的平衡含水率。

24. 屋面坡度大于多少时，卷材应采取满粘和钉压固定措施？〔2010-38，2008-40〕

    A.10%   B.15%   C.20%   D.25%

【答案】 D

【说明】 6.2.1 屋面坡度大于25%时，卷材应采取满粘和钉压固定措施。

25. 坡度大于25%的屋面铺贴防水卷材时，应采用的施工方法是：〔2021-41〕

    A. 空铺法   B. 点粘法   C. 条粘法   D. 满粘法

【答案】 D

【说明】 解析详见第24题。

26. 屋面工程平行屋脊高聚物改性沥青防水卷材采用胶黏剂搭接时，其长边搭接宽度应是下列哪个数值？〔2004-39〕

    A.50mm   B.60mm   C.80mm   D.100mm

【答案】 D

【说明】 6.2.3-1 卷材搭接缝应符合下列规定：平行屋脊的卷材搭接缝应顺流水方向，卷材搭接宽度应符合表6.2.3（表9-5）的规定。

表9-5 卷材搭接宽度 （mm）

卷材类别		搭接宽度
合成高分子防水卷材	胶黏剂	80
	胶黏带	50
	单缝焊	60，有效焊接宽度不小于25
	双缝焊	80，有效焊接宽度10×2+空腔宽
高聚物改性沥青防水卷材	胶黏剂	100
	自粘	80

27. 下列屋面卷材防水层做法中，正确的是：〔2021-42〕

    A. 卷材应垂直屋脊方向铺贴

    B. 上下层卷材应相互垂直铺贴

    C. 平行屋脊的卷材搭接缝应顺流水方向

    D. 上下层卷材长边搭接缝应对齐

【答案】 C

【说明】 解析详见第26题。选项A详见6.2.2-1，选项B详见6.2.2-2，选项D详见6.2.3-3。

28. 关于屋面工程防水卷材铺贴的说法，错误的是：【2017-40】

    A. 平行屋脊的卷材搭接缝应顺流水方向

    B. 相邻两幅卷材短边搭接缝应错开

C. 上下层卷材应互相垂直铺贴

D. 上下层卷材长边搭接缝应错开

【答案】 C

【说明】 6.2.3-3 卷材搭接缝应符合下列规定：上下层卷材长边搭接缝应错开，且不得小于幅宽的 1/3。

29. **下列有关屋面卷材防水层的说法，正确的是：**［2019 - 061］

A. 热熔型改性沥青胶结材料加热温度不应高于 300℃

B. 冷粘法铺贴卷材的接缝口应用密闭材料封严

C. 防水卷材上下层卷材应垂直铺贴

D. 相邻两幅卷材短边搭接缝应对齐

【答案】 B

【说明】 6.2.4-5 冷粘法铺贴卷材应符合下列规定：接缝口应用密封材料封严，宽度不应小于 10mm。

选项 A 详见 6.2.5-1，选项 C 详见 6.2.2-2，选项 D 详见 6.2.3-2。

30. **严禁采用热熔法施工的卷材是：**［2011-38］

A. 厚度小于 3mm 的合成高分子卷材

B. 厚度小于 3mm 的高聚物改性沥青防水卷材

C. PVC 防水卷材

D. 普通沥青防水卷材

【答案】 B

【说明】 6.2.6-5 热熔法铺贴卷材应符合下列规定：厚度小于 3mm 的高聚物改性沥青防水卷材，严禁采用热熔法施工。

31. **厚度小于 3mm 的高聚物改性沥青防水卷材，严禁采用下列哪种方法施工？**［2003-40］

A. 冷粘法   B. 热熔法   C. 满粘法   D. 条粘法

【答案】 B

【说明】 解析详见第 30 题。

32. **关于屋面防水卷材收头施工要求的说法，错误的是：**［2017 - 41］

A. 应与基层黏结   B. 女儿墙卷材应点粘

C. 钉压应牢固   D. 密封应严密

【答案】 B

【说明】 6.2.14 卷材防水层的收头应与基层黏结，钉压应牢固，密封应严密。

33. **下列关于屋面涂膜防水，说法正确的是：**［2020 - 39］

A. 防水涂料应多遍涂布，且前后两遍涂料的涂布方向应一致

B. 胎体增强材料短接宽度无要求

C. 上下层胎体增强材料的长边搭接缝应对齐

D. 上下层胎体增强材料不得相互垂直铺设

【答案】 D

【说明】 6.3.1 防水涂料应多遍涂布，并应待前一遍涂布的涂料干燥成膜后，再涂布后一遍涂料，且前后两遍涂料的涂布方向应相互垂直。

　　6.3.2 铺设胎体增强材料应符合下列规定：1 胎体增强材料宜采用聚酯无纺布或化纤无纺布；2 胎体增强材料长边搭接宽度不应小于 50mm，短边搭接宽度不应小于 70mm；3 上下层胎体增强材料的长边搭接缝应错开，且不得小于幅宽的 1/3；4 上下层胎体增强材料不得相互垂直铺设。

34. **屋面涂膜防水层的最小平均厚度不应小于设计厚度的：** [2009-40, 2005-42]
   A. 95%　　　　　　B. 90%　　　　　　C. 85%　　　　　　D. 80%
   【答案】 D
   【说明】 6.3.7 涂膜防水层的平均厚度应符合设计要求，且最小厚度不得小于设计厚度的 80%。

35. **影响涂膜防水使用年限长短的决定因素是涂膜的：** [2011-39]
   A. 含水率　　　　　B. 厚度　　　　　C. 不透水性　　　　D. 耐热性
   【答案】 B
   【说明】 6.3.7 条文说明：涂膜防水层使用年限长短的决定因素，除防水涂料技术性能外就是涂膜的厚度。

36. **关于屋面工程烧结瓦和混凝土瓦铺装施工要求的说法，错误的是：** [2017 - 42]
   A. 瓦屋面檐口应与外墙平齐　　　　　B. 脊瓦应在两坡面瓦上搭盖
   C. 瓦头应深入檐沟、天沟内　　　　　D. 突出屋面结构的侧面瓦伸入泛水
   【答案】 A
   【说明】 7.2.4-1 烧结瓦和混凝土瓦铺装的有关尺寸，应符合下列规定：瓦屋面檐口挑出墙面的长度不宜小于 300mm。

37. **关于屋面沥青瓦铺装施工要求的说法，错误的是：** [2017 - 43]
   A. 沥青瓦应自檐口向上铺
   B. 起始层沥青瓦与基层之间，应采用沥青基胶黏材料
   C. 不得将沥青瓦沿切口剪开的瓦块作为屋脊
   D. 沥青瓦瓦片铺设时均应用固定钉固定
   【答案】 C
   【说明】 7.3.3 铺设脊瓦时，宜将沥青瓦沿切口剪开分成三块作为脊瓦，并应用 2 个固定钉固定，同时应用沥青基胶黏材料密封；脊瓦搭盖应顺主导风向。

38. **（屋面）防水工程施工中，防水细部构造的施工质量检验数量是：** [2012-40]
   A. 按总防水面积每 10m² 一处　　　　B. 按防水施工面积每 10m² 一处
   C. 按防水细部构造数量的 50%　　　　D. 按防水细部构造数量的 100%
   【答案】 D
   【说明】 8.1.2 细部构造工程各分项工程每个检验批应全数进行检验。

39. **女儿墙和山墙的压顶向内排水坡度应大于等于：** [2019 - 062]
   A. 3%　　　　　　B. 5%　　　　　　C. 8%　　　　　　D. 10%

【答案】 B

【说明】 8.4.2 女儿墙和山墙的压顶向内排水坡度不应小于5%，压顶内侧下端应做成鹰嘴或滴水槽。

40. 下列有关屋面工程细部构造验收的说法，正确的是：[2019 - 063]

A. 水落口周围直径300mm范围内坡度不应小于5%

B. 女儿墙和上墙的涂膜应直接涂刷至压顶顶部

C. 屋面出入口的泛水高度不应小于200mm

D. 檐沟防水层应由沟底翻上至外侧顶部

【答案】 D

【说明】 8.3.4 檐沟防水层应由沟底翻上至外侧顶部，卷材收头应用金属压条钉压固定，并应用密封材料封严；涂膜收头应用防水涂料多遍涂刷。

选项B详见8.4.6 女儿墙和山墙的涂膜应直接涂刷至压顶下，涂膜收头应用防水涂料多遍涂刷。

选项A详见8.5.4 水落口周围直径500mm范围内坡度不应小于5%，水落口周围的附加层铺设应符合设计要求。

选项C详见8.8.5 屋面出入口的泛水高度不应小于250mm。

■《种植屋面工程技术规程》（JGJ 155—2013）

41. 下列屋面工程施工的各项检查中，不属于工序"三检"制度的是：[2017 - 38]

A. 各道工序自检　　　　　　　　B. 交接检

C. 专职人员检查　　　　　　　　D. 监理单位检查验收

【答案】 D

【说明】 7.1.3 种植屋面工程施工应建立各道工序自检、交接检和专职人员检查的"三检"制度，并有完整的检查记录。每道工序完成后，应经监理单位（或建设单位）检查验收，合格后才可进行下道工序的施工。

■《地下工程防水技术规范》（GB 50108—2008）

42. 下列关于地下防水的措施，错误的是：[2022（05）- 42]

A. 以堵为主　　　　　　　　　　B. 防、排、截、堵相结合

C. 刚柔相济、因地制宜　　　　　D. 综合治理

【答案】 A

【说明】 1.0.3 地下工程防水的设计和施工应遵循"防、排、截、堵相结合，刚柔相济，因地制宜，综合治理"的原则。

43. 防水混凝土冬期施工养护不得采用的方法是：[2022（05）- 44]

A. 蓄热法　　　　　　　　　　　B. 暖棚法

C. 掺化学外加剂　　　　　　　　D. 电热法

【答案】 D

【说明】 4.1.30 - 2 防水混凝土的冬期施工，应符合下列规定：混凝土养护应采用综合蓄热法、蓄热法、暖棚法、掺化学外加剂等方法，不得采用电热法或蒸汽直接加热法。

44. 下列关于后浇带的说法，错误的是：［2022（05）-46］

A. 后浇带应采用补偿收缩混凝土浇筑，其抗渗和抗压强度等级应低于两侧混凝土强度

B. 后浇带宜用于不允许留设变形缝的工程部位

C. 后浇带应在其两侧混凝土龄期达到 42d 后再施工

D. 后浇带应设在受力和变形较小的部位，宽度宜为 700～1000mm

【答案】 A

【说明】 5.2.3 后浇带应采用补偿收缩混凝土浇筑，其抗渗和抗压强度等级不应低于两侧混凝土。

■《地下防水工程质量验收规范》（GB 50208—2011）

45. 某地下建筑防水工程的防水标准为："不允许漏水，结构表面可有少量湿渍"，可判断其防水等级为：［2012-38］

A. 一级　　　　　B. 二级　　　　　C. 三级　　　　　D. 四级

【答案】 B

【说明】 3.0.1 地下工程的防水等级标准应符合表 3.0.1（表 9-6）的规定。

表 9-6　　　　　　　　　　　　地下工程防水等级标准

防水等级	防 水 标 准
一级	不允许渗水，结构表面无湿渍
二级	不允许漏水，结构表面可有少量湿渍；房屋建筑地下工程：总湿渍面积不应大于总防水面积（包括顶板、墙面、地面）的 1/1000；任意 100m² 防水面积上的湿渍不超过 2 处，单个湿渍的最大面积不大于 0.1m²；其他地下工程：总湿渍面积不应大于总防水面积的 2/1000；任意 100m² 防水面积上的湿渍不超过 3 处，单个湿渍的最大面积不大于 0.2m²；其中，隧道工程平均渗水量不大于 0.05L/（m²·d），任意 100m² 防水面积上的渗水量不大于 0.15L/（m²·d）
三级	有少量漏水点，不得有线流和漏泥砂；任意 100m² 防水面积上的漏水或湿渍点数不超过 7 处，单个漏水点的最大漏水量不大于 2.5L/d，单个湿渍的最大面积不大于 0.3m²
四级	有漏水点，不得有线流和漏泥砂；整个工程平均漏水量不大于 2L/（m²·d）；任意 100m² 防水面积上的平均漏水量不大于 4L/（m²·d）

46. 地下工程的防水等级分为：［2021-37,2009-44］

A. 一级　　　　　B. 二级　　　　　C. 三级　　　　　D. 四级

【答案】 D

47. 当在任意 100m² 防水面积湿渍不超过 2 处，单个湿渍面积不大于 0.1m²，且湿渍总面积不大于总防水面积的 0.1% 情况下，工业与民用建筑的地下工程防水等级为：［2005-40］

A. 一级　　　　　B. 二级　　　　　C. 三级　　　　　D. 四级

【答案】 B

【说明】 第 46 题、第 47 题解析详见第 45 题。

48. 关于地下防水工程施工的说法，正确的是：［2013-39］

A. 主要施工人员应持有施工企业颁发的执业资格证书或防水专业岗位证书

B. 设计单位应编制防水工程专项施工方案

C. 防水材料必须经具备相应资质的检测单位进行抽样检验

D. 防水材料的品种、规格、性能等必须符合监理单位的要求

【答案】 C

【说明】 3.0.6 防水材料必须经具备相应资质的检测单位进行抽样检验，并出具产品性能检测报告。

选项 A 详见 3.0.3 地下防水工程必须由持有资质等级证书的防水专业队伍进行施工，主要施工人员应持有省级及以上建设行政主管部门或其指定单位颁发的执业资格证书或防水专业岗位证书。

选项 B 详见 3.0.4 地下防水工程施工前，应通过图纸会审，掌握结构主体及细部构造的防水要求，施工单位应编制防水工程专项施工方案，经监理单位或建设单位审查批准后执行。

选项 C 详见 3.0.5 地下工程所使用防水材料的品种、规格、性能等必须符合现行国家或行业产品标准和设计要求。

49. 保证地下防水工程施工质量的重要条件是施工时：［2009-45］

A. 环境温度不低于 5℃

B. 地下水位稳定在工程底部最低高程 0.5m 以下

C. 施工现场风力不得超过五级

D. 防水卷材应采用热熔法

【答案】 B

【说明】 3.0.10 地下防水工程施工期间，必须保持地下水位稳定在工程底部最低高程 500mm 以下，必要时应采取降水措施。对采用明沟排水的基坑，应保持基坑干燥。

50. 下列地下防水材料施工环境温度可以低于 5℃ 的是：［2013-40］

A. 采用冷粘法的合成高分子防水卷材　　B. 溶剂型有机防水涂料

C. 防水砂浆　　　　　　　　　　　　　D. 采用自粘法的高聚物改性沥青防水卷材

【答案】 B

【说明】 3.0.11 地下防水工程不得在雨天、雪天和五级风及其以上时施工；防水材料施工环境气温条件宜符合表 3.0.11（表 9-7）的规定。

表 9-7　　　　　　　　　防水材料施工环境气温条件

防水材料	施工环境气温条件
高聚物改性沥青防水卷材	冷粘法、自粘法不低于 5℃，热熔法不低于 −10℃
合成高分子防水卷材	冷粘法、自粘法不低于 5℃，焊接法不低于 −10℃
有机防水涂料	溶剂型 −5～35℃，反应型、水乳型 5～35℃
无机防水涂料	5～35℃
防水混凝土、防水砂浆	5～35℃
膨润土防水材料	不低于 −20℃

51. 下列哪项必须在高于−5℃气温条件下进行地下防水层的施工? ［2005-37］
   A. 高聚物改性沥青防水卷材　　　　B. 合成高分子防水卷材
   C. 溶剂型有机防水涂料　　　　　　D. 无机防水涂料

【答案】 C

【说明】 解析详见第50题。

52. 地下连续墙属于地下防水工程中的哪类工程? ［2005-39］
   A. 主体结构防水工程　　　　　　　B. 特殊施工法结构防水工程
   C. 排水工程　　　　　　　　　　　D. 注浆工程

【答案】 B

【说明】 3.0.12 地下防水工程是一个子分部工程,其分项工程的划分应符合表3.0.12
(表9-8)的规定。

表 9-8　　　　　　　　　　地下防水工程的分项工程

子分部工程		分 项 工 程
地下防水工程	主体结构防水	防水混凝土、水泥砂浆防水层、卷材防水层、涂料防水层、塑料防水板防水层、金属板防水层、膨润土防水材料防水层
	细部构造防水	施工缝、变形缝、后浇带、穿墙管、埋设件、预留通道接头、桩头、孔口、坑、池
	特殊施工法结构防水	锚喷支护、地下连续墙、盾构隧道、深井、逆筑结构
	排水	渗排水、盲沟排水、隧道排水、坑道排水、塑料排水板排水
	注浆	预注浆、后注浆、结构裂缝注浆

53. 下列关于主体结构用防水混凝土的说法,正确的是: ［2021-38］
   A. 适用于抗渗等级不小于P6的地下混凝土结构
   B. 适用于环境温度高于80℃的地下工程
   C. 不适用于受侵蚀性介质作用的环境
   D. 混凝土配合比中不得掺用粉煤灰

【答案】 A

【说明】 4.1.1 防水混凝土适用于抗渗等级不小于P6的地下混凝土结构。不适用于环
境温度高于80℃的地下工程。处于侵蚀性介质中,防水混凝土的耐侵蚀性要求应符合现
行国家标准《工业建筑防腐蚀设计标准》(GB/T 50046)和《混凝土结构耐久性设计标
准》(GB 50476)的有关规定。

54. 下列关于防水混凝土说法,正确的是:［2022(05)-41］
   A. 水泥宜采用普通硅酸盐水泥或硅酸盐水泥
   B. 防水混凝土适用于抗渗等级不小于P8的地下混凝土结构
   C. 混凝土胶凝材料总量不宜小于300kg/m³
   D. 水胶比不得大于0.40

【答案】 A

【说明】 4.1.2-1 水泥的选择应符合下列规定:宜采用普通硅酸盐水泥或硅酸盐水泥,

采用其他品种水泥时应经试验确定。选项 B 详见 4.1.1，选项 C、D 详见 4.1.7。

55. 长期处于潮湿环境的重要结构的防水混凝土，应选择的砂、石是：［2019 - 066］

A. 宜选用细砂   B. 宜选用海砂

C. 宜选用中粗砂   D. 可不进行碱活性检验

【答案】 C

【说明】 4.1.3 砂、石的选择应符合下列规定：

1 砂宜选用中粗砂，含泥量不应大于 3.0%，泥块含量不宜大于 1.0%；

2 不宜使用海砂；在没有使用河砂的条件时，应对海砂进行处理后才能使用，且控制氯离子含量不得大于 0.06%；

3 碎石或卵石的粒径宜为 5～40mm，含泥量不应大于 1.0%，泥块含量不应大于 0.5%；

4 对长期处于潮湿环境的重要结构混凝土用砂、石，应进行碱活性检验。

56. 下列材料中，不宜用于防水混凝土的是：［2021-39］

A. 硅酸盐水泥   B. 中粗砂   C. 天然海砂   D. 卵石

【答案】 C

【说明】 解析详见第 55 题。

57. 防水混凝土的配合比设计时，下列叙述不正确的是：［2006-37］

A. 混凝土胶凝材料总量不宜小于 $300kg/m^3$

B. 砂率宜为 35%～40%

C. 粉煤灰掺量宜为胶凝材料总量的 20%～30%

D. 水胶比不得大于 0.50

【答案】 A

【说明】 4.1.7 防水混凝土的配合比应经试验确定，并应符合下列规定：

1 试配要求的抗渗水压值应比设计值提高 0.2MPa。

2 混凝土胶凝材料总量不宜小于 $320kg/m^3$，其中水泥用量不宜小于 $260kg/m^3$，粉煤灰掺量宜为胶凝材料总量的 20%～30%，硅粉的掺量宜为胶凝材料总量的 2%～5%。

3 水胶比不得大于 0.50，有侵蚀性介质时水胶比不宜大于 0.45。

4 砂率宜为 35%～40%，泵送时可增至 45%。

5 灰砂比宜为 1:1.5～1:2.5。

6 混凝土拌和物的氯离子含量不应超过胶凝材料总量的 0.1%；混凝土中各类材料的总碱量即 Na_2O 当量不得大于 $3kg/m^3$。

58. 防水混凝土试配时，其抗渗水压值应比设计值高多少？［2005-38,2003-42］

A. 0.10MPa   B. 0.15MPa   C. 0.20MPa   D. 0.25MPa

【答案】 C

59. 地下防水混凝土胶凝材料总用量和水泥用量分别不宜小于下列哪组数值？［2003-43］

A. $280kg/m^3$；$240kg/m^3$ B. $300kg/m^3$；$250kg/m^3$

C. $320kg/m^3$；$260kg/m^3$ D. $350kg/m^3$；$270kg/m^3$

【答案】 C

60. 防水混凝土的水胶比，不大于下列哪个数值？［2004-42］
A. 0.40   B. 0.50   C. 0.60   D. 0.65
【答案】 B
【说明】 第58题～第60题解析详见第57题。

61. 地下防水工程中，要求防水混凝土的结构最小厚度不得小于：［2012-43，2011-42，2005-41］
A. 100mm   B. 150mm   C. 200mm   D. 250mm
【答案】 D
【说明】 4.1.19 防水混凝土结构厚度不应小于250mm，其允许偏差应为＋8mm、
－5mm；主体结构迎水面钢筋保护层厚度不应小于50mm，其允许偏差应为±5mm。

62. 下列地下工程所处环境中，通常不适宜采用水泥砂浆防水层的是：［2021-40］
A. 地下工程主体结构迎水面   B. 地下工程主体结构背水面
C. 受持续振动的地下工程   D. 环境温度50℃的地下工程
【答案】 C
【说明】 4.2.1 水泥砂浆防水层适用于地下工程主体结构的迎水面或背水面。不适用于
受持续振动或环境温度高于80℃的地下工程。

63. 下列砂浆类型中，不宜用于地下防水工程中水泥砂浆防水层的是：［2017-44］
A. 普通水泥防水砂浆   B. 聚合物水泥防水砂浆
C. 掺外加剂的防水砂浆   D. 掺有掺合料的防水砂浆
【答案】 A
【说明】 4.2.2 水泥砂浆防水层应采用聚合物水泥防水砂浆、掺外加剂或掺合料的防水砂浆。

64. 地下防水工程施工中，下述水泥砂浆防水层的做法，哪项要求是不正确的？［2012-42］
A. 可采用聚合物水泥防水砂浆   B. 可采用掺外加剂的水泥防水砂浆
C. 防水砂浆施工应分层铺抹或喷涂   D. 水泥砂浆初凝后应及时养护
【答案】 D
【说明】 4.2.5-4 水泥砂浆防水层施工应符合下列规定：水泥砂浆终凝后应及时进行养
护，养护温度不宜低于5℃，并应保持砂浆表面湿润，养护时间不得少于14d；聚合物水
泥防水砂浆未达到硬化状态时，不得浇水养护或直接受雨水冲刷，硬化后应采用干湿交替
的养护方法。潮湿环境中，可在自然条件下养护。

65. 水泥砂浆防水层施工，当水泥砂浆终凝后应及时进行养护，常温下养护时间不得少于多
少天？［2006-38］
A. 3d   B. 5d   C. 7d   D. 14d
【答案】 D
【说明】 解析详见第64题。

66. 下列地下防水工程水泥砂浆防水层做法中，错误的是：［2010-42］
A. 基层表面应平整、坚实、清洁，并应充分湿润、无明水
B. 分层铺抹或喷涂，铺抹时应压实、抹平，最后一层表面应提浆压光

C. 防水层宜连续施工；必须留设施工缝时，应采用阶梯坡形槎

D. 防水层最小厚度不得小于设计厚度

【答案】 D

【说明】 4.2.12 水泥砂浆防水层的平均厚度应符合设计要求，最小厚度不得小于设计厚度的85%。

67. **受侵蚀性介质或受震动作用的地下建筑防水工程应选择：**〔2009-43，2007-35〕

　　A. 卷材防水层　　　B. 防水混凝土　　　C. 水泥砂浆防水层　　D. 金属板防水层

【答案】 A

【说明】 4.3.1 卷材防水层适用于受侵蚀性介质作用或受震动作用的地下工程；卷材防水层应铺设在主体结构的迎水面。

68. **地下防水工程，不应选择下列哪种材料？**〔2004-43〕

　　A. 高聚物改性沥青防水卷材　　　　B. 合成高分子防水卷材

　　C. 沥青防水卷材　　　　　　　　　D. 反应型涂料

【答案】 C

【说明】 4.3.2 卷材防水层应采用高聚物改性沥青类防水卷材和合成高分子类防水卷材。所选用的基层处理剂、胶黏剂、密封材料等均应与铺贴的卷材相匹配。

　　4.4.2 有机防水涂料应采用反应型、水乳型、聚合物水泥等涂料；无机防水涂料应采用掺外加剂、掺合料的水泥基防水涂料或水泥基渗透结晶型防水涂料。

69. **地下防水工程防水等级二级时应2道设防，其中1道设防设计选用三元乙丙合成高分子防水卷材单层做法，施工时要求选用的防水卷材最小厚度不应小于：**〔2006-39〕

　　A. 1.2mm　　　　B. 1.5mm　　　　C. 2.0mm　　　　D. 3.0mm

【答案】 B

【说明】 4.3.6 卷材防水层的厚度应满足表4.3.6（表9-9）的要求。

表9-9　　　　　　　　　　　　　不同品种卷材的厚度

卷材品种	高聚物改性沥青类防水卷材			合成高分子类防水卷材			
	弹性体改性沥青防水卷材、改性沥青聚乙烯胎防水卷材	自粘聚合物改性沥青防水卷材		三元乙丙橡胶防水卷材	聚氯乙烯防水卷材	聚乙烯丙纶复合防水卷材	高分子自粘胶膜防水卷材
		聚酯毡胎体	无胎体				
单层厚度/mm	≥4	≥3	≥1.5	≥1.5	≥1.5	卷材：≥0.9 黏结料：≥1.3 芯材厚度：≥0.6	≥1.2
双层总厚度/mm	≥(4+3)	≥(3+3)	≥(1.5+1.5)	≥(1.2+1.2)	≥(1.2+1.2)	卷材：≥(0.7+0.7) 黏结料：≥(1.3+1.3) 芯材厚度：≥0.5	—

注：1. 带有聚酯毡胎体的自粘聚合物改性沥青防水卷材应执行国家现行标准《自粘聚合物改性沥青聚酯胎防水卷材》(JC 898)。

　　2. 无胎体的自粘聚合物改性沥青防水卷材应执行国家现行标准《自粘橡胶沥青防水卷材》(JC 840)。

70. 下列防水层中，适用于经常受水压、侵蚀性介质或有振动作用地下工程的是：[2020-36]

A. 涂料防水层   B. 卷材防水层

C. 塑料防水板防水层   D. 水泥砂浆防水层

【答案】 C

【说明】 4.5.1 塑料防水板防水层适用于经常承受水压、侵蚀性介质或有振动作用的地下工程；塑料防水板宜铺设在复合式衬砌的初期支护与二次衬砌之间。

71. 设置防水混凝土变形缝需要考虑的因素中不包括：[2013-41]

A. 结构沉降变形   B. 结构伸缩变形   C. 结构渗漏水   D. 结构配筋率

【答案】 D

【说明】 5.2.2 条文说明：变形缝应考虑工程结构的沉降、伸缩的可变性，并保证其在变化中的密闭性，不产生渗漏水现象。

72. 关于地下工程变形缝施工的说法，正确的是：[2020-38]

A. 变形缝处表面粘贴卷材或涂刷涂料前，应在缝上设置隔离层和加强层

B. 外贴式止水带在变形缝转角部位采用十字件

C. 中埋式止水带在转角处应做成盆状

D. 中埋式止水带接缝在边墙较低位置，不得在转角处

【答案】 A

【说明】 5.2.9 变形缝处表面粘贴卷材或涂刷涂料前，应在缝上设置隔离层和加强层。

        选项 D 详见 5.2.4 中埋式止水带的接缝应设在边墙较高位置上，不得设在结构转角处；接头宜采用热压焊接，接缝应平整、牢固，不得有裂口和脱胶现象。

        选项 C 详见 5.2.5 中埋式止水带在转弯处应做成圆弧形；顶板、底板内止水带应安装成盆状，并宜采用专用钢筋套或扁钢固定。

        选项 B 详见 5.2.6 外贴式止水带在变形缝与施工缝相交部位宜采用十字配件；外贴式止水带在变形缝转角部位宜采用直角配件。止水带埋设位置应准确，固定应牢靠，并与固定止水带的基层密贴，不得出现空鼓、翘边等现象。

73. 浇筑地下防水混凝土后浇带时，其两侧混凝土的龄期必须达到：[2021-43，2011-41，2007-38，2006-40]

A.42d   B.28d   C.14d   D.7d

【答案】 A

【说明】 5.3.6 条文说明：后浇带应在两侧混凝土干缩变形基本稳定后施工，混凝土收缩变形一般在龄期为 6 周后才能基本稳定。

74. 下列关于地下防水工程施工，表述正确的是：[2008-43]

A. 防水混凝土结构表面的裂缝宽度不应大于 0.1mm

B. 防水混凝土结构厚度不应小于 200mm

C. 一级防水等级的设防道数必须达到二道设防以上

D. 后浇带应在其两侧混凝土龄期达到 42d 后再施工

【答案】 D

【说明】 解析详见第 73 题。选项 A 详见 4.1.8，选项 B 详见 4.1.19，选项 C 详见

3.0.2。(明挖法和暗挖法地下工程的防水设防应按表 3.0.2-1 和表 3.0.2-2 选用。由 3.0.2 可以看出，Ⅰ级防水等级的设防种类应为 2 种以上，而不是设防道数。)

75. 关于地下连续墙施工的表述中，正确的是：[2010-43]
    A. 采用大流动性混凝土，其坍落度控制在 170mm 为宜
    B. 采用掺外加剂的防水混凝土，最少的水泥用量为 350kg/m³
    C. 每个单位槽段需留置一组抗渗混凝土试件
    D. 地下连续墙槽段接缝应避开拐角部位
    【答案】 D
    【说明】 6.2.5 地下连续墙应根据工程要求和施工条件减少槽段数量；地下连续墙槽段接缝应避开拐角部位。

    6.2.2 地下连续墙应采用防水混凝土。胶凝材料用量不应小于 400kg/m³，水胶比不得大于 0.55，坍落度不得小于 180mm。(选项 A)

    6.2.3 地下连续墙施工时，混凝土应按每一个单元槽段留置一组抗压试件，每 5 个槽段留置一组抗渗试件。(选项 C)

    选项 B 详见第 57 题中的 4.1.7-2。

76. 下列防水材料类型中，不宜用于桩头防水的是：[2020-34]
    A. 卷材防水　　　　　　　　　　　B. 聚合物水泥防水砂浆
    C. 水泥基渗透结晶防水涂料　　　　D. 止水胶和密封材料
    【答案】 A
    【说明】 5.7.1 桩头用聚合物水泥防水砂浆、水泥基渗透结晶型防水涂料、遇水膨胀止水条或止水胶和密封材料必须符合设计要求。

77. 在地下工程中常采用渗排水、盲沟排水来削弱水对地下结构的压力，下列哪项不适宜采用渗排水、盲沟排水？[2010-41]
    A. 无自流排水条件　B. 自流排水性好　　C. 有抗浮要求的　　D. 防水要求较高
    【答案】 B
    【说明】 7.1.1 渗排水适用于无自流排水条件、防水要求较高且有抗浮要求的地下工程。盲沟排水适用于地基为弱透水性土层、地下水量不大或排水面积较小，地下水位在结构底板以下或在丰水期地下水位高于结构底板的地下工程。

78. 下列有关地下工程渗排及盲沟排水施工的说法，正确的是：[2019-64]
    A. 渗排水的集水管应设置在粗砂过滤层的上部
    B. 渗排水应在地基工程验收合格前进行施工
    C. 盲沟排水的集水管不宜采用硬质塑料管
    D. 渗排水层与工程底板之间应设隔浆层
    【答案】 D
    【说明】 7.1.2-4 渗排水应符合下列规定：工程底板与渗排水层之间应做隔浆层，建筑周围的渗排水层顶面应做散水坡。

    7.1.2-3 渗排水应符合下列规定：集水管应设置在粗砂过滤层下部，坡度不宜小于 1%，且不得有倒坡现象。集水管之间的距离宜为 5~10m，并与集水井相通。(选项 A)

7.1.4 渗排水、盲沟排水均应在地基工程验收合格后进行施工。（选项 B）

7.1.5 集水管宜采用无砂混凝土管、硬质塑料管或软式透水管。（选项 C）

79. 做地下防水工程时，在砂卵石层中注浆宜采用：［2019-65，2011-43］

A. 电动硅化注浆法　　　　　　　B. 高压喷射注浆法

C. 劈裂注浆法　　　　　　　　　D. 渗透注浆法

【答案】　D

【说明】　8.1.3 在砂卵石层中宜采用渗透注浆法；在黏土层中宜采用劈裂注浆法；在淤泥质软土中宜采用高压喷射注浆法。

80. 地下防水工程部位中，不属于隐蔽工程验收的是：［2020-43］

A. 基坑的超挖和回填　　　　　　B. 管道穿过防水层的封固部位

C. 后浇带的防水构造　　　　　　D. 防水层的保护层

【答案】　D

【说明】　9.0.6 地下防水工程应对下列部位做好隐蔽工程验收记录：

1 防水层的基层；

2 防水混凝土结构和防水层被掩盖的部位；

3 施工缝、变形缝、后浇带等防水构造做法；

4 管道穿过防水层的封固部位；

5 渗排水层、盲沟和坑槽；

6 结构裂缝注浆处理部位；

7 衬砌前围岩渗漏水处理部位；

8 基坑的超挖和回填。

第十章 建筑装饰装修工程

■《建筑与市政工程施工质量控制通用规范》(GB 55032—2022)

1. 既有建筑装饰装修工程设计涉及主体结构和承重结构变动时，下列说法错误的是:[2020-53]

   A. 应在施工前委托原结构设计单位提出设计方案

   B. 应在施工前委托具有相应资质等级的设计单位提出设计方案

   C. 由具备相应能力的施工单位对建筑结构的安全性进行鉴定，依据鉴定结果确定设计方案

   D. 由鉴定单位对建筑结构的安全性进行鉴定，依据鉴定结果确定设计方案

   【答案】 C

   【说明】 3.3.7-1 装饰装修工程施工应符合下列规定：当既有建筑装饰装修工程设计涉及主体结构和承重结构变动时，应在施工前委托原结构设计单位或具有相应资质等级的设计单位提出设计方案，或由鉴定单位对建筑结构的安全性进行鉴定，依据鉴定结果确定设计方案。

2. 建筑装饰装修工程当涉及主体和承重结构改动或增加荷载时，对既有建筑结构安全性进行核验、确认的单位是: [2022(05)-51, 2011-44, 2009-46]

   A. 原结构设计单位　　　　　　B. 原施工单位

   C. 原装饰装修单位　　　　　　D. 建设单位

   【答案】 A

3. 某既有建筑装饰装修工程设计涉及主体和承重结构变动。下列处理方式中错误的是:[2021-44]

   A. 委托原结构设计单位提出设计方案

   B. 委托具有相应资质条件的设计单位提出设计方案

   C. 委托检测鉴定单位对建筑的安全性进行鉴定

   D. 委托具备相应施工能力的施工单位进行结构安全复核

   【答案】 D

   【说明】 第2题、第3题解析详见第1题。

4. 下列有关门窗工程施工的说法，正确的是: [2019-071]

   A. 金属门窗安装应先安装后砌筑

   B. 推拉门窗扇必须安装防脱落装置

   C. 在砌体上安装门窗宜采用射钉固定

   D. 门窗安装墙对门窗相邻洞口的位置偏差可不进行检验

   【答案】 B

   【说明】 3.3.7-3 装饰装修工程施工应符合下列规定：建筑外门窗应安装牢固，推拉门窗扇应配备防脱落装置。

5. 吊顶工程中下述哪项安装做法是不正确的？〔2006-47〕

    A. 小型灯具可固定在饰面材料上   B. 重量较大的灯具可固定在龙骨上

    C. 风口箅子可固定在饰面材料上   D. 烟感器、喷淋头可固定在饰面材料上

【答案】 B

【说明】 3.3.7-5装饰装修工程施工应符合下列规定：重量较大的灯具，以及电风扇、投影仪、音响等有振动荷载的设备仪器，不应安装在吊顶工程的龙骨上。

6. 下列哪一种设备严禁安装在吊顶工程的龙骨上？〔2004-50〕

    A. 重量较大的灯具   B. 烟感器   C. 喷淋头   D. 风口箅子

【答案】 A

7. 下列设备中，可以安装在吊顶龙骨上的是：〔2021-50〕

    A. 水晶吊顶   B. 电风扇

    C. 大功率低音音箱   D. 感烟火灾探测器

【答案】 D

8. 下列吊顶工程，说法错误的是：〔2020-46〕

    A. 吊顶工程的木龙骨和木面板应进行防火处理

    B. 吊顶工程中的埋件、钢筋吊杆和型钢吊杆应进行防腐处理

    C. 重型设备安装在吊顶工程的龙骨上

    D. 安装面板前应完成吊顶内管道和设备的调试及验收

【答案】 C

【说明】 第6题～第8题解析详见第5题。

■《建筑门窗附框应用技术规程》(T/CECS 996—2022)

9. 在砌体上安装建筑外门窗时严禁采用的方法是：〔2021-48，2011-46〕

    A. 预留洞口   B. 预埋木砖   C. 预埋金属件   D. 射钉固定

【答案】 D

【说明】 6.1.2附框在砌体墙上安装时不得采用射钉固定。

10. 下列门窗工程的施工做法中，错误的是：〔2017-48〕

    A. 预埋件和锚固件应进行隐蔽工程验收

    B. 隐蔽部位的防腐、填嵌处理应进行隐蔽工程验收

    C. 金属门窗和塑料门窗的安装应采用的预留洞口的方法施工

    D. 在砌体上安装门窗时应采用射钉固定

【答案】 D

11. 关于门窗工程的施工要求，以下哪项不正确？〔2008-52〕

    A. 金属及塑料门窗安装应采用预留洞口的方法施工

    B. 门窗玻璃不应直接接触型材

    C. 在砌体上安装应用射钉固定

    D. 磨砂玻璃的磨砂面应朝向室内

【答案】 C

12. 下列门窗工程的施工做法中，错误的是：[2022（05）-54]

A. 预埋件和锚固件应进行隐蔽工程验收

B. 隐蔽部位的防腐、填嵌处理应进行隐蔽工程验收

C. 金属门窗和塑料门窗的安装应采用的预留洞口的方法施工

D. 在砌体上安装门窗时应采用射钉固定

【答案】 D

【说明】 第 10 题～第 12 题解析详见第 9 题。

■《建筑装饰装修工程质量验收标准》(GB 50210—2018)

13. 下述对建筑装饰装修工程设计的要求，哪项表述是不准确的？[2012-44]

A. 承担建筑装修工程设计的单位应具备相应设计资质

B. 建筑装饰装修工程应具有经批准的装饰装修方案设计文件

C. 建筑装饰装修设计应符合城市规划、消防、环保、节能等有关规定

D. 建筑装饰装修工程设计深度应满足施工要求

【答案】 B

【说明】 3.1.1 建筑装饰装修工程应进行设计，并应出具完整的施工图文件。

14. 建筑装饰装修工程设计中，下述哪项要求不是必须满足的？[2007-41]

A. 城市规划　　　　B. 城市交通　　　　C. 环保　　　　D. 防火

【答案】 B

【说明】 3.1.2 建筑装饰装修设计应符合城市规划、防火、环保、节能、减排等有关规定。建筑装饰装修耐久性应满足使用要求。

15. 下列有关建筑装饰装修工程设计的说法，错误的是：[2019-73]

A. 当吊顶内的管线可能产生结露时，应进行防结露设计

B. 建筑装饰装修工程设计深度应满足施工要求

C. 由施工单位进行装饰深化设计并自行确认

D. 建筑装饰装修耐久性应满足使用要求

【答案】 C

【说明】 3.1.3 承担建筑装饰装修工程设计的单位应对建筑物进行了解和实地勘察，设计深度应满足施工要求。由施工单位完成的深化设计应经建筑装饰装修设计单位确认。

16. 下列建筑装饰装修工程基本规定中，错误的是：[2019-67]

A. 在既有建筑装饰装修前，应该对基层进行处理

B. 当管道必须与建筑装饰装修工程施工同步进行时，应在饰面层施工前完成调试

C. 建筑装饰装修工程设计变动主体承重结构时，在施工前可委托原设计单位提出设计方案

D. 材料来源稳定且连续三批均一次检验合格的产品，进场验收时检验批的容量可扩大两倍

【答案】 D

【说明】 3.2.5 进场后需要进行复验的材料种类及项目应符合本标准各章的规定，同一厂家生产的同一品种、同一类型的进场材料应至少抽取一组样品进行复验，当合同另有

更高要求时应按合同执行。抽样样本应随机抽取，满足分布均匀、具有代表性的要求，获得认证的产品或来源稳定且连续三批均一次检验合格的产品，进场验收时检验批的容量可扩大一倍，且仅可扩大一次。扩大检验批后的检验中，出现不合格情况时，应按扩大前的检验批容量重新验收，且该产品不得再次扩大检验批容量。

17. 建筑装饰装修材料有关见证检验的要求，下列哪条是正确的？〔2003-47〕
    A. 业主要求的项目
    B. 监理要求的项目
    C. 设计要求的项目
    D. 当国家规定或合同约定时，或对材料的质量发生争议时
    【答案】 D
    【说明】 3.2.6 当国家规定或合同约定应对材料进行见证检验时，或对材料的质量发生争议时，应进行见证检验。

18. 建筑装饰装修工程所使用的材料，有关防火、防腐和防虫的问题，下列哪个说法是正确的？〔2003-44〕
    A. 按设计要求进行防火、防腐、防虫处理
    B. 按监理的要求进行防火、防腐、防虫处理
    C. 按业主的要求进行防火、防腐、防虫处理
    D. 按施工单位的经验进行防火、防腐、防虫处理
    【答案】 A
    【说明】 3.2.8 建筑装饰装修工程所使用的材料应按设计要求进行防火、防腐和防虫处理。

19. 对建筑装饰装修工程施工单位的基本要求，下列哪条是符合规范规定的？〔2003-46〕
    A. 具备丰富的施工经验   B. 具备设计的能力
    C. 应编制施工组织设计并经过审查批准   D. 能领会设计意图，体现出设计的效果
    【答案】 C
    【说明】 3.3.1 施工单位应编制施工组织设计并经过审查批准。施工单位应按有关的施工工艺标准或经审定的施工技术方案施工，并应对施工全过程实行质量控制。

20. 有关建筑装饰装修工程施工前的样板问题，下列哪项是正确的？〔2004-44〕
    A. 主要材料有生产厂推荐的样板
    B. 主要部位有施工单位推出的样板
    C. 应先有主要材料样板方可施工
    D. 应有主要材料的样板或做样板间（件），并应经有关各方确认
    【答案】 D
    【说明】 3.3.8 建筑装饰装修工程施工前应有主要材料的样板或做样板间（件），并应经有关各方确认。

21. 关于装饰装修工程的说法，正确的是：〔2013-45〕
    A. 因装饰装修工程设计原因造成的工程变更责任应由业主承担

B. 对装饰材料的质量发生争议时，应由监理工程师调解并判定责任

C. 在主体结构或基体、基层完成后便可进行装饰装修工程施工

D. 装饰装修工程施工前应有主要材料的样板或做样板间，并经有关各方确认

【答案】 D

【说明】 解析详见第 20 题。

22. **关于建筑装饰装修工程的说法正确的是:** [2021-45]

　　A. 电气安装施工时可直接埋设电线　　　B. 隐蔽工程验收记录不包含隐蔽部位照片

　　C. 验收前应将施工现场清理干净　　　　D. 施工前应有所有材料的样板

【答案】 C

【说明】 3.3.15 建筑装饰装修工程验收前应将施工现场清理干净。

　　3.3.11 建筑装饰装修工程的电气安装应符合设计要求。不得直接埋设电线。(选项 A)

　　3.3.12 隐蔽工程验收应有记录，记录应包含隐蔽部位照片。施工质量的检验批验收应有现场检查原始记录。(选项 B)

　　选项 D 详见第 20 题中的 3.3.8。

23. **下列有关抹灰工程，说法错误的是:** [2020 - 44]

　　A. 一般抹灰工程分为普通抹灰、中级抹灰和高级抹灰

　　B. 保温层薄抹灰包括保温层外面聚合物砂浆薄抹灰

　　C. 装饰抹灰包括水刷石、斩假石、干粘石和假面砖

　　D. 清水砌体勾缝包括清水砌体砂浆勾缝和原浆勾缝

【答案】 A

【说明】 4.1.1 本章适用于一般抹灰、保温层薄抹灰、装饰抹灰和清水砌体勾缝等分项工程的质量验收。一般抹灰工程分为普通抹灰和高级抹灰，当设计无要求时，按普通抹灰验收。一般抹灰包括水泥砂浆、水泥混合砂浆、聚合物水泥砂浆和粉刷石膏等抹灰；保温层薄抹灰包括保温层外面聚合物砂浆薄抹灰；装饰抹灰包括水刷石、斩假石、干粘石和假面砖等装饰抹灰；清水砌体勾缝包括清水砌体砂浆勾缝和原浆勾缝。

24. **清水砌体勾缝属于下列哪项的子分部工程?** [2005-54]

　　A. 涂刷工程　　　　　　　　　　　　B. 抹灰工程

　　C. 细部工程　　　　　　　　　　　　D. 裱糊工程

【答案】 B

25. **下列不属于抹灰工程的是:** [2022 (05) - 48]

　　A. 保温层薄抹灰　　　　　　　　　　B. 装饰抹灰

　　C. 美术涂饰　　　　　　　　　　　　D. 清水砌体勾缝

【答案】 C

26. **下列不属于装饰抹灰的是:** [2022 (05) - 49]

　　A. 水刷石　　　　　B. 斩假石　　　　　C. 假面砖　　　　　D. 粉刷石膏

【答案】 D

【说明】 第 24 题～第 26 题解析详见第 23 题。

27. 下列哪项不是抹灰工程验收对应检查的文件和记录？〔2008-44〕

A. 抹灰工程的施工图，设计说明及其他设计文件

B. 材料的产品合格证书，性能检测报告、进场验收记录和复验报告

C. 施工组织设计

D. 隐蔽工程验收记录

【答案】 C

【说明】 4.1.2 抹灰工程验收时应检查下列文件和记录：

1 抹灰工程的施工图、设计说明及其他设计文件；

2 材料的产品合格证书、性能检测报告、进场验收记录和复验报告；

3 隐蔽工程验收记录；

4 施工记录。

28. 在下列文件中，在抹灰工程验收时非必须提供的文件和记录是：〔2019-68〕

A. 抹灰工程施工图　　　　　　　　B. 隐蔽工程验收记录

C. 施工组织设计文件　　　　　　　D. 材料的进场验收记录

【答案】 C

【说明】 解析详见第 27 题。

29. 规范规定抹灰工程应对砂浆的拉伸黏结强度复验外，还应对聚合物砂浆哪项复验？

〔2005-43〕

A. 强度　　　　　B. 保水率　　　　　C. 化学成分　　　　　D. 凝结时间

【答案】 B

【说明】 4.1.3 抹灰工程应对下列材料及其性能指标进行复验：

1 砂浆的拉伸黏结强度；

2 聚合物砂浆的保水率。

30. 关于装饰抹灰工程，下列哪项表述正确？〔2008-47〕

A. 当抹灰总厚度大于或等于25mm时，应采取加强措施

B. 抹灰工程应对砂浆的拉伸黏结强度和聚合物砂浆的保水率进行复验

C. 抹灰层应无脱层与空鼓现象，但允许面层有个别微裂缝

D. 装饰抹灰墙面垂直度的检验方法为用角检测尺检查

【答案】 B

【说明】 解析详见29题。选项A解析详见4.2.3，选项C解析详见4.2.4条文说明，选项D解析详见4.2.10。

31. 关于抹灰工程的说法，错误的是：〔2013-46〕

A. 墙面与墙护角的抹灰砂浆材料配比相同

B. 水泥砂浆不得抹在石灰砂浆层上

C. 罩面石膏不得抹在水泥砂浆层上

D. 抹灰前基层表面应洒水湿润

【答案】 A

【说明】 4.1.8 室内墙面、柱面和门洞口的阳角做法应符合设计要求。设计无要求时，

应采用不低于 M20 水泥砂浆做暗护角，其高度不应低于 2m，每侧宽度不应小于 50mm。

32. 抹灰层有防潮要求时应采用：[2009-49]

A. 石灰砂浆　　　　B. 混合砂浆　　　　C. 水泥砂浆　　　　D. 防水砂浆

【答案】　D

【说明】　4.1.9 当要求抹灰层具有防水、防潮功能时，应采用防水砂浆。

33. 关于抹灰工程质量验收的一般规定，错误的是：[2017-45]

A. 抹灰层具有防水、防潮功能时，应采用混合砂浆

B. 抹灰用水泥的凝结时间和安定性复验应合格

C. 抹灰总厚度不小于 35mm 时的加强措施

D. 抹灰工程的施工图、设计说明及其他设计文件

【答案】　A

【说明】　解析详见第 32 题。

34. 水泥砂浆抹灰层的养护条件是处于：[2009-30，2008-46]

A. 湿润条件　　　　B. 干燥条件　　　　C. 一定温度条件　　　　D. 任意的自然条件

【答案】　A

【说明】　4.1.10 各种砂浆抹灰层，在凝结前应防止快干、水冲、撞击、振动和受冻，在凝结后应采取措施防止玷污和损坏。水泥砂浆抹灰层应在湿润条件下养护。

35. 抹灰前的基层处理，下列哪条是正确的？[2004-45]

A. 抹灰前基层表面的尘土、污垢、油渍等应清除干净，并应洒水润湿

B. 抹灰前基层表面应刷一层水泥砂浆

C. 抹灰前基层表面应刷一层水泥素浆

D. 抹灰前基层表面应刷一层普通硅酸盐水泥素浆

【答案】　A

【说明】　4.2.2 抹灰前基层表面的尘土、污垢、油渍等应清除干净，并应洒水润湿或进行界面处理。

36. 水泥砂浆抹灰施工中，下述哪项做法是不准确的？[2006-49]

A. 抹灰应分层进行，不得一遍成活

B. 不同材料基体交接处表面的抹灰，应采取加强措施

C. 当抹灰总厚度大于或等于 25mm 时，应采取加强措施

D. 抹灰工程应对砂浆的拉伸黏结强度和聚合物砂浆的保水率进行复验

【答案】　C

【说明】　4.2.3 抹灰工程应分层进行。当抹灰总厚度大于或等于 35mm 时，应采取加强措施。不同材料基体交接处表面的抹灰，应采取防止开裂的加强措施，当采用加强网时，加强网与各基体的搭接宽度不应小于 100mm。

37. 为防止抹灰起鼓、脱落和开裂，抹灰总厚度大于或等于下列何值时应采取加强措施？[2009-50，2007-44]

A. 35mm　　　　B. 25mm　　　　C. 20mm　　　　D. 15mm

【答案】 A

【说明】 解析详见第36题。

38. **下列抹灰工程的施工做法中，错误的是：** [2017-46]
   A. 基体表面应做毛化处理
   B. 基体表面应全部浇水湿透
   C. 同一材料的抹灰应一遍成活
   D. 水泥砂浆不得抹在石灰砂浆上

【答案】 C

39. **下列关于一般抹灰工程，正确的是：** [2010-47]
   A. 当抹灰总厚度大于或等于25mm时，应采取加强措施
   B. 不同材料基层交接处抹灰时可采用加强网，加强网与各基层的搭接宽度不应小于100mm
   C. 抹灰层应无脱层与空鼓现象，但允许有少量裂缝
   D. 用直角检测尺检查抹灰墙面的垂直度

【答案】 B

【说明】 第38题、第39题解析详见第37题。选项C解析详见4.2.4条文说明，选项D解析详见4.2.10。

40. **抹灰层出现脱层、空鼓、裂缝和开裂等缺陷，将会降低墙体的哪个性能？** [2011-45]
   A. 强度
   B. 整体性
   C. 抗渗性
   D. 保护作用和装饰效果

【答案】 D

【说明】 4.2.4条文说明：抹灰工程的质量关键是黏结牢固，无开裂、空鼓与脱落。如果黏结不牢，出现空鼓、开裂、脱落等缺陷，会降低对墙体保护作用，且影响装饰效果。

41. **抹灰工程施工中，下述哪项做法是准确的？** [2012-46]
   A. 水泥砂浆不得抹在石灰砂浆层上，罩面石膏灰应抹在水泥砂浆层上
   B. 水泥砂浆不得抹在混合砂浆层上，罩面石膏灰应抹在水泥砂浆层上
   C. 水泥砂浆不得抹在石灰砂浆层上，罩面石膏灰不得抹在水泥砂浆层上
   D. 水泥砂浆不得抹在混合砂浆层上，罩面石膏灰不得抹在水泥砂浆层上

【答案】 C

【说明】 4.2.7抹灰层的总厚度应符合设计要求；水泥砂浆不得抹在石灰砂浆层上；罩面石膏灰不得抹在水泥砂浆层上。

42. **一般抹灰工程中出现的质量缺陷，不属于主控项目的是：** [2006-51]
   A. 脱层
   B. 空鼓
   C. 面层裂缝
   D. 滴水槽宽度和深度

【答案】 D

【说明】 4.2 一般抹灰工程/Ⅱ 一般项目/4.2.9有排水要求的部位应做滴水线（槽）。滴水线（槽）应整齐顺直，滴水线应内高外低，滴水槽的宽度和深度应满足设计要求，且均不应小于10mm。

43. **下列有关抹灰工程的说法中，错误的是：** [2019-69]

A. 抹灰工程立面垂直度检验应使用塞尺

B. 抹灰层具有防潮要求时，应采用防水砂浆

C. 抹灰总厚度大于或等于 35mm 时，应采取加强措施

D. 抹灰层出现脱层、空鼓现象，会降低墙体的保护性能

【答案】 A

【说明】 4.2.10 一般抹灰工程质量的允许偏差和检验方法应符合表 4.2.10（表 10-1）的规定。

表 10-1   一般抹灰的允许偏差和检验方法

项次	项 目	允许偏差/mm		检 验 方 法
		普通抹灰	高级抹灰	
1	立面垂直度	4	3	用 2m 垂直检测尺检查
2	表面平整度	4	3	用 2m 靠尺和塞尺检查
3	阴阳角方正	4	3	用 200mm 直角检测尺检查
4	分格条（缝）直线度	4	3	拉 5m 线，不足 5m 拉通线，用钢直尺检查
5	墙裙、勒脚上口直线度	4	3	拉 5m 线，不足 5m 拉通线，用钢直尺检查

注：1. 普通抹灰，本表第 3 项阴角方正可不检查。

2. 顶棚抹灰，本表第 2 项表面平整度可不检查，但应平顺。

44. **一般抹灰中的高级抹灰表面平整度的允许偏差，下列哪个是符合规范规定的？** [2003-48]

A.1mm   B.2mm   C.3mm   D.4mm

【答案】 C

【说明】 解析详见第 43 题。

45. **因资源和环境因素，装饰抹灰工程应尽量减少使用：** [2017-47,2007-45]

A. 水刷石   B. 斩假石   C. 干粘石   D. 假面砖

【答案】 A

【说明】 4.3.1 条文说明：水刷石浪费水资源，并对环境有污染，应尽量减少使用。

46. **保证抹灰工程质量的关键是：** [2007-43]

A. 基层应做处理   B. 抹灰后砂浆中的水分不应过快散失

C. 各层之间黏结牢固   D. 面层无爆灰和裂纹

【答案】 C

【说明】 4.4.4 各抹灰层之间及抹灰层与基体之间必须黏结牢固，抹灰层应无脱层、空鼓和裂缝。

47. **不属于装饰抹灰的是下列哪项？** [2005-44]

A. 假面砖   B. 面砖   C. 干粘石   D. 斩假石

【答案】 B

【说明】 4.4.5 装饰抹灰工程的表面质量应符合下列规定：

1 水刷石表面应石粒清晰、分布均匀、紧密平整、色泽一致，应无掉粒和接槎痕迹；

2 斩假石表面剁纹应均匀顺直、深浅一致，应无漏剁处；阳角处应横剁并留出宽窄一致的不剁边条，棱角应无损坏；

3 干粘石表面应色泽一致、不露浆、不漏粘，石粒应黏结牢固、分布均匀，阳角处应无明显黑边；

4 假面砖表面应平整、沟纹清晰、留缝整齐、色泽一致，应无掉角、脱皮和起砂等缺陷。

48. 下列抹灰做法中，不属于装饰抹灰的是：[2021-46]

A. 粉刷石膏抹灰　　　B. 水刷石抹灰　　　C. 斩假石抹灰　　　D. 假面砖抹灰

【答案】　A

【说明】　解析详见第 47 题。

49. 斩假石表面平整度的允许偏差值，下列哪个是符合规范规定的？[2003-49]

A. 2mm　　　　　　　B. 3mm　　　　　　　C. 4mm　　　　　　　D. 5mm

【答案】　B

【说明】　4.4.8 装饰抹灰工程质量的允许偏差和检验方法应符合表 4.4.8（表 10-2）的规定。

表 10-2　　　　　　　　装饰抹灰的允许偏差和检验方法

项次	项　目	允许偏差/mm				检　验　方　法
		水刷石	斩假石	干粘石	假面砖	
1	立面垂直度	5	4	5	5	用 2m 垂直检测尺检查
2	表面平整度	3	3	5	4	用 2m 靠尺和塞尺检查
3	阳角方正	3	3	4	4	用 200mm 直角检测尺检查
4	分格条（缝）直线度	3	3	3	3	拉 5m 线，不足 5m 拉通线，用钢直尺检查
5	墙裙、勒脚上口直线度	3	3	—	—	拉 5m 线，不足 5m 拉通线，用钢直尺检查

50. 外墙防水工程验收时应检查：[2022（05）-47]

A. 设计单位的资质证书　　　　　　B. 操作人员的上岗证书

C. 监理单位的监理细则　　　　　　D. 工程项目资金落实情况

【答案】　B

【说明】　5.1.2 外墙防水工程 验收时应检查下列文件和记录：

1 外墙防水工程的施工图、设计说明及其他设计文件；

2 材料的产品合格证书、性能检验报告、进场验收记录和复验报告；

3 施工方案及安全技术措施文件；

4 雨后或现场淋水检验记录；

5 隐蔽工程验收记录；

6 施工记录；

7 施工单位的资质证书及操作人员的上岗证书。

51. 下列外墙防水工程的质量验收项目中，不宜采用观察法的是：[2021-47]

A. 涂膜防水层的厚度

B. 砂浆防水层与基层之间黏结牢固状况

C. 砂浆防水层表面起砂和麻面等缺陷状况

D. 涂膜防水层与基层之间黏结牢固状况

【答案】 A

【说明】 5.3.6 涂膜防水层的厚度应符合设计要求。检验方法：针测法或割取 20mm×20mm 实样用卡尺测量。

52. 验收门窗工程时，不作为必须检查文件或记录的是下列哪项？〔2005-45〕

A. 材料的产品合格证书 B. 材料性能检测报告
C. 门窗进场验收记录 D. 门窗的报价表

【答案】 D

【说明】 6.1.2 门窗工程验收时应检查下列文件和记录：

1 门窗工程的施工图、设计说明及其他设计文件；

2 材料的产品合格证书、性能检测报告、进场验收记录和复验报告；

3 特种门及其附件的生产许可文件；

4 隐蔽工程验收记录；

5 施工记录。

53. 下列不属于门窗工程性能指标复验检测项目的是：〔2020-55，2012-47，2009-51，2005-53〕

A. 热工性能 B. 气密性能
C. 水密性能 D. 抗风压性能

【答案】 A

【说明】 6.1.3 门窗工程应对下列材料及其性能指标进行复验：

1 人造木板的甲醛释放量；

2 建筑外窗的气密性能、水密性能和抗风压性能。

54. 门窗工程中一般窗每个检验批的检查数量应至少抽查5%，并不得少于3樘，不足3樘时应全数检查。 高层建筑外窗，每个检验批的检查数量，和一般窗相比应增加几倍？〔2006-45〕

A.3/5 倍 B.1 倍 C.2 倍 D.3 倍

【答案】 B

【说明】 6.1.6 检查数量应符合下列规定：

1 木门窗、金属门窗、塑料门窗和门窗玻璃每个检验批应至少抽查5%，并不得少于3樘，不足3樘时应全数检查；高层建筑的外窗，每个检验批应至少抽查10%，并不得少于6樘，不足6樘时应全数检查；

2 特种门每个检验批应至少抽查50%，并不得少于10樘，不足10樘时应全数检查。

55. 门窗工程中，安装门窗前应对门窗洞口检查的项目是：〔2007-46〕

A. 位置 B. 尺寸 C. 数量 D. 类型

【答案】 B

【说明】 5.1.7 门窗安装前，应对门窗洞口尺寸及相邻洞口的位置偏差进行检验。

56. 关于门窗工程施工说法，错误的是：〔2013-48〕

A. 在砌体上安装门窗严禁用射钉固定

B. 外墙金属门窗应做雨水渗透性能复验

C. 安装门窗所用的预埋件、锚固件应做隐蔽验收

D. 在砌体上安装金属门窗应采用边砌筑边安装的方法

【答案】 D

【说明】 6.1.8 金属门窗和塑料门窗安装应采用预留洞口的方法施工。

57. 砌体结构墙体安装金属门窗，安装顺序正确的是：[2020 - 45]

A. 先预留洞口后安装　　　　　　　　B. 边砌筑边安装

C. 先安窗框，修补再安窗　　　　　　D. 安装窗后补砌

【答案】 A

【说明】 解析详见第56题。

58. 下列门窗安装工程中，有防虫处理要求的是：[2021 - 49]

A. 特种门窗　　　　　　　　　　　　B. 塑料门窗

C. 金属门窗　　　　　　　　　　　　D. 木门窗

【答案】 D

【说明】 6.2.3 木门窗的防火、防腐、防虫处理应符合设计要求。检验方法：观察；检查材料进场验收记录。

59. 卫生间的无下框普通门扇与地面间留缝限值，下列哪项符合规范规定？[2004-46]

A. 4～6mm　　　　　　　　　　　　B. 4～8mm

C. 8～12mm　　　　　　　　　　　　D. 12～15mm

【答案】 B

【说明】 6.2.12 平开木门窗安装的留缝限值、允许偏差和检验方法应符合表6.2.12（表10 - 3）的规定。

表 10 - 3　　　　　　　　平开木门窗安装的留缝限值、允许偏差和检验方法

项次	项　　目	留缝限值 /mm	允许偏差 /mm	检 验 方 法
1	门窗框的正、侧面垂直度	—	2	用1m垂直检测尺检查
2	框与扇接缝高低差	—	1	用塞尺检查
	扇与扇接缝高低差	—	1	
3	门窗扇对口缝	1～4	—	用塞尺检查
4	工业厂房、围墙双扇大门对口缝	2～7	—	
5	门窗扇与上框间留缝	1～3	—	
6	门窗扇与合页侧框间留缝	1～3	—	
7	室外门扇与锁侧框间留缝	1～3	—	
8	门扇与下框间留缝	3～5	—	
9	窗扇与下框间留缝	1～3	—	
10	双层门窗内外框间距	—	4	用钢直尺检查

项次	项 目		留缝限值/mm	允许偏差/mm	检 验 方 法
11	无下框时门扇与地面间留缝	室外门	4～7	—	用钢直尺或塞尺检查
		室内门	4～8	—	
		卫生间门		—	
		厂房大门	10～20	—	
		围墙大门		—	
12	框与扇搭接宽度	门	—	2	用钢直尺检查
		窗	—	1	用钢直尺检查

60. 无下框室外门扇与地面间留缝限值，下列哪个是符合规范规定的？［2003-50］

　　A. 3～4mm　　　　B. 4～7mm　　　　C. 7～8mm　　　　D. 9～10mm

【答案】 B

【说明】 解析详见第59题。

61. 下列不属于金属门窗的安装质量检查方法的是：［2019-072］

　　A. 观察　　　　　　　　　　B. 手扳检查

　　C. 破坏性试验　　　　　　　D. 开启和关闭检验

【答案】 C

【说明】 由6.3.1～6.3.10可知，金属门窗的安装质量检查方法包括观察、开启和关闭检查、手扳检查等。

62. 铝合金门窗和塑料门窗的推拉门窗扇开关力分别不应大于：［2010-48，2009-48，2008-48］

　　A.200N；250N　　B.150N；200N　　C.100N；150N　　D.50N；100N

【答案】 D

【说明】 6.3.6 金属门窗推拉门窗扇开关力应不大于50N，检验方法：用测力计检查；

　　6.4.10 塑料门窗扇的开关力应符合下列规定：

　　1 平开门窗扇平铰链的开关力应不大于80N；滑撑铰链的开关力应不大于80N，并不小于30N；

　　2 推拉门窗扇的开关力应不大于100N。检验方法：观察，用测力计检查。

63. 铝合门窗安装施工时，推拉门窗扇开关力不应大于：［2007-48，2005-46］

　　A. 200N　　　　　B. 150N　　　　　C. 100N　　　　　D. 50N

【答案】 D

64. 铝合金、塑料门窗施工前进行安装质量检验时，推拉门窗扇开关力检查采用的量测工具是：［2012-49］

　　A. 压力表　　　　B. 应力仪　　　　C. 推力计　　　　D. 测力计

【答案】 D

【说明】 第63题、第64题解析详见第62题。

65. 塑料门窗工程中，门窗框与墙体间缝隙应采用什么材料填嵌？［2006-50］

    A. 水泥砂浆   B. 水泥白灰砂浆

    C. 闭孔弹性材料   D. 油麻丝

【答案】 C

【说明】 6.4.4 窗框与洞口之间的伸缩缝内应采用聚氨酯发泡胶填充，发泡胶填充应均匀、密实。发泡胶成型后不宜切割。表面应采用密封胶密封。密封胶应黏结牢固，表面应光滑、顺直、无裂纹。

66. 下列塑料推拉门窗的施工要求中，错误的是：［2017 - 49］

    A. 推拉门窗必须有防脱落措施

    B. 推拉门窗扇开关力采用弹簧秤检查

    C. 窗框与墙体间缝隙采用不变形闭孔材料填嵌饱满

    D. 排水孔的位置和数量应符合设计要求

【答案】 C

【说明】 解析详见第 65 题。

67. 塑料门窗框与墙体间缝隙应采用闭孔弹性材料填嵌饱满是为了：［2011-47］

    A. 防止门窗与墙体间出现裂缝   B. 防止门窗与墙体间出现冷桥

    C. 提高门窗与墙体间的整体性   D. 提高门窗与墙体间的连接强度

【答案】 A

【说明】 6.4.4 条文说明：塑料门窗的线性膨胀系数较大，由于温度升降易引起门窗变形或在门窗框与墙体间出现裂缝，为了防止上述现象，特规定塑料门窗框与墙体间缝隙应采用伸缩性能较好的闭孔弹性材料填嵌，并用密封胶密封。采用闭孔材料则是为了防止材料吸水导致连接件锈蚀，影响安装强度。

68. 推拉自动门的感应时间限值最大应为：［2005-47］

    A. 0. 3s   B. 0. 4s   C. 0. 5s   D. 0. 6s

【答案】 C

【说明】 6.5.8 推拉自动门的感应时间限值和检验方法应符合表 6.5.8（表 10 - 4）的规定。

表 10 - 4   推拉自动门的感应时间限值和检验方法

项次	项 目	感应时间限值/s	检验方法
1	开门响应时间	$\leqslant 0.5$	用秒表检查
2	堵门保护延时	$16 \sim 20$	用秒表检查
3	门扇全开启后保持时间	$13 \sim 17$	用秒表检查

69. 推拉自动门安装的质量要求，下列哪条是不正确的？［2003-51］

    A. 门框固定扇内侧对角线尺寸允许偏差 6mm

    B. 开门响应时间≤0.5s

    C. 堵门保护延时为 16～20s

D. 门扇全开启后保持时间为 13～17s

【答案】 A

【说明】 6.5.10 自动门安装的允许偏差和检验方法应符合表 6.5.10（表 10 - 5）的规定。

表 10 - 5　　　　　　　　　自动门安装的允许偏差和检验方法

项次	项　　目	允许偏差/mm				检验方法
		推拉自动门	平开自动门	折叠自动门	旋转自动门	
1	上框、平梁水平度	1	1	1	—	用1m水平尺和塞尺检查
2	上框、平梁直线度	2	2	2	—	用钢直尺和塞尺检查
3	立框垂直度	1	1	1	1	用1m垂直检测尺检查
4	导轨和平梁平行度	2	—	2	2	用钢直尺检查
5	门框固定扇内侧对角线尺寸	2	2	2	2	用钢卷尺检查
6	活动扇与框、横梁、固定扇间隙差	1	1	1	1	用钢直尺检查
7	板材对接接缝平整度	0.3	0.3	0.3	0.3	用2m靠尺和塞尺检查

70. **单块玻璃的面积大于下列哪一数值时，就应使用安全玻璃？**［2003-52］

A. 1.0m² 　　　　B. 1.5m² 　　　　C. 2.0m² 　　　　D. 2.5m²

【答案】 B

【说明】 6.6.1 玻璃的层数、品种、规格、尺寸、色彩、图案和涂膜朝向应符合设计要求。《建筑安全玻璃管理规定》第六条　建筑物需要以玻璃作为建筑材料的下列部位必须使用安全玻璃：面积大于1.5m²的窗玻璃或玻璃底边离最终装修面小于500mm的落地窗。

71. **外墙窗玻璃安装，双层玻璃的单面镀膜玻璃应怎样安装？**［2006-52］

A. 应在最内层，镀膜层应朝向室外　　　B. 应在最内层，镀膜层应朝向室内

C. 应在最外层，镀膜层应朝向室外　　　D. 应在最外层，镀膜层应朝向室内

【答案】 D

【说明】 6.6.1 条文说明：修订条文，除设计上有特殊要求，为保护镀膜玻璃上的镀膜层及发挥镀膜层的作用，特对镀膜玻璃的安装位置及朝向作出要求：单面镀膜玻璃的镀膜层应朝向室内。双层玻璃的单面镀膜玻璃应在最外层，镀膜层应朝向室内。磨砂玻璃朝向室内是为了防止磨砂层被污染并易于清洁。

72. **下列外门窗玻璃安装的施工要求中，错误的是：**［2017 - 50］

A. 单块玻璃大于 1.5m² 时应使用安全玻璃

B. 门窗玻璃不应直接接触型材

C. 磨砂玻璃的磨砂面应朝向室外

D. 单面镀膜玻璃的镀膜层应朝向室内

【答案】 C

73. 关于玻璃安装，下列哪条是不正确的？［2004-47，2003-53］

A. 门窗玻璃不应直接接触型材   B. 单面镀膜玻璃的镀膜层应朝向室外

C. 磨砂玻璃的磨砂面应朝向室内   D. 双层玻璃的单面镀膜玻璃应在最外层

【答案】 B

【说明】 第72题、第73题解析详见第71题。

74. 人造木板用于吊顶工程时必须复验的项目是：［2010-61］

A. 甲醛含量   B. 燃烧时限   C. 防腐性能   D. 强度指标

【答案】 A

【说明】 7.1.3 吊顶工程应对人造木板的甲醛含量进行复验。

75. 下列不属于吊顶工程隐蔽验收的是：［2022（05）-50］

A. 吊顶内管道、设备的安装及水管试压、风管严密性检验

B. 吊顶压边安装

C. 木龙骨防火、防腐处理

D. 反支撑及钢结构转换层

【答案】 B

【说明】 7.1.4 吊顶工程应对下列隐蔽工程项目进行验收：

     1 吊顶内管道、设备的安装及水管试压、风管严密性检验；

     2 木龙骨防火、防腐处理；

     3 埋件；

     4 吊杆安装；

     5 龙骨安装；

     6 填充材料的设置；

     7 反支撑及钢结构转换层。

76. 吊顶工程安装饰面板前必须完成的工作是：［2012-50］

A. 吊顶龙骨已调整完毕   B. 重型灯具、电扇等设备的吊杆布置完毕

C. 吊顶内管道和设备调试及验收完毕   D. 内部装修处理完毕

【答案】 C

【说明】 7.1.10 安装饰面板前应完成吊顶内管道和设备的调试及验收。

77. 下列哪个施工程序是正确的？［2004-48］

A. 吊顶工程的饰面板安装完毕前，应完成吊顶内管道和设备的调试及验收

B. 吊顶工程在安装饰面板前，应完成吊顶内管道和设备的调试及验收

C. 吊顶工程在安装饰面板过程中，应同时进行吊顶内管道和设备的调试及验收

D. 吊顶工程完工验收前，应完成吊顶内管道和设备的调试及验收

【答案】 B

【说明】 解析详见第76题。

78. 吊顶工程中，当吊杆长度大于多少时，应设置反支撑？［2006-49，2004-53］

A. 0.8m   B. 1.0m   C. 1.2m   D. 1.5m

【答案】 D

【说明】 7.1.11吊杆距主龙骨端部距离不得大于300mm。当吊杆长度大于1500mm时，应设置反支撑。当吊杆与设备相遇时，应调整并增设吊杆或采用型钢支架。

79. 下列吊顶工程的施工要求中，错误的是：[2017-51]

A. 吊杆和龙骨安装应进行隐蔽工程验收

B. 吊杆不应设置反支撑

C. 吊顶内管道、设备及支架标高交接检查应在龙骨安装前进行

D. 吊顶内管道和设备的调试及验收应在饰面板安装前完成

【答案】 B

【说明】 解析详见第78题。

80. 吊顶工程中，吊顶标高及起拱高度应符合：[2012-51]

A. 设计要求
B. 施工规范要求

C. 施工技术方案要求
D. 材料产品说明要求

【答案】 A

【说明】 7.2.1吊顶标高、尺寸、起拱和造型应符合设计要求。

81. 下列属于整体面层吊顶工程主控项目的是：[2022（05）-53]

A. 面层材料表面应洁净、色泽一致

B. 面板上的灯具、烟感器等设备设施的位置应合理、美观，与面板的交接应吻合、严密

C. 金属吊杆表面防腐处理

D. 金属龙骨的接缝应均匀一致，角缝应吻合，表面应平整，应无翘曲和锤印

【答案】 C

【说明】 7.2整体面层吊顶工程/Ⅰ主控项目

7.2.4吊杆和龙骨的材质、规格、安装间距及连接方式应符合设计要求。金属吊杆和龙骨应经过表面防腐处理；木龙骨应进行防腐、防火处理。

82. 暗龙骨石膏板吊顶工程中，石膏板的接缝应按其施工工艺标准进行：[2012-52]

A. 板缝密封处理
B. 板缝防裂处理

C. 接缝加强处理
D. 接缝防火处理

【答案】 B

【说明】 7.2.5石膏板、水泥纤维板的接缝应按其施工工艺标准进行板缝防裂处理。安装双层板时，面层板与基层板的接缝应错开，并不得在同一根龙骨上接缝。

83. 在吊顶内铺放纤维吸声材料时，应采取的施工技术措施是：[2011-49]

A. 防潮措施
B. 防火措施

C. 防散落措施
D. 防霉变措施

【答案】 C

【说明】 7.2.9吊顶内填充吸声材料的品种和铺设厚度应符合设计要求，并应有防散落措施。

84. 明龙骨吊顶工程的饰面材料与龙骨的搭接宽度应大于龙骨受力面宽度的：[2012-53，2011-48，2010-49，2009-52，2008-49，2007-50，2006-46]

A. 2/3　　　　　　B. 1/2　　　　　　C. 1/3　　　　　　D. 1/4

【答案】　A

【说明】　7.3.3 面板的安装应稳固严密。面板与龙骨的搭接宽度应大于龙骨受力面宽度的 2/3。

85. 吊顶工程中的预埋件、钢制吊杆应进行下述哪项处理？[2007-49]

A. 防水　　　　　　B. 防火　　　　　　C. 防腐　　　　　　D. 防晃动和变形

【答案】　C

【说明】　7.3.4 吊杆、龙骨的材质、规格、安装间距及连接方式应符合设计要求。金属吊杆、龙骨应进行表面防腐处理；木龙骨应进行防腐、防火处理。

86. 轻质隔墙工程是指：[2011-50]

A. 加气混凝土砌块隔墙　　　　　　B. 薄型板材隔墙

C. 空心砖隔墙　　　　　　D. 小砌块隔墙

【答案】　B

【说明】　8 轻质隔墙工程/8.1 一般规定/8.1.1 本章适用于板材隔墙、骨架隔墙、活动隔墙和玻璃隔墙等分项工程的质量验收。板材隔墙包括复合轻质墙板、石膏空心板、增强水泥板和混凝土轻质板等隔墙；骨架隔墙包括以轻钢龙骨、木龙骨等为骨架，以纸面石膏板、人造木板、水泥纤维板等为墙面板的隔墙；玻璃隔墙包括玻璃板、玻璃砖隔墙。

87. 下列轻质隔墙工程中，应进行甲醛释放复验的是：[2020-47]

A. 有机玻璃板　　B. 人造木板　　C. 纸面石膏板　　D. 水泥纤维板

【答案】　B

【说明】　8.1.3 轻质隔墙工程应对人造木板的甲醛释放量进行复验。

88. 下列不属于轻质骨架隔墙工程隐蔽验收项目的是：[2019-70]

A. 面板构造　　　　　　B. 龙骨安装

C. 填充材料的设置　　　　　　D. 木龙骨防火和防腐处理

【答案】　A

【说明】　8.1.4 轻质隔墙工程应对下列隐蔽工程项目进行验收：

1 骨架隔墙中设备管线的安装及水管试压；

2 木龙骨防火和防腐处理；

3 预埋件或拉结筋；

4 龙骨安装；

5 填充材料的设置。

89. 下列轻质隔墙工程的验收项目中，不属于隐蔽工程验收内容的是：[2021-51]

A. 隔墙中设备管线安装　　　　　　B. 木龙骨防火和防腐处理

C. 隔墙面板安装　　　　　　D. 预埋件或拉结筋

【答案】 C

【说明】 解析详见第 88 题。

90. 关于轻质隔墙工程，下列哪项表述正确？ [2008-50]

A. 同一品种的轻质隔墙工程每 50 间为一个检验批，不足 50 间也划分为一个检验批

B. 隔墙板材均应有相应性能等级的检测报告

C. 钢丝网水泥板墙的立面垂直度采用 2m 靠尺和塞尺检查

D. 板墙接缝的高低差采用 2m 靠尺检查

【答案】 A

【说明】 8.1.5 同一品种的轻质隔墙工程每 50 间应划分为一个检验批，不足 50 间也应划分为一个检验批，大面积房间和走廊可按轻质隔墙面积每 30m² 计为 1 间。

8.2.1 隔墙板材的品种、规格、颜色和性能应符合设计要求。(选项 B)

有隔声、隔热、阻燃和防潮等特殊要求的工程，板材应有相应性能等级的检验报告。

选项 C、D 详见 8.2.8 板材隔墙安装的允许偏差和检验方法应符合表 8.2.8(表 10-6)的规定。

表 10-6 板材隔墙安装的允许偏差和检验方法

项次	项目	允许偏差/mm				检验方法
		复合轻质墙板		石膏空心板	增强水泥板、混凝土轻质板	
		金属夹芯板	其他复合板			
1	立面垂直度	2	3	3	3	用 2m 垂直检测尺检查
2	表面平整度	2	3	3	3	用 2m 靠尺和塞尺检查
3	阴阳角方正	3	3	3	4	用 200mm 直角检测尺检查
4	接缝高低差	1	2	2	3	用钢直尺和塞尺检查

91. 骨架隔墙工程施工中，龙骨安装时应首先： [2013-61]

A. 固定竖向边框龙骨
B. 安装洞口边竖向龙骨
C. 固定沿顶棚、沿地面龙骨
D. 安装加强龙骨

【答案】 C

【说明】 8.3.2 条文说明：龙骨体系沿地面、顶棚设置的龙骨及边框龙骨，是隔墙与主体结构之间重要的传力构件，要求这些龙骨必须与基体结构连接牢固，垂直和平整，交接处平直，位置准确。由于这是骨架隔墙施工质量的关键部位，故应作为隐蔽工程项目加以验收。

92. 关于隔墙板材安装是否牢固的检验方法，正确的是： [2021-52]

A. 观察，手扳检查
B. 观察，尺量检查
C. 观察，施工记录检查
D. 用小锤轻击检查

【答案】 A

【说明】 8.3.5 骨架隔墙的墙面板应安装牢固，无脱层、翘曲、折裂及缺损。检验方法：观察；手扳检查。

93. 针对活动隔墙中，用于组装、推拉、制动的构配件，其主要质量检测方法不包括：[2020-48]

A. 手扳检查   B. 尺量检查

C. 手摸检查   D. 推拉检查

【答案】 C

【说明】 8.4.3 活动隔墙用于组装、推拉和制动的构配件应安装牢固、位置正确，推拉应安全、平稳、灵活。检验方法：尺量检查；手扳检查；推拉检查。

94. 无框玻璃板隔墙的受力爪件应与基体结构连接牢固，爪件的数量、位置应正确，爪件与玻璃板的连接应牢固，以下检查方法错误的是：[2022（05）-56]

A. 观察   B. 手推检查

C. 小锤轻击检查   D. 检查施工记录

【答案】 C

【说明】 8.5.4 无框玻璃板隔墙的受力爪件应与基体结构连接牢固，爪件的数量、位置应正确，爪件与玻璃板的连接应牢固。检验方法：观察；手推检查；检查施工记录。

95. 室内饰面板工程验收时应检查的文件和记录中，下列哪项表述是不准确的？[2012-54]

A. 饰面板工程的施工图、设计说明及其他设计文件

B. 材料的产品合格证书、性能检测报告、进场验收记录和复验报告

C. 饰面砖样板件的黏结强度检测报告

D. 隐蔽工程验收记录

【答案】 C

【说明】 9.1.2 饰面板工程验收时应检查下列文件和记录：

    1 饰面板工程的施工图、设计说明及其他设计文件；

    2 材料的产品合格证书、性能检验报告、进场验收记录和复验报告；

    3 后置埋件的现场拉拔检验报告；

    4 满粘法施工的外墙石板和外墙陶瓷板黏结强度检验报告；

    5 隐蔽工程验收记录；

    6 施工记录。

96. 必须对室内用花岗石材料性能指标进行复验的项目是：[2011-51，2004-51]

A. 耐腐蚀性   B. 吸湿性   C. 抗渗性   D. 放射性

【答案】 D

【说明】 9.1.3 饰面板工程应对下列材料及其性能指标进行复验：

    1 室内用花岗石板的放射性、室内人造木板的甲醛释放量；

    2 水泥基黏结料的黏结强度；

    3 外墙陶瓷板的吸水率；

    4 严寒和寒冷地区外墙陶瓷板的抗冻性。

97. 饰面板工程中，必须对以下哪种室内用的天然石材放射性质保进行复验？[2007-51]

A. 大理石   B. 花岗岩   C. 石灰石   D. 青石板

【答案】 B

98. 饰面板工程中，下列有关材料及性能指标进行复验的说法错误的是：[2019-74]

    A. 内墙陶瓷板的吸水率   B. 室内花岗岩板的放射性

    C. 水泥基黏结料的黏结强度   D. 室内用人造木板的甲醛释放量

【答案】 A

99. 饰面板工程应对下列材料性能指标进行复验的是：[2009-53]

    A. 粘贴用水泥的抗拉强度   B. 人造大理石的抗折强度

    C. 外墙陶瓷面砖的吸水率   D. 外墙花岗石的放射性

【答案】 C

【说明】 第97题～第99题解析详见第96题。

100. 饰面板工程应进行验收的隐蔽工程项目不包括：[2007-52]

    A. 防水节点   B. 结构基层   C. 预埋件   D. 连接节点

【答案】 B

【说明】 9.1.4 饰面板工程应对下列隐蔽工程项目进行验收：

    1 预埋件（或后置埋件）；

    2 龙骨安装；

    3 连接节点；

    4 防水、保温、防火节点；

    5 外墙金属板防雷连接节点。

101. 石板安装工程中，后置埋件必须满足设计要求的：[2010-53，2008-55]

    A. 现场抗扭强度   B. 现场抗剪强度

    C. 现场拉拔力   D. 现场抗弯强度

【答案】 C

【说明】 9.2.3 石板安装工程的预埋件（或后置埋件）、连接件的材质、数量、规格、位置、连接方法和防腐处理应符合设计要求。后置埋件的现场拉拔力应符合设计要求。石板安装应牢固。

102. 关于饰面板安装工程的说法，正确的是：[2017-52，2013-49]

    A. 对深色花岗石需做放射性复验

    B. 预埋件、连接件的材质、数量、规格、位置、连接方法和防腐处理应符合设计要求

    C. 饰面板的嵌缝材料需进行耐候性复验

    D. 饰面板与基体之间的灌注材料应有吸水率的复验报告

【答案】 B

【说明】 解析详见第101题。

103. 采用湿作业法施工的石板工程，石材应进行：[2012-55，2005-48]

    A. 防酸背涂处理   B. 防碱封闭处理   C. 防酸表涂处理   D. 防碱表涂处理

【答案】 B

【说明】 9.2.7 采用湿作业法施工的石板安装工程，石板应进行防碱封闭处理。石板与基体之间的灌注材料应饱满、密实。

104. 饰面砖工程中，下列材料及其性能指标不需要进行复验的是：[2020-49]

A. 水泥基黏结材料与所用外墙饰面砖的拉伸黏结强度

B. 外墙陶瓷饰面砖的吸水率

C. 室内用花岗石和瓷质饰面砖的放射性

D. 饰面砖的防火、保温材料的燃烧性能

【答案】 D

【说明】 10.1.3 饰面砖工程应对下列材料及其性能指标进行复验：

    1 室内用花岗石和瓷质饰面砖的放射性；

    2 水泥基黏结材料与所用外墙饰面砖的拉伸黏结强度；

    3 外墙陶瓷饰面砖的吸水率；

    4 严寒及寒冷地区外墙陶瓷饰面砖的抗冻性。

105. 饰面砖工程中，下列不属于隐蔽工程项目进行验收的是：[2020-50]

A. 基层   B. 防水层   C. 饰面砖   D. 基体

【答案】 C

【说明】 10.1.4 饰面砖工程应对下列隐蔽工程项目进行验收：1 基层和基体；2 防水层。

106. 下列关于内墙饰面砖粘贴工程的说法中，错误的是：[2019-075]

A. 内墙饰面砖粘贴应牢固

B. 内墙饰面砖表面与平整、洁净、色泽一致

C. 满粘法施工的内墙饰面砖所有部位均应无空鼓

D. 内墙饰面砖接缝应平直、光滑，填嵌应连续、密实

【答案】 C

【说明】 10.2.4 满粘法施工的内墙饰面砖应无裂缝，大面和阳角应无空鼓。

107. 石材外幕墙工程施工前，应进行的石材材料性能指标复验不含下列哪项？[2012-56]

A. 石材的抗弯强度   B. 寒冷地区石材的抗冻性

C. 花岗石的放射性   D. 石材的吸水率

【答案】 C

【说明】 11.1.3 幕墙工程应对下列材料及其性能指标进行复验：

    1 铝塑复合板的剥离强度；

    2 石材、瓷板、陶板、微晶玻璃板、木纤维板、纤维水泥板和石材蜂窝板的抗弯强度；严寒、寒冷地区石材、瓷板、陶板、纤维水泥板和石材蜂窝板的抗冻性；室内用花岗石的放射性；

    3 幕墙用结构胶的邵氏硬度、标准条件拉伸黏结强度、相容性试验、剥离黏结性试验；石材用密封胶的污染性；

    4 中空玻璃的密封性能；

    5 防火、保温材料的燃烧性能。

    选项 D 详见《建筑幕墙》(GB/T 21086—2007) 7.2.1.5 石材面板的吸水率：天然花岗岩小于或等于 0.6%，天然大理石小于或等于 0.5%，其他石材小于或等于 5%。

108. 下列幕墙工程材料的性能指标中，进场时需要进行复验的是：［2022（05）-57］

    A. 石材的防腐性能和抗压强度   B. 花岗石的放射性

    C. 结构胶的黏结强度   D. 中空玻璃的密封性能

【答案】 D

109. 下列幕墙工程材料的性能指标中，进场时无须进行复验的是：［2021-54］

    A. 石材的抗弯强度   B. 石材的防腐性能

    C. 铝塑复合板的剥离强度   D. 防火材料的燃烧性能

【答案】 B

110. 幕墙工程应对所用石材的性能指标进行复验，下列性能中哪项是规范未作要求的？［2004-52］

    A. 石材的抗压强度   B. 石材的抗弯强度

    C. 寒冷地区室外用石材的抗冻性   D. 室内用花岗岩的放射性

【答案】 A

111. 石材幕墙工程中应对材料及其性能复验的内容不包括：［2007-53］

    A. 石材的抗弯强度   B. 寒冷地区石材的抗冻性

    C. 结构胶的邵氏硬度   D. 结构胶的黏结强度

【答案】 D

112. 关于石材幕墙要求的说法，正确的是：［2013-52］

    A. 石材幕墙与玻璃幕墙、金属幕墙安装的垂直度允许偏差值不相等

    B. 应进行石材用密封胶的耐污染性指标复验

    C. 应进行石材的抗压强度复验

    D. 所有挂件采用不锈钢材料或镀锌铁件

【答案】 B

【说明】 第 108 题～第 112 题解析详见第 107 题。

113. 下列哪项不属于幕墙工程的隐蔽工程？［2010-55］

    A. 幕墙防雷连接节点   B. 硅酮结构胶的相容性试验

    C. 预埋件或后置埋件   D. 幕墙防火节点

【答案】 B

【说明】 11.1.4 幕墙工程应对下列隐蔽工程项目进行验收：

    1 预埋件或后置埋件、锚栓及连接件；

    2 构件的连接节点；

    3 幕墙四周、幕墙内表面与主体结构之间的封堵；

    4 伸缩缝、沉降缝、防震缝及墙面转角节点；

    5 隐框玻璃板块的固定；

    6 幕墙防雷连接节点；

    7 幕墙防火、隔烟节点；

    8 单元式幕墙的封口节点。

114. **不属于幕墙工程隐蔽验收的内容是:** [2013-50]

    A. 幕墙防雷连接节点   B. 幕墙内表面与主体结构之间的封堵

    C. 硅酮结构胶   D. 构件的连接节点

【答案】 C

【说明】 解析详见第 113 题。

115. **幕墙工程中,幕墙构架立柱的连接金属角码与其他连接件应采用螺栓连接,并应采取:** [2009-54]

    A. 防锈措施   B. 防腐措施

    C. 防火措施   D. 防松动措施

【答案】 D

【说明】 11.1.7 幕墙及其连接件应具有足够的承载力、刚度和相对于主体结构的位移能力。当幕墙构架立柱的连接金属角码与其他连接件应采用螺栓连接时,应有防松动措施。

116. **隐框及半隐框幕墙的结构黏结材料必须采用:** [2010-54]

    A. 中性硅酮结构密封胶   B. 硅酮耐候密封胶

    C. 弹性硅酮结构密封胶   D. 低发泡结构密封胶

【答案】 A

【说明】 11.1.8 玻璃幕墙采用中性硅酮结构密封胶时,其性能应符合现行国家标准《建筑用硅酮结构密封胶》(GB 16776) 的规定;硅酮结构密封胶应在有效期内使用。

117. **下列关于建筑玻璃幕墙设计说法错误的是:** [2020-51]

    A. 建筑设计单位对玻璃幕墙工程设计确认负责

    B. 对玻璃幕墙的防雷连接节点应进行隐蔽工程验收

    C. 不同金属材料接触时应采用绝缘垫片分隔

    D. 硅酮结构密封胶注胶应在现场进行

【答案】 D

【说明】 11.1.10 硅酮结构密封胶的注胶应在洁净的专用注胶室进行,且养护环境、温度、湿度条件应符合结构胶产品的使用规定。

118. **下列不属于玻璃幕墙工程施工验收质量验收的主控项目的是:** [2019-76]

    A. 玻璃幕墙表面质量

    B. 玻璃幕墙连接安装质量

    C. 金属框架和连接件的防腐处理

    D. 玻璃幕墙工程所有材料、构件和组件质量

【答案】 A

【说明】 11.2.1 玻璃幕墙工程主控项目应包括下列项目:

    1 玻璃幕墙工程所用材料、构件和组件质量;

    2 玻璃幕墙的造型和立面分格;

    3 玻璃幕墙主体结构上的埋件;

    4 玻璃幕墙连接安装质量;

    5 隐框或半隐框玻璃幕墙玻璃托条;

    6 明框玻璃幕墙的玻璃安装质量;

7 吊挂在主体结构上的全玻璃幕墙吊夹具和玻璃接缝密封；

8 玻璃幕墙节点、各种变形缝、墙角的连接点；

9 玻璃幕墙的防火、保温、防潮材料的设置；

10 玻璃幕墙防水效果；

11 金属框架和连接件的防腐处理；

12 玻璃幕墙开启窗的配件安装质量；

13 玻璃幕墙防雷。

119. 下列属于石材幕墙质量验收主控项目的是：［2010-51，2005-50］

A. 幕墙的垂直度   B. 幕墙表面的平整度

C. 板材上沿的水平度   D. 有防水要求的石材幕墙防水效果

【答案】 D

【说明】 11.4.1 石材幕墙工程主控项目应包括下列项目：

1 石材幕墙工程所用材料质量；

2 石材幕墙的造型、立面分格、颜色、光泽、花纹和图案；

3 石材孔、槽加工质量；

4 石材幕墙主体结构上的埋件；

5 石材幕墙连接安装质量；

6 金属框架和连接件的防腐处理；

7 石材幕墙的防雷；

8 石材幕墙的防火、保温、防潮材料的设置；

9 变形缝、墙角的连接节点；

10 石材表面和板缝的处理；

11 有防水要求的石材幕墙防水效果。

11.4.2 石材幕墙工程一般项目应包括下列项目：

1 石材幕墙表面质量；

2 石材幕墙的压条安装质量；

3 石材接缝、阴阳角、凸凹线、洞口、槽；

4 石材幕墙板缝注胶；

5 石材幕墙流水坡向和滴水线；

6 石材表面质量；

7 石材幕墙安装偏差。

120. 下列属于水性涂料的品种是：［2019-77］

A. 有机硅丙烯酸涂料   B. 聚氨酯丙烯酸涂料

C. 丙烯酸酯涂料   D. 无机涂料

【答案】 D

【说明】 12.1.1 本章适用于水性涂料涂饰、溶剂型涂料涂饰、美术涂饰等分项工程的质量验收。水性涂料包括乳液型涂料、无机涂料、水溶性涂料等；溶剂型涂料包括丙烯酸酯涂料、聚氨酯丙烯酸涂料、有机硅丙烯酸涂料、交联型氟树脂涂料等；美术涂饰包括套色涂饰、滚花涂饰、仿花纹涂饰等。

121. **在涂饰工程中，不属于溶剂型涂料的是：** [2013-54]

A. 合成树脂乳液涂料　　　　　B. 丙烯酸酯涂料

C. 聚氨酯丙烯酸涂料　　　　　D. 有机硅丙烯酸涂料

【答案】　A

【说明】　解析详见第120题。

122. **在混凝土或水泥类抹灰基层涂饰涂料前，基层应做的处理项目是：** [2011-52，2006-42]

A. 涂刷界面剂　　　　　　　　B. 涂刷耐水腻子

C. 涂刷抗酸封闭底漆　　　　　D. 涂刷抗碱封闭底漆

【答案】　D

【说明】　12.1.5-1 涂饰工程的基层处理应符合下列规定：新建筑物的混凝土或抹灰基层在用腻子找平或直接涂饰涂料前应涂刷抗碱封闭底漆。

123. **下列关于涂饰工程基层处理的方法，错误的是：** [2020 - 52]

A. 新建筑物的混凝土基层在用腻子找平后应涂刷抗碱封闭底漆

B. 既有建筑墙面在用腻子找平或直接涂饰涂料前应清除疏松的旧装修层，并涂刷界面剂

C. 找平层应平整、坚实、牢固，无粉化、起皮和裂缝

D. 厨房、卫生间墙面的找平层应使用耐水腻子

【答案】　A

【说明】　解析详见第122题。

124. **旧墙工程裱糊前，首先要清除疏松的旧装修层，同时还应采取下列哪项措施？** [2004-55]

A. 涂刷界面剂　　　　　　　　B. 涂刷抗碱封闭底漆

C. 涂刷封闭底胶　　　　　　　D. 涂刷耐酸封闭底漆

【答案】　A

【说明】　12.1.5-2 涂饰工程的基层处理应符合下列规定：既有建筑墙面在用腻子找平或直接涂饰涂料前应清除疏松的旧装修层，并涂刷界面剂。

125. **下列关于涂饰工程基层处理的说法，正确的是：** [2022（05）-55]

A. 混凝土基层直接涂刷水性涂料时，对其含水率无要求

B. 既有建筑墙面在用腻子找平或直接涂饰涂料前应清除疏松的旧装修层，并涂刷界面剂

C. 涂饰工程应在涂层完毕后及时进行质量验收

D. 水性涂料涂饰工程施工的环境温度应在 0～35℃

【答案】　B

【说明】　解析详见第124题。

126. **关于涂饰工程基层处理的说法中，错误的是：** [2021-55]

A. 新建筑物抹灰基层直接涂饰涂料前应涂刷抗碱封闭底漆

B. 既有建筑墙面直接涂饰涂料前应清除疏松的旧装修层

C. 混凝土基层直接涂刷水性涂料时，对其含水率无要求

D. 厨房、卫生间墙面的找平层应使用耐水腻子

【答案】　C

【说明】 12.1.5-3 涂饰工程的基层处理应符合下列规定：混凝土或抹灰基层在用溶剂型腻子找平或直接涂刷溶剂型涂料时，含水率不得大于 8%；在用乳液型腻子找平或直接涂刷乳液型涂料时，含水率不得大于 10%，木材基层的含水率不得大于 12%。

127. **在混凝土或抹灰基层涂刷溶剂型涂料时，基层含水率最大不得大于：**［2009-56］
    A. 5%   B. 8%   C. 10%   D. 12%
    【答案】 B

128. **在木材基层上涂刷涂料时，木材基层含水率的最大值为：**［2005-51］
    A. 8%   B. 9%   C. 12%   D. 14%
    【答案】 C
    【说明】 第 127 题、第 128 题解析详见第 126 题。

129. **关于涂饰工程施工的说法，正确的是：**［2013-53，2010-52］
    A. 旧墙面在涂饰前应涂刷抗碱界面处理剂
    B. 厨房墙面的找平层应使用耐水腻子
    C. 室内水性涂料涂饰施工的环境温度应为 0～35℃
    D. 用厚涂料的高级涂饰质量标准允许有少量轻微的泛碱、褪色
    【答案】 B
    【说明】 12.1.5-5 涂饰工程的基层处理应符合下列规定：厨房、卫生间墙面的找平层应使用耐水腻子。

130. **裱糊前基层处理的做法，错误的是：**［2019 - 078，2005-56］
    A. 抹灰基层含水率不得大于 8%
    B. 粉化的旧墙面应先除去粉化层
    C. 新建筑物的混凝土抹灰基层墙面在刮腻子前不宜刷涂抗碱封闭底漆
    D. 基层腻子应平整、坚实，无粉化、起皮、空鼓、酥松、裂缝和泛碱
    【答案】 C
    【说明】 13.1.4 - 1 裱糊工程应对基层封闭底漆、腻子、封闭底胶及软包内衬材料进行隐蔽工程验收。裱糊前，基层处理应达到下列规定：新建筑物的混凝土抹灰基层墙面在刮腻子前应涂刷抗碱封闭底漆。

131. **关于裱糊工程施工的说法，错误的是：**［2013-55］
    A. 壁纸的接缝允许在墙的阴角处
    B. 基层应保持干燥
    C. 旧墙面在裱糊前应清除疏松的旧装饰层，并涂刷界面剂
    D. 新建筑物混凝土基层应涂刷抗碱封闭底漆
    【答案】 B
    【说明】 13.1.4 - 3 裱糊工程应对基层封闭底漆、腻子、封闭底胶及软包内衬材料进行隐蔽工程验收。裱糊前，基层处理应达到下列规定：混凝土或抹灰基层含水率不得大于 8%；小材基层的含水率不得大于 12%。

132. **下列关于裱糊前基层处理的做法，错误的是：**［2022（05）- 58］
    A. 抹灰基层含水率不得大于 8%

B. 粉化的旧墙面应先除去粉化层

C. 基层平整度达到普通抹灰的要求

D. 新建筑物混凝土基层应涂刷抗碱封闭底漆

【答案】 C

【说明】 13.1.4-6 裱糊工程应对基层封闭底漆、腻子、封闭底胶及软包内衬材料进行隐蔽工程验收。裱糊前，基层处理应达到下列规定：基层表面平整度、立面垂直度及阴阳角方正应达到本标准第4.2.10条高级抹灰的要求。

133. 裱糊工程中裱糊后的壁纸出现起鼓或脱落，下述哪项原因分析是不正确的？［2006-44］

A. 基层未刷防潮层

B. 旧墙面疏松的旧装修层未清除

C. 基层含水率过大

D. 腻子与基层黏结不牢固或出现粉化、起皮

【答案】 A

【说明】 13.1.4 条文说明：基层质量直接影响裱糊质量，如腻子有粉化、起皮，或基层含水率过高，将会导致壁纸、墙布起泡、空鼓。

134. 裱糊工程施工时，基层含水率过大将导致壁纸：［2007-56］

A. 表面变色　　　　　　　　　　　B. 接缝开裂

C. 表面发花　　　　　　　　　　　D. 表面起鼓

【答案】 D

135. 以下哪项是造成抹灰基层上的裱糊工程质量不合格的关键因素？［2011-53］

A. 表面平整程度　　　　　　　　　B. 基层颜色是否一致

C. 基层含水率是否小于8%　　　　 D. 基层腻子有无起皮裂缝

【答案】 A

【说明】 13.1.4 条文说明：基层的表面平整度将会直接影响裱糊后的视觉效果，甚至会有放大缺陷的作用。故要求裱糊基层的平整度、立面垂直度及阴阳角方正应达到本标准第4.2.10条高级抹灰的要求。

136. 关于壁纸、墙布，下列哪项性能等级必须符合设计要求及国家现行标准的有关规定？［2008-56］

A. 燃烧性　　　　B. 防水性　　　　C. 防霉性　　　　D. 抗拉性

【答案】 A

【说明】 13.2.1 壁纸、墙布的种类、规格、图案、颜色和燃烧性能等级必须符合设计要求及国家现行标准的有关规定。

137. 门窗套制作与安装分项工程属于的子分部工程是：［2019-79］

A. 涂饰工程　　　B. 细部工程　　　C. 门窗工程　　　D. 裱糊与软包工程

【答案】 B

【说明】 14 细部工程/14.1 一般规定/14.1.1 本章适用于固定橱柜制作与安装、窗帘盒和窗台板制作与安装、门窗套制作与安装、护栏和扶手制作与安装、花饰制作与安装等分项工程的质量验收。

138. 固定橱柜的制作与安装分项工程属于的子分部工程是：［2020-54］

A. 涂饰工程

B. 裱糊与软包工程

C. 细部工程

D. 饰面板工程

【答案】 C

【说明】 解析详见第 137 题。

139. 护栏和扶手安装的允许偏差，下列哪项是不正确的？［2022（05）-52］

A. 护杆垂直度 3mm

B. 栏杆间距 +6mm，−6mm

C. 扶手直线度 4mm

D. 扶手高度 +6mm，0

【答案】 B

【说明】 14.5.7 护栏和扶手安装的允许偏差和检验方法应符合表 14.5.7（表 10-7）的规定。

表 10-7　　　　护栏和扶手安装的允许偏差和检验方法

项次	项目	允许偏差/mm	检验方法
1	护栏垂直度	3	用 1m 垂直检测尺检查
2	栏杆间距	0，−6	用钢尺检查
3	扶手直线度	4	拉通线，用钢直尺检查
4	扶手高度	+6，0	用钢尺检查

140. 下列有关安全和功能检测项目中，不属于幕墙子分部工程的是：［2008-54］

A. 玻璃幕墙的防雷装置

B. 硅酮结构胶的相容性和剥离黏结性

C. 幕墙后置埋件和槽式预埋件的现场拉拔力

D. 幕墙的气密性、水密性、耐风压性能及层间变形性能

【答案】 A

【说明】 15.0.6-2 子分部工程的质量验收应按《建筑工程施工质量验收统一标准》（GB 50300）的格式记录。子分部工程中各分项工程的质量均应验收合格，并应符合下列规定：应具备表 15.0.6（表 10-8）所规定的有关安全和功能的检测项目的合格报告。

表 10-8　　　　有关安全和功能的检验项目表

项次	子分部工程	检测项目
1	门窗工程	建筑外窗的气密性能、水密性能和抗风压性能
2	饰面板工程	饰面板后置埋件的现场拉拔力
3	饰面砖工程	外墙饰面砖样板及工程的饰面砖黏结强度
4	幕墙工程	（1）硅酮结构胶的相容性和剥离黏结性； （2）幕墙后置埋件和槽式预埋件的现场拉拔力； （3）幕墙的气密性、水密性、耐风压性能及层间变形性能

141. 建筑装饰装修工程为加强对室内环境的管理，规定进行控制的物质有：［2011-55］

A. 甲醛、酒精、氡、苯

B. 甲醛、氡、氨、苯

C. 甲醛、酒精、氨、苯   D. 甲醛、汽油、氡、苯

【答案】 B

【说明】 15.0.9 条文说明：近年来，我国政府逐步加强了对室内环境问题的管理，并正在将有关内容纳入技术法规。《民用建筑工程室内环境污染控制标准》（GB 50325）规定要对氡、甲醛、氨、苯及挥发性有机化合物进行控制，建筑装饰装修工程均应符合该规范的规定。

■《玻璃幕墙工程技术规范》（JGJ 102—2003）

142. 不符合玻璃幕墙安装规定的是：［2013-51］

     A. 玻璃幕墙的造型和立面分格应符合设计要求

     B. 玻璃幕墙的防雷装置必须与主体结构的防雷装置可靠连接

     C. 所有幕墙玻璃不得进行边缘处理

     D. 明框玻璃幕墙的玻璃与构件不得直接接触

【答案】 C

【说明】 3.4.4 幕墙玻璃应进行机械磨边处理，磨轮的目数应在 180 目以上。点支承幕墙玻璃的孔、板边缘均应进行磨边和倒棱，磨边宜细磨，倒棱宽度不宜小于 1mm。

143. 下列玻璃幕墙玻璃宜进行引爆处理？［2004-54］

     A. 夹层玻璃   B. 钢化玻璃

     C. 浮法玻璃   D. 镀膜玻璃

【答案】 B

【说明】 3.4.5 条文说明：浮法玻璃由于存在着肉眼不易看见的硫化镍结石，在钢化后这种结石随着时间的推移会发生晶态变化而可能导致钢化玻璃自爆。为了减少这种自爆，宜对钢化玻璃进行二次热处理，通常称为引爆处理或均质处理。

144. 玻璃幕墙使用的安全玻璃应是：［2009-55，2007-54］

     A. 平板玻璃   B. 镀膜玻璃

     C. 半钢化玻璃   D. 钢化玻璃

【答案】 D

【说明】 4.1.1 条文说明：框支承玻璃幕墙包括明框和隐框两种形式，是目前玻璃幕墙工程中应用最多的，本条规定是为了幕墙玻璃在安装和使用中的安全。安全玻璃一般指钢化玻璃和夹层玻璃。

145. 下列可使用于幕墙工程的安全玻璃是：［2008-57］

     A. 双层玻璃   B. 夹层玻璃

     C. 平板玻璃   D. 半钢化玻璃

【答案】 B

【说明】 解析详见第 144 题。

146. 对于隐框、半隐框幕墙所采用的结构黏结材料，下列说法不正确的是：［2005-49］

     A. 必须是中性硅酮结构密封胶

     B. 必须在有效期内使用

C. 结构密封胶的嵌缝宽度不得少于 6.0mm

D. 结构密封胶的施工温度应在 15～30℃

【答案】 C

【说明】 9.1.3 条文说明：玻璃幕墙构件加工场所应在室内，并要求清洁、干燥、通风良好，温度也应满足加工的需要，如北方的冬季应有采暖，南方的夏季应有降温措施等。对于硅酮结构密封胶的施工场所要求较严格，除要求清洁、无尘外，室内温度不宜低于 15℃，也不宜高于 27℃，相对湿度不宜低于 50%。硅酮结构胶的注胶厚度及宽度应符合设计要求，且宽度不得小于 7mm，厚度不得小于 6mm。

■ 《金属与石材幕墙工程技术规范》（JGJ 133—2001）

147. 石材幕墙工程中所用石材的吸水率应小于：［2008-53］

A. 0.5% 　　　 B. 0.6% 　　　 C. 0.8% 　　　 D. 0.9%

【答案】 C

【说明】 3.2.1 幕墙石材宜选用火成岩，石材吸水率应小于 0.8%。

148. 为保证石材幕墙的安全，必须采取双控措施：一是金属框架杆件和金属挂件的壁厚应经过设计计算确定，二是控制石材的：［2010-50］

A. 抗折强度最小值 　　　　 B. 弯曲强度最小值

C. 厚度最大值 　　　　　　 D. 吸水率最小值

【答案】 B

【说明】 3.2.2 花岗石板材的弯曲强度应经法定检测机构检测确定，其弯曲强度不应小于 8.0MPa。

149. 建筑幕墙工程中立柱和跨度大于 1.2m 横梁等主要受力构件，其铝合金型材和钢型材截面受力部分的最小壁厚分别不应小于：［2017-53，2006-55，2004-53，2003-48］

A. 2.0mm，3.5mm 　　　　 B. 3.0mm，3.5mm

C. 3.0mm，5.0mm 　　　　 D. 3.5mm，5.0mm

【答案】 B

【说明】 5.6.1-2 横梁截面主要受力部分的厚度，应符合下列规定：当跨度不大于 1.2m 时，铝合金型材横梁截面主要受力部分的厚度不应小于 2.5mm；当横梁跨度大于 1.2m 时，其截面主要受力部分的厚度不应小于 3mm，有螺钉连接的部分截面厚度不应小于螺钉公称直径。钢型材截面主要受力部分的厚度不应小于 3.5mm。

5.7.1 立柱截面的主要受力部分的厚度，应符合下列规定：

1 铝合金型材截面主要受力部分的厚度不应小于 3mm，采用螺纹受力连接时螺纹连接部位截面的厚度不应小于螺钉的公称直径；

2 钢型材截面主要受力部分的厚度不应小于 3.5mm。

150. 金属幕墙竖向板材直线度的检查，通常使用的工具为：［2005-55］

A. 钢直尺 　　　　　　　 B. 1m 水平尺

C. 垂直检测尺 　　　　　 D. 2m 靠尺和塞尺

【答案】 D

【说明】 8.0.4-7 幕墙抽样检查应符合下列规定：金属与石材幕墙的安装质量应符合表 8.0.4-6（表 10-9）的规定。

表 10 - 9　　　　　　　　　　　金属、石材幕墙安装质量

项　目		允许偏差/mm	检查方法
幕墙垂直度	幕墙高度不大于30m	≤10	激光经纬仪或经纬
	幕墙高度大于30m，不大于60m	≤15	
	幕墙高度大于60m，不大于90m	≤20	
	幕墙高度大于90m	≤25	
	竖向板材直线度	≤3	2m靠尺、塞尺
	横向板材水平度不大于2000mm	≤2	水平仪
	同高度相邻两根横向构件高度差	≤1	钢板尺、塞尺
幕墙横向水平度	不大于3m的层高	≤3	水平仪
	大于3m的层高	≤5	
分格框对角线差	对角线长不大于2000mm	≤3	3m钢卷尺
	对角线长大于2000mm	≤3.5	

■《住宅装饰装修工程施工规范》（GB 50327—2001）

151. 当设计未对墙面砖铺贴作要求时，施工中非整砖的使用宽度不宜小于整砖宽度的：〔2006-43〕

A.1/2　　　　　　B.1/3　　　　　　C.1/4　　　　　　D.1/5

【答案】　B

【说明】　12.3.1-2墙面砖铺贴应符合下列规定：铺贴前应进行放线定位和排砖，非整砖应排放在次要部位或阴角处。每面墙不宜有两列非整砖，非整砖宽度不宜小于整砖的1/3。

■建筑装饰装修其他

152. 下列哪项是正确的墙面抹灰施工程序？〔2010-44〕

A. 浇水湿润基层、墙面分层抹灰、做灰饼和设标筋、墙面检查与清理

B. 浇水湿润基层、做灰饼和设标筋、墙面分层抹灰、清理

C. 浇水湿润基层、做灰饼和设标筋、设阳角护角、墙面分层抹灰、清理

D. 浇水湿润基层、做灰饼和设标筋、墙面分层抹灰、设阳角护角、清理

【答案】　C

【说明】　正确的墙面抹灰施工程序应该是：浇水湿润基层、做灰饼和设标筋、设阳角护角、墙面分层抹灰、清理。

153. 水泥砂浆抹灰层的养护应处于：〔2010-46〕

A. 湿润条件　　　B. 干燥条件　　　C. 一定温度条件　　　D. 施工现场自然条件

【答案】　A

【说明】　因为水泥是水硬性材料，水泥砂浆抹灰层应喷水养护。

154. 关于抹灰工程的底层的说法，错误的是：〔2013-44〕

A. 主要作用有初步找平及与基层的黏结

B. 砖墙面抹灰的底层宜采用水泥石灰混合砂浆

C. 混凝土面的底层宜采用水泥砂浆

D. 底层一般分数遍进行

【答案】 D

【说明】 抹灰工程无论普通抹灰还是高级抹灰，底灰均为1层。

155. **将彩色石子直接抛到砂浆层，并使它们黏结在一起的施工方法是：**〔2013-47〕

A. 水刷石　　　　　B. 斩假石　　　　　C. 干粘石　　　　　D. 弹涂

【答案】 C

【说明】 干粘石做法（从内到外）：1：3水泥砂浆；1：1：1.5水泥石灰砂浆，按设计分格；刮水泥浆，干粘石压平实，石子粒径3～5mm。

156. **水溶性涂饰涂料具有的优点是：**〔2007-55〕

Ⅰ. 附着力强；Ⅱ. 省工省料；Ⅲ. 维修方便；Ⅳ. 耐老化；Ⅴ. 施工效率高

A. Ⅰ、Ⅲ、Ⅴ　　　B. Ⅱ、Ⅳ、Ⅴ　　　C. Ⅲ、Ⅳ、Ⅴ　　　D. Ⅱ、Ⅲ、Ⅴ

【答案】 D

【说明】 水溶性涂料是以水溶性树脂为基料，水为溶剂的涂料。树脂分子量低，亲水性强，固化时可通过自身的反应基团或加入固化剂与亲水基团反应。水溶性涂料因不含有机溶剂，所以施工安全，对人体无损害，但其性能较溶剂型涂料差。水溶性涂料价格低廉，且有一定的装饰性和保护性。生产工艺简单，原材料易得，优点是省工省料，维修方便，施工效率高，缺点是耐擦洗性不如乳胶漆，一般在10次以下，易起皮、脱落、开裂、起泡。

第十一章　建筑地面工程

■《建筑地面工程施工质量验收规范》（GB 50209—2010）

1. 建筑地面工程施工及质量验收时，整体面层地面属于：［2012-57］

A. 分部工程　　　B. 子分部工程　　　C. 分项工程　　　D. 没有规定

【答案】　B

【说明】　3.0.1 建筑地面工程子分部工程、分项工程的划分应按表3.0.1（表11-1）的规定执行。

表 11-1　　　　　　建筑地面工程子分部工程、分项工程的划分

分部工程	子分部工程		分　项　工　程
建筑装饰装修工程	地面	整体面层	基层：基土、灰土垫层、砂垫层和砂石垫层、碎石垫层和碎砖垫层、三合土及四合土垫层、炉渣垫层、水泥混凝土垫层和陶粒混凝土垫层、找平层、隔离层、填充层、绝热层
			面层：水泥混凝土面层、水泥砂浆面层、水磨石面层、硬化耐磨面层、防油渗面层、不发火（防爆）面层、自流平面层、涂料面层、塑胶面层、地面辐射供暖的整体面层
		板块面层	基层：基土、灰土垫层、砂垫层和砂石垫层、碎石垫层和碎砖垫层、三合土及四合土垫层、炉渣垫层、水泥混凝土垫层和陶粒混凝土垫层、找平层、隔离层、填充层、绝热层
			面层：砖面层（陶瓷锦砖、缸砖、陶瓷地砖和水泥花砖面层）、大理石面层和花岗石面层、预制板块面层（水泥混凝土板块、水磨石板块、人造石板块面层）、料石面层（条石、块石面层）、塑料板面层、活动地板面层、金属板面层、地毯面层、地面辐射供暖的板块面层
		木、竹面层	基层：基土、灰土垫层、砂垫层和砂石垫层、碎石垫层和碎砖垫层、三合土及四合土垫层、炉渣垫层、水泥混凝土垫层和陶粒混凝土垫层、找平层、隔离层、填充层、绝热层
			面层：实木地板、实木集成地板、竹地板面层（条材、块材面层）、实木复合地板面层（条材、块材面层）、浸渍纸层压木质地板面层（条材、块材面层）、软木类地板面层（条材、块材面层）、地面辐射供暖的木板面层

2. 下列选项中，不属于建筑地面工程子分部工程的是：［2017-54］

A. 地面面层　　　B. 整体面层　　　C. 板块面层　　　D. 木、竹面层

【答案】　A

【说明】　解析详见第1题。

3. 建筑地面工程采用的材料或产品无国家现行标准的，则需满足：〔2022（05）- 62，
2020 - 61〕

A. 省级住房和城乡建设行政主管部门的技术认可文件

B. 市（县）级住房和城乡建设行政主管部门的技术认可文件

C. 省级建材行业协会的相关的技术认可文件

D. 市（县）建材行业协会的相关的技术认可文件

【答案】 A

【说明】 3.0.3 建筑地面工程采用的材料或产品应符合设计要求和国家现行有关标准的
规定。无国家现行标准的，应具有省级住房和城乡建设行政主管部门的技术认可文件。
材料或产品进场时还应符合下列规定：

　　1 应有质量合格证明文件；

　　2 应对型号、规格、外观等进行验收，对重要材料或产品应抽样进行复验。

4. 建筑地面工程施工中，下列各材料铺设时环境温度的控制规定，错误的是：〔2012-
58〕

A. 采用掺有水泥、石灰的拌和料铺设时不应低于5℃

B. 采用石油沥青胶黏剂铺贴时不应低于5℃

C. 采用有机胶黏剂粘贴时不应低于10℃

D. 采用砂、石材料铺设时不应低于-5℃

【答案】 D

【说明】 3.0.11 建筑地面工程施工时，各层环境温度的控制应符合材料或产品的技术
要求，并应符合下列规定：

　　1 采用掺有水泥、石灰的拌和料铺设以及用石油沥青胶结料铺贴时，不应低
于5℃；

　　2 采用有机胶黏剂粘贴时，不应低于10℃；

　　3 采用砂、石材料铺设时，不应低于0℃；

　　4 采用自流平、涂料铺设时，不应低于5℃，也不应高于30℃。

5. 地面工程的结合层采用以下哪种材料时施工环境最低温度不应低于5℃？〔2011-56〕

A. 水泥拌和料　　　B. 砂料　　　　　　C. 石料　　　　　　　D. 有机胶黏剂

【答案】 A

【说明】 解析详见第4题。

6. 下列建筑地面变形缝的施工要求中，错误的是：〔2017 - 57〕

A. 沉降缝和防震缝，应与结构相应缝的位置一致

B. 沉降缝和防震缝内应以柔性密封材料填嵌

C. 伸缝应贯通建筑地面的各构造层

D. 缩缝不应贯通建筑地面的各构造层

【答案】 D

【说明】 3.0.16 建筑地面的变形缝应按设计要求设置，并应符合下列规定：

　　1 建筑地面的沉降缝、伸缝、缩缝和防震缝，应与结构相应缝的位置一致，且应贯通

建筑地面的各构造层；

　　2 沉降缝和防震缝的宽度应符合设计要求，缝内清理干净，以柔性密封材料填嵌后用板封盖，并应与面层齐平。

7. 建筑地面工程的分项工程施工质量检验时，认定为合格的质量标准的叙述，下列错误的是：〔2006-54〕

A. 主控项目 80% 以上的检查点（处）符合规定的质量标准

B. 一般项目 80% 以上的检查点（处）符合规定的质量要求

C. 其他检查点（处）不得有明显影响使用的质量缺陷

D. 其他检查点（处）的质量缺陷不得大于允许偏差值的 50%

【答案】　A

【说明】　3.0.22 建筑地面工程的分项工程施工质量检验的主控项目，应达到本规范规定的质量标准，认定为合格；一般项目 80% 以上的检查点（处）符合本规范规定的质量要求，其他检查点（处）不得有明显影响使用，且最大偏差值不超过允许偏差值的 50% 为合格。

8. 建筑地面工程施工及质量检验时，正确的是：〔2019-080〕

A. 塑料板面层应在管道试压完工前进行

B. 其分项工程施工质量验收检验仅有主控项

C. 各类面层的铺设宜在室内装修工程基本完工之前完成

D. 建筑施工企业自检合格后，由监理单位或建设单位组织验收

【答案】　D

【说明】　3.0.23 建筑地面工程的施工质量验收应在建筑施工企业自检合格的基础上，由监理单位或建设单位组织有关单位对分项工程、子分部工程进行检验。

　　3.0.20 各类面层的铺设宜在室内装饰工程基本完工后进行。木、竹面层、塑料板面层、活动地板面层、地毯面层的铺设，应待抹灰工程、管道试压等完工后进行。（选项 A、选项 C）

　　选项 B 详见 3.0.22。

9. 关于地面工程施工质量检验方法，错误的是：〔2020-56〕

A. 检查允许偏差应采用钢尺、直尺靠尺、楔形塞尺

B. 检查空鼓应采用敲击的方法

C. 检查防水隔离层应用喷淋方法

D. 检查各类面层（含不需铺设部分或局部面层）表面的裂纹、脱皮、麻面和起砂等缺陷，应采用观感的方法

【答案】　C

【说明】　3.0.24-3 检验方法应符合下列规定：检查防水隔离层应采用蓄水方法，蓄水深度最浅处不得小于 10mm，蓄水时间不得少于 24h；检查有防水要求的建筑地面的面层应采用泼水方法。

10. 有防水要求的建筑地（楼）面工程，防水材料铺设后，必须蓄水检验。其蓄水深度最浅处和蓄水时间应分别为：〔2006-41〕

A. 10mm，24h　　　　　　　　　　B. 20mm，24h

C. 10mm，48h   D. 20mm，48h

【答案】 A

11. **有防水要求的建筑地面在铺设防水材料后的蓄水检验中，下列哪条符合要求？**〔2004-56〕

A. 蓄水深度最浅处 20mm，28h 内无渗漏为合格

B. 蓄水深度最浅处 10mm，24h 内无渗漏为合格

C. 蓄水深度 35～45mm，12h 内无渗漏为合格

D. 蓄水深度大于 45mm，6h 内无渗漏为合格

【答案】 B

【说明】 第 11 题、第 12 题解析详见第 10 题。

12. **正对有防水要求的建筑地面，对其进行质量检验，说法错误的是：**〔2021-56〕

A. 采用钢尺检测允许偏差   B. 采用敲击法检查空鼓

C. 采用蓄水法检查防水隔离层   D. 通过靠尺检测面层表面起砂

【答案】 D

【说明】 3.0.24-4 检验方法应符合下列规定：检查各类面层（含不需铺设部分或局部面层）表面的裂纹、脱皮、麻面和起砂等缺陷，应采用观感的方法。

13. **下列关于建筑地面基层施工的说法，错误的是：**〔2022（05）-59〕

A. 基层铺设前，其下一层表面应干净、无积水

B. 当垫层、找平层、填充层内埋设暗管时，管道应按设计要求予以稳固

C. 垫层分段时，接槎为坡形

D. 接槎处不应设在地面荷载较大的部位

【答案】 C

【说明】 4.1.4 垫层分段施工时，接槎处应做成阶梯形，每层接槎处的水平距离应错开 0.5～1.0m。接槎处不应设在 地面荷载较大的部位。

14. **重要工程或大面积的建筑地面填土前，应取土样进行击实试验，通过击实试验可以确定：**〔2017-56〕

A. 填土土料   B. 填土天然含水量

C. 填土的最大干密度   D. 填土的分层压实遍数

【答案】 C

【说明】 4.2.4 填土时应为最优含水量。重要工程或大面积的地面填土前，应取土样，按击实试验确定最优含水量与相应的最大干密度。

15. **地面工程施工时，基土填土哪一种土不属于严禁采用的土？**〔2007-59〕

A. 耕植土   B. 含 5%有机质的土

C. 冻土   D. 膨胀土

【答案】 B

【说明】 4.2.5 基土不应用淤泥、腐殖土、冻土、耕植土、膨胀土和建筑杂物作为填土，填土土块的粒径不应大于 50mm。

16. 地面基层土应均匀密实，压实系数应符合设计要求，设计无要求时，最小不应小于：
[2010-56，2008-58]

A. 0.80　　　　B. 0.85　　　　C. 0.90　　　　D. 0.95

【答案】 C

【说明】 4.2.7 基土应均匀密实，压实系数应符合设计要求，设计无要求时，不应小于0.9。

17. 建筑地面灰土垫层中，与黏土(或粉质黏土、粉土)的拌和的材料是：[2017-55]

A. 生石灰　　　　B. 熟化石灰　　　　C. 水泥　　　　D. 沙子

【答案】 B

【说明】 4.3.1 灰土垫层应采用熟化石灰与黏土（或粉质黏土、粉土）的拌和料铺设，其厚度不应小于100mm。

18. 下列材料中，通常不用于灰土垫层的是：[2021-57]

A. 粉煤灰　　　　B. 生石膏　　　　C. 磨细生石灰粉　　　　D. 熟化石灰粉

【答案】 B

【说明】 解析详见第17题。

19. 不宜在冬季施工的垫层是：[2019-082]

A. 炉渣垫层　　　　B. 灰土垫层　　　　C. 三合土垫层　　　　D. 级配砂石垫层

【答案】 B

【说明】 4.3.5 灰土垫层不宜在冬期施工。当必须在冬期施工时，应采取可靠措施。

20. 关于建筑地面基层铺设的说法，错误的是：[2020-57]

A. 基层铺设前，其下一层表面应干净、无积水
B. 对软弱土层应按设计要求进行处理
C. 填土时应为最优含水量
D. 灰土垫层宜在冬期施工

【答案】 D

【说明】 解析详见第19题。

21. 下述对地面工程灰土垫层的要求中，错误的是：[2012-60]

A. 熟化石灰可采用粉煤灰代替
B. 可采用磨细生石灰与黏土按质量比拌和洒水堆放后施工
C. 基土及垫层施工后应防止受水浸泡
D. 应分层夯实并经湿润养护、晾干后方可进行下一道工序施工

【答案】 B

【说明】 4.3.6 条文说明：本条规定必须检查灰土垫层的体积比。当设计无要求时，一般常规提出熟化石灰与黏土的比例为3：7，并提出了检验方法、检查数量。

22. 在建筑地面工程中，下列哪项垫层的最小厚度为80mm? [2011-57]

A. 碎石垫层　　　　B. 砂垫层　　　　C. 炉渣垫层　　　　D. 水泥混凝土垫层

【答案】 C

【说明】 总结 4.4.1、4.5.1、4.6.1、4.7.1、4.8.2，见表 11-2。

表 11-2   建筑地面垫层最小厚度

垫层名称	垫层最小厚度/mm	垫层名称	垫层最小厚度/mm
砂垫层	60	四合土垫层	80
砂石垫层	100	炉渣垫层	80
碎石垫层	100	水泥混凝土垫层	60
碎砖垫层	100	陶粒混凝土垫层	80
三合土垫层	100		

23. 下述各地面垫层最小厚度可以小于 100mm 的是：［2012-59］

    A. 砂石垫层   B. 碎石垫层和碎砖垫层

    C. 三合土垫层   D. 炉渣垫层

【答案】 D

24. 地面垫层最小厚度不应小于 60mm 的是：［2009-58］

    A. 砂石垫层   B. 碎石垫层   C. 炉渣垫层   D. 水泥混凝土垫层

【答案】 D

25. 下列关于炉渣垫层的说法，正确的是：［2022（05）-60］

    A. 炉渣或水泥炉渣垫层的炉渣，使用前应浇水闷透

    B. 炉渣垫层的最小厚度为 60mm

    C. 炉渣垫层铺设可进行下一道工序施工

    D. 炉渣垫层施工过程中不应留施工缝

【答案】 A

【说明】 第 23 题～第 25 题解析详见第 22 题。选项 B、C、D 分别详见 4.7.1、4.7.3 和 4.7.4。

26. 地面工程中，三合土垫层的拌和材料除石灰、砂外还有：［2009-57］

    A. 碎砖   B. 碎石   C. 黏土   D. 碎混凝土块

【答案】 A

【说明】 4.6.1 三合土垫层应采用石灰、砂（可掺入少量黏土）与碎砖的拌和料铺设，其厚度不应小于 100mm；四合土垫层应采用水泥、石灰、砂（可掺少量黏土）与碎砖的拌和料铺设，其厚度不应小于 80mm。

27. 建筑地面三合土垫层拌和料中不包含：［2017-58］

    A. 水泥   B. 石灰

    C. 砂（可掺入少量黏土）   D. 碎砖

【答案】 A

28. 三合土垫层和四合土垫层相比，原材料中缺少的是：［2021-58］

    A. 水泥   B. 石灰   C. 砂   D. 碎砖

【答案】 A

【说明】 第 27 题、第 28 题解析详见第 26 题。

29. 当水泥混凝土垫层铺设在基土上，且气温长期处于 0℃ 以下时，设计无要求时，应设置：[2010-57，2008-59]

A. 缩缝　　　　　B. 沉降缝　　　　　C. 施工缝　　　　　D. 膨胀带

【答案】 A

【说明】 4.8.1 水泥混凝土垫层和陶粒混凝土垫层应铺设在基土上。当气温长期处于 0℃ 以下，设计无要求时，垫层应设置缩缝，缝的位置、嵌缝做法等应与面层伸、缩缝相一致，并应符合本规范 3.0.16 的规定。

30. 地面工程施工时，水泥混凝土垫层铺设在基土上，当气温长期处在哪种温度以下且设计无要求时，应设置缩缝？[2007-60，2006-55]

A. 0℃　　　　　B. 5℃　　　　　C. 10℃　　　　　D. 20℃

【答案】 A

【说明】 解析详见第 29 题。

31. 建筑地面工程施工中，在预制钢筋混凝土板上铺设找平层前应先填嵌板缝，下列填嵌板缝施工要求中哪项是错误的？[2012-61]

A. 板缝最小底宽不应小于 30mm

B. 当板缝底宽大于 40mm 时应按设计要求配置钢筋

C. 填缝采用强度等级不低于 C20 的细石混凝土

D. 填嵌时板缝内应清理干净并保持湿润

【答案】 A

【说明】 4.9.4-1 在预制钢筋混凝土板上铺设找平层前，板缝填嵌的施工应符合下列要求：预制钢筋混凝土板相邻缝底宽不应小于 20mm。

32. 下列楼地面施工做法的叙述中，错误的是：[2013-56]

A. 有防水要求的地面工程应对立管、套管、地漏与节点之间进行密封处理，并应进行隐蔽验收

B. 有防静电要求的整体地面工程，应对导电地网系统与接地引下线的连接进行隐蔽验收

C. 找平层采用碎石或卵石的粒径不应大于其厚度的 2/3

D. 预制板相邻板缝应采用水泥砂浆嵌填

【答案】 D

【说明】 4.9.4-3 在预制钢筋混凝土板上铺设找平层前，板缝填嵌的施工应符合下列要求：填缝应采用细石混凝土，其强度等级不应小于 C20。填缝高度应低于板面 10～20mm，且振捣密实；填缝后应养护。当填缝混凝土的强度等级达到 C15 后方可继续施工。

33. 建筑地面工程施工中，铺设防水隔离层时，下列施工要求错误的是：[2012-62]

A. 穿过楼板面的管道四周，防水材料应向上铺涂，并超过套管的上口

B. 在靠近墙面处，高于面层的铺涂高度为 100mm

C. 阴阳角应增加铺涂附加防水隔离层

D. 管道穿过楼板面的根部应增加铺涂附加防水隔离层

【答案】 B

【说明】 4.10.5 铺设隔离层时，在管道穿过楼板面四周，防水、防油渗材料应向上铺涂，并超过套管的上口；在靠近柱、墙处，应高出面层 200～300mm 或按设计要求的高度铺涂。阴阳角和管道穿过楼板面的根部应增加铺涂附加防水、防油渗隔离层。

34. 必须设置地面防水隔离层的建筑部位是：［2011-58］

　　A. 更衣室　　　　B. 厕浴间　　　　　C. 餐厅　　　　　　D. 客房

【答案】 B

【说明】 4.10.11 厕浴间和有防水要求的建筑地面必须设置防水隔离层。楼层结构必须采用现浇混凝土或整块预制混凝土板，混凝土强度等级不应小于 C20；房间的楼板四周除门洞外应做混凝土翻边，高度不应小于 200mm，宽同墙厚，混凝土强度等级不应小于 C20。施工时结构层标高和预留孔洞位置应准确，严禁乱凿洞。

35. 关于厕浴间地面的说法，错误的是：［2021-59］

　　A. 楼层结构可采用整块预制混凝土板

　　B. 现浇混凝土楼层板可不设置防水隔离层

　　C. 楼层结构的混凝土强度等级不应小于 C20

　　D. 房间楼板四周除门洞外应做混凝土翻边

【答案】 B

36. 有防水要求的建筑地面(含厕浴间)，下列哪条是错误的？［2003-56］

　　A. 设置了防水隔离层

　　B. 采用了现浇混凝土楼板

　　C. 楼板四周（除门洞外）做了不小于 60mm 高的混凝土翻边

　　D. 楼板混凝土强度等级不小于 C20

【答案】 C

【说明】 第 35 题、第 36 题解析详见第 34 题。

37. 下列建筑地面隔声垫铺设的做法中时，正确的是：［2019 - 81］

　　A. 隔声垫上部应设置保护层

　　B. 隔声垫保护膜之间应错缝搭接，不宜用胶带等封闭

　　C. 在柱、墙面的上翻高度应超出踢脚线一定高度

　　D. 包裹在管道四周时，上翻高度应超出卷向柱、墙面的高度

【答案】 A

【说明】 4.11.4 有隔声要求的楼面，隔声垫在柱、墙面的上翻高度应超出楼面 20mm，且应收口于踢脚线内。地面上有竖向管道时，隔声垫应包裹管道四周，高度同卷向柱、墙面的高度。隔声垫保护膜之间应错缝搭接，搭接长度应大于 100mm，并用胶带等封闭。

38. 设计无要求时，关于建筑物勒脚处绝热层铺设的说法，错误的是：[2017-59]

A. 当地区冻土深度不大于 500mm 时，应采用外保温做法

B. 当地区冻土深度大于 500mm 且不大于 1000mm 时，宜采用内保温做法

C. 当地区冻土深度大于 1000mm 时，应采用内保温做法

D. 当建筑物的基础有防水要求时，宜采用外保温做法

【答案】 D

【说明】 4.12.7-4 建筑物勒脚处绝热层的铺设应符合设计要求。设计无要求时，应符合下列规定：当建筑物的基础有防水要求时，宜采用内保温做法。

39. 关于建筑地面绝热层的说法，错误的是：[2021-61]

A. 有防水要求的地面，宜在防水隔离层验收合格后再铺设绝热层

B. 穿越地面进入非采暖保温区域的金属管道应采取隔断热桥的措施

C. 绝热层的材料宜采用松散型材料或抹灰浆料

D. 有地下室的建筑，地上、地下交界部位楼板的绝热层应采用外保温做法

【答案】 C

【说明】 4.12.8 绝热层的材料不应采用松散型材料或抹灰浆料。

40. 铺设整体地面面层时，其水泥类基层的抗压强度最低不得小于：[2010-58，2007-61]

A. 1.0MPa　　　　B. 1.2MPa　　　　C. 1.5MPa　　　　D. 1.8MPa

【答案】 B

【说明】 5.1.2 铺设整体面层时，水泥类基层的抗压强度不得小于 1.2MPa；表面应粗糙、洁净、湿润并不得有积水。铺设前宜凿毛或涂刷界面剂。硬化耐磨面层、自流平面层的基层处理应符合设计及产品的要求。

41. 地面工程中，水泥混凝土整体面层错误的做法是：[2010-62，2008-60]

A. 强度等级不应小于 C20　　　　　　B. 铺设时不得留施工缝

C. 养护时间不少于 3d　　　　　　　　D. 抹平应在水泥初凝前完成

【答案】 C

【说明】 5.1.4 整体面层施工后，养护时间不应少于 7d；抗压强度应达到 5MPa 后方准上人行走；抗压强度应达到设计要求后，方可正常使用。

42. 建筑地面工程中水泥类整体面层施工后，养护时间不应小于：[2006-57，2005-57]

A. 3d　　　　　　B. 7d　　　　　　C. 14d　　　　　　D. 28d

【答案】 B

43. 建筑地面水泥砂浆整体面层施工后，允许上人行走时的抗压强度不应小于：[2019-084]

A.15MPa　　　　B.12MPa　　　　C.10MPa　　　　D.5MPa

【答案】 D

【说明】 第 42 题、第 43 题解析详见第 41 题。

44. 地面工程中，关于水泥混凝土整体面层，下述做法哪项不正确？[2007-58]

A. 强度等级不应小于 C20　　　　　　B. 铺设时不得留施工缝

C. 养护时间不少于 7d　　　　　　　　D. 抹平应在水泥终凝前完成

【答案】 D

【说明】 5.1.6 水泥类整体面层的抹平工作应在水泥初凝前完成，压光工作应在水泥终凝前完成。

45. **水泥砂浆地面面层的允许偏差检验，下列哪项是不正确的？** ［2003-57］

A. 表面平整度 4mm

B. 踢脚线上口平直 8mm

C. 缝格顺直 3mm

D. 上列检验方法分别采用 2m 靠尺或拉 5m 线

【答案】 B

【说明】 5.1.7 整体面层的允许偏差和检验方法应符合表 11-3 的规定。

表 11-3　　　　　　　　　　整体面层的允许偏差和检验方法

项次	项目	允 许 偏 差/mm									检验方法
		水泥混凝土面层	水泥砂浆面层	普通水磨石面层	高级水磨石面层	硬化耐磨面层	防油渗混凝土和不发火（防爆）面层	自流平面层	涂料面层	塑胶面层	
1	表面平整度	5	4	3	2	4	5	2	2	2	用 2m 靠尺和楔形塞尺检查
2	踢脚线上口平直	4	4	3	3	4	4	3	3	3	拉 5m 线和用钢尺检查
3	缝格顺直	3	3	3	2	3	3	2	2	2	

46. **整体面层质量检验中，不能使用钢尺的是：** ［2020-59］

A. 水泥砂浆面层踢脚线上口平直度

B. 硬化耐磨面层表面平整度

C. 自流平面层缝格顺直

D. 水泥混凝土面层楼梯、台阶踏步的宽度、高度

【答案】 B

【说明】 解析详见第 45 题。

47. **关于水泥混凝土面层铺设，下列正确的说法是：** ［2005-58］

A. 不得留施工缝

B. 在适当的位置留施工缝

C. 可以铺设在混合砂浆垫层之上

D. 水泥混凝土面层兼垫层时，其强度等级不应小于 C15

【答案】 A

【说明】 5.2.2 水泥混凝土面层铺设不得留施工缝。当施工间隙超过允许时间规定时，应对接槎处进行处理。

　　选项 C 详见第 22 题。选项 D 详见《建筑地面设计规范》(GB50037—2013) 4.2.5，混凝土垫层的强度等级不应低于 C15，当垫层兼面层时，强度等级不应低于 C20。

48. 楼层梯段相邻踏步高度差不应大于：[2006-59]

    A. 5mm   B. 10mm   C. 15mm   D. 20mm

【答案】 B

【说明】 总结 5.2.10、5.3.10、5.4.14、5.9.9、6.2.11、6.3.10、6.4.13 得：楼梯、台阶踏步的宽度、高度应符合设计要求。楼层梯段相邻踏步高度差不应大于 10mm；每踏步两端宽度差不应大于 10mm，旋转楼梯梯段的每踏步两端宽度的允许偏差不应大于 5mm。踏步面层应做防滑处理，齿角应整齐，防滑条应顺直、牢固。

49. 水泥混凝土楼梯踏步的施工质量，下列哪条不符合规定？[2004-62]

    A. 踏步面层的齿角应整齐

    B. 相邻踏步高度差不应大于 20mm

    C. 每踏步两端宽度差不应大于 10mm

    D. 旋转楼梯每步踏步的两端宽度的允许偏差不应大于 5mm

【答案】 B

【说明】 解析详见第 48 题。

50. 建筑地面工程中的水泥砂浆面层，当拌和料采用石屑取代中粗砂时，下列哪项不正确？[2006-58]

    A. 水泥可采用混合水泥   B. 水泥强度等级不应小于 32.5

    C. 石屑粒径应为 1～5mm   D. 石屑含泥量不应大于 3%

【答案】 A

【说明】 5.3.2 水泥宜采用硅酸盐水泥、普通硅酸盐水泥，不同品种、不同强度等级的水泥不应混用；砂应为中粗砂，当采用石屑时，其粒径应为 1～5mm，且含泥量不应大于 3%；防水水泥砂浆采用的砂或石屑，其含泥量不应大于 1%。

51. 下列做法中，建筑地面水泥砂浆或者水泥混凝土整体面层施工时，正确的是：[2019-083]

    A. 不同强度等级的水泥可以混用

    B. 表面平整度的允许偏差为 10mm

    C. 水泥砂浆的体积比应符合设计要求

    D. 水泥混凝土面层铺设时应留施工缝

【答案】 C

【说明】 5.3.4 水泥砂浆的体积比（强度等级）应符合设计要求，且体积比应为 1：2，强度等级不应小于 M15。

    选项 A 详见 5.3.2，选项 B 详见 5.1.7，选项 D 详见 5.2.2。

52. 关于水磨石地面面层，下述要求中错误的是：[2011-59]

    A. 拌和料采用体积比

    B. 浅色的面层应采用白水泥

    C. 普通水磨石面层磨光遍数不少于 3 遍

    D. 防静电水磨石面层拌和料应掺入绝缘材料

【答案】 D

【说明】 5.4.1 水磨石面层应采用水泥与石粒拌和料铺设，有防静电要求时，拌和料内应按设计要求掺入导电材料。面层厚度除有特殊要求外，宜为 12～18mm，且宜按石粒粒径确定。水磨石面层的颜色和图案应符合设计要求。

53. 水磨石地面面层的厚度在正常情况下宜为：[2009-59]

    A. 2～5mm   B. 5～12mm   C. 12～18mm   D. 18～25mm

    【答案】 C

54. 水磨石地面面层的施工，下列哪条不正确？[2004-58]

    A. 水磨石面层厚度除有特殊要求外，不宜小于 25mm

    B. 白色或浅色水磨石面层应用白水泥

    C. 水磨石面层的水泥与石粒体积配合比为 1：1.5～1：2.5

    D. 普通水磨石面层磨光遍数不少于 3 遍

    【答案】 A

    【说明】 第 53 题、第 54 题解析详见第 52 题。

55. 彩色水磨石地坪中颜料的适宜掺入量占水泥的质量百分比为：[2005-59]

    A. 1%～3%   B. 2%～4%   C. 3%～6%   D. 4%～8%

    【答案】 C

    【说明】 5.4.2 白色或浅色的水磨石面层应采用白水泥；深色的水磨石面层宜采用硅酸盐水泥、普通硅酸盐水泥或矿渣硅酸盐水泥；同颜色的面层应使用同一批水泥。同一彩色面层应使用同厂、同批的颜料；其掺入量宜为水泥质量的 3%～6% 或由试验确定。

56. 建筑地面工程中的防油渗混凝土面层，在编制施工组织设计确定施工质量控制措施时，下列哪项不正确？[2006-61]

    A. 应按厂房柱网分区段浇筑   B. 分区段面积不宜大于 50m²

    C. 面层内不得敷设管线   D. 面层内配置的钢筋在分区段缝处不应断开

    【答案】 B

    【说明】 5.6.4 防油渗混凝土面层应按厂房柱网分区段浇筑，区段划分及分区段缝应符合设计要求。

57. 在面层中不得敷设管线的整体楼地面面层是：[2022(05) - 64,2020 - 58,2013-57]

    A. 硬化耐磨面层   B. 防油渗混凝土面层   C. 水泥混凝土面层   D. 自流平面层

    【答案】 B

    【说明】 5.6.5 防油渗混凝土面层内不得敷设管线。露出面层的电线管、接线盒、预埋套管和地脚螺栓等的处理，以及与墙、柱、变形缝、孔洞等连接处泛水均应采取防油渗措施并应符合设计要求。

58. 下列关于防油渗面层地面的说法，错误的是：[2022（05）-61]

    A. 防油渗混凝土面层应按厂房柱网分区段浇筑

    B. 防油渗混凝土不能采用普通硅酸盐水泥

    C. 防油渗混凝土强度等级不应小于 C30

    D. 防油渗混凝土碎石应采用花岗石或石英石

    【答案】 B

59. 建筑地面工程中的不发火（防爆的）面层，在原材料选用和配制时，下列哪项不正确？
［2006-62］

A. 采用的碎石以金属或石料撞击时不发生火花

B. 砂的粒径宜为 0.15～5mm

C. 面层分格的嵌条应采用不发生火花的材料

D. 配制时应抽查

【答案】 D

【说明】 5.7.4 不发火（防爆）面层中碎石的不发火性必须合格；砂应质地坚硬、表面粗糙，其粒径应为 0.15～5mm，含泥量不应大于 3%，有机物含量不应大于 0.5%；水泥应采用硅酸盐水泥、普通硅酸盐水泥；面层分格的嵌条应采用不发生火花的材料配制。配制时应随时检查，不得混入金属或其他易发生火花的杂质。

60. 下列不发火（防爆）面层的施工要求中，错误的是：［2017-60］

A. 面层采用的材料和硬化后的试件，应做不发火试验

B. 在原材料加工和配制时按材料进场批次逐批检查

C. 砂应质地坚硬、表面粗糙

D. 水泥应采用硅酸盐水泥、普通硅酸盐水泥

【答案】 B

【说明】 解析详见第 59 题。

61. 下列拌和物，不作为自流平面层使用的是：［2020-62］

A. 水泥基　　　　B. 石膏基　　　　C. 灰钙基　　　　D. 环氧树脂基

【答案】 C

【说明】 5.8.1 自流平面层可采用水泥基、石膏基、合成树脂基等拌和物铺设。

62. 关于地面辐射供暖系统的说法，错误的是：［2017-61］

A. 地面辐射热供暖系统包含绝热层、隔离层、供暖做法、填充层等

B. 绝热层的材料下不应采用抹灰保温砂浆

C. 整体面层应在填充层上铺设

D. 整体面层不应采用水泥混凝土或水泥砂浆

【答案】 D

【说明】 5.11.1 地面辐射供暖的整体面层宜采用水泥混凝土、水泥砂浆等，应在填充层上铺设。

63. 铺设板块地面的结合层和板块间的填缝应采用：［2009-60］

A. 水泥砂浆　　　B. 混合砂浆　　　　C. 嵌缝膏泥　　　　D. 细石混凝土

【答案】 A

【说明】 6.1.3 铺设板块面层的结合层和板块间的填缝采用水泥砂浆时，应符合下列规定：

　　1 配制水泥砂浆应采用硅酸盐水泥、普通硅酸盐水泥或矿渣硅酸盐水泥；

2 配制水泥砂浆的砂应符合现行行业标准《普通混凝土用砂、石质量及检验方法标准》(JGJ 52) 的有关规定；

3 水泥砂浆的体积比（或强度等级）应符合设计要求。

64. 地面工程施工时，铺设板块面层的结合层应采用：［2007-62］

A. 水泥砂浆　　B. 水泥混合砂浆　　C. 石灰砂浆　　D. 水泥石灰砂浆

【答案】 A

【说明】 6.1.5 铺设水泥混凝土板块、水磨石板块、人造石板块、陶瓷锦砖、陶瓷地砖、缸砖、水泥花砖、料石、大理石、花岗石等面层的结合层和填缝材料采用水泥砂浆时，在面层铺设后，表面应覆盖、湿润，养护时间不应少于 7d。当板块面层的水泥砂浆结合层的抗压强度达到设计要求后，方可正常使用。

65. 板块类踢脚线施工时不得采用混合砂浆打底，是为了防止板块类踢脚线出现下述哪种现象？［2005-60］

A. 泛碱　　　　B. 空鼓　　　　C. 翘曲　　　　D. 脱落

【答案】 B

【说明】 6.1.7 条文说明：本条主要是为防治板块类踢脚线的空鼓。

66. 下列关于大理石、花岗石楼地面面层施工的说法中，错误的是：［2013-58］

A. 面层应铺设在结合层上

B. 板材的放射性限量合格检测报告是质量验收的主控项目

C. 在板材的背面、侧面应进行防碱处理

D. 整块面层与碎拼面层的表面平整度允许偏差值相等

【答案】 D

【说明】 6.1.8 板块面层的允许偏差和检验方法应符合表 11-4 的规定。

表 11-4　　　　　　　　　板块面层的允许偏差和检验方法

| 项次 | 项目 | 允许偏差/mm | | | | | | | | | | | 检验方法 |
		陶瓷锦砖面层、高级水磨石板、陶瓷地砖面层	缸砖面层	水泥花砖面层	水磨石板块面层	大理石面层、花岗石面层、人造石面层、金属板面层	塑料板面层	水泥混凝土板块面层	碎拼大理石、碎拼花岗石面层	活动地板面层	条石面层	块石面层	
1	表面平整度	2.0	4.0	3.0	3.0	1.0	2.0	4.0	3.0	2.0	10	10	用 2m 靠尺和楔形塞尺检查
2	缝格平直	3.0	3.0	3.0	3.0	2.0	3.0	3.0	—	2.5	8.0	8.0	拉 5m 线和用钢尺检查
3	接缝高低差	0.5	1.5	0.5	1.0	0.5	0.5	1.5	—	0.4	2.0	—	用钢尺和楔形塞尺检查

项次	项目	允许偏差/mm											检验方法
		陶瓷锦砖面层、高级水磨石板、陶瓷地砖面层	缸砖面层	水泥花砖面层	水磨石板块面层	大理石面层、花岗石面层、人造石面层、金属板面层	塑料板面层	水泥混凝土面层	碎拼大理石、碎拼花岗石面层	活动地板面层	条石面层	块石面层	
4	踢脚线上口平直	3.0	4.0	—	4.0	1.0	2.0	4.0	1.0	—	—	—	拉5m线和用钢尺检查
5	板块间隙宽度	2.0	2.0	2.0	2.0	1.0	—	6.0	—	0.3	5.0	—	用钢尺检查

67. 下列关于大理石、花岗石楼地面面层施工的说法，错误的是：［2022（05）-65］

A. 面层应铺设在结合层上

B. 板材的放射性限量合格检测报告是质量验收的主控项目

C. 在板材的背面、侧面应进行防碱处理

D. 整块面层与碎拼面层的表面平整度允许偏差值相等

【答案】 D

68. 下列块材面层地面的表面平整度哪项不正确？［2004-60］

A. 水泥花砖，3.0mm B. 水磨石板块，3.0mm

C. 大理石（或花岗石），2.0mm D. 缸砖，4.0mm

【答案】 C

69. 大理石（或花岗石）地面面层的接缝高低差，下列哪项正确？［2004-61］

A. 0.5mm B. 0.8mm C. 1.0mm D. 1.2mm

【答案】 A

70. 大理石(含花岗石)地面、楼梯踏步面层的施工，下列哪条是不符合规定的？［2003-62］

A. 地面的表面平整度不大于1mm

B. 地面接缝高低差不大于1mm

C. 楼梯踏步相邻两步高度差不大于10mm

D. 楼梯踏步和台阶板块的缝隙宽度应一致

【答案】 B

71. 大理石(或花岗石)块材面层施工时，下列哪条是不正确的？［2003-60］

A. 铺设前应将板材浸湿、晾干

B. 控制块材面层的缝格平直，5m线内的偏差不大于2mm

C. 板块间隙宽度不大于2mm

D. 如发现块材有裂缝、掉角、翘曲要剔除

【答案】 C

【说明】 第 67 题~第 71 题解析详见第 66 题。

72. **磨光花岗石板材不得用于室外地面的主要原因是:** [2009-61]

　　A. 易遭受机械作用破坏　　　　　　B. 易滑伤人

　　C. 易受大气作用风化　　　　　　　D. 易造成放射性超标

【答案】 B

【说明】 6.3.1 条文说明:本条提出大理石面层、花岗石面层应在结合层上铺设。鉴于大理石为石灰岩,用于室外易风化;磨光板材用于室外地面易滑伤人。因此,未经防滑处理的磨光大理石、磨光花岗石板材不得用于散水、踏步、台阶、坡道等地面工程。

73. **下列板块地面大理石面层和花岗岩面层的施工要求中,错误的是:** [2017-62]

　　A. 铺设前应根据石材颜色、花纹、图案、纹理等,按设计要求试拼编号

　　B. 铺设的背面和侧面应进行防碱处理

　　C. 铺设前板材应浸湿、晾干

　　D. 结合层与板材不应分段铺设

【答案】 D

【说明】 6.3.3 铺设大理石、花岗石面层前,板材应浸湿、晾干;结合层与板材应分段同时铺设。

74. **下列建筑地面板块面层材料中,进入施工现场时需要提供放射性限量合格检测报告的是:** [2021-60,2020-60]

　　A. 大理石面层　　　　　　　　　　B. 地毯面层

　　C. 金属板面层　　　　　　　　　　D. 塑料板面层

【答案】 A

【说明】 6.3.5 大理石、花岗石面层所用板块产品进入施工现场时,应有放射性限量合格的检测报告。

75. **要求不导电的水磨石面层应采用的料石是:** [2011-60,2009-62]

　　A. 花岗岩　　　　B. 大理石　　　　C. 白云岩　　　　D. 辉绿岩

【答案】 D

【说明】 6.5.3 不导电的料石面层的石料应采用辉绿岩石加工制成。填缝材料也采用辉绿岩石加工的砂嵌实。耐高温的料石面层的石料,应按设计要求选用。

76. **针对板块地面面层中板块间缝隙的施工,不能采用水泥砂浆填缝的是:** [2021-62]

　　A. 水泥混凝土板块面层　　　　　　B. 水磨石板块面层

　　C. 人造石板块面层　　　　　　　　D. 不导电的料石面层

【答案】 D

【说明】 解析详见第 75 题。

77. **建筑地面工程施工中,塑料板面层采用焊接接缝时,其焊缝的抗拉强度应不小于塑料板强度的百分比为:** [2005-61]

A. 75%　　　　B. 80%　　　　C. 85%　　　　D. 90%

【答案】 A

【说明】 6.6.12 板块的焊接，焊缝应平整、光洁，无焦化变色、斑点、焊瘤和起鳞等缺陷，其凹凸允许偏差不应大于 0.6mm。焊缝的抗拉强度应不小于塑料板强度的 75%。

78. 一般情况下，有防尘和防静电要求的专业用房的建筑地面工程最好是采用：［2011-61］
    A. 活动地板面层　　B. 塑料板面层　　C. 大理石面层　　　D. 花岗石面层

【答案】 A

【说明】 6.7.1 活动地板面层宜用于有防尘和防静电要求的专业用房的建筑地面。应采用特制的平压刨花板为基材，表面可饰以装饰板，底层应用镀锌板经黏结胶合形成活动地板块，配以横梁、橡胶垫条和可供调节高度的金属支架组装成架空板，应在水泥类面层（或基层）上铺设。

79. 下列建筑地面板块类地面的铺设方法中，错误的是：［2019 - 85］
    A. 活动地板面层应在结合层上铺设
    B. 塑料板面层应在水泥类基层上铺设
    C. 大理石、花岗岩面层应在结合层上铺设
    D. 地面辐射供暖的板块面层应在填充层上铺设

【答案】 A

80. 计算机房对建筑装饰装修基本的特殊要求是：［2007-57］
    A. 防尘、防静电　B. 防辐射、屏蔽　　　C. 光学、绝缘　　　D. 声学、屏蔽

【答案】 A

【说明】 第 79 题、第 80 题解析详见第 78 题。

81. 下列活动地板施工质量要求的说法中，错误的是：［2013-59］
    A. 面层应排列整齐、接缝均匀、周边顺直
    B. 与柱、墙面接缝处的处理应符合设计要求
    C. 面层应采用标准地板，不得镶拼
    D. 在门口或预留洞口处应按构造要求做加强处理

【答案】 C

【说明】 6.7.7 当活动地板不符合模数时，其不足部分可在现场根据实际尺寸将板块切割后镶补，并应配装相应的可调支撑和横梁。切割边不经处理不得镶补安装，并不得有局部膨胀变形情况。

82. 关于活动地板的构造做法，错误的是：［2010-59］
    A. 活动地板所有的支座柱和横梁应构成框架一体，并与基层连接牢固
    B. 活动地板块应平整、坚实，面层承载力不得小于规定数值
    C. 当活动地板不符合模数时，在现场根据实际尺寸切割板块后即可镶补安装
    D. 在预留洞口处，活动地板块四周侧边应用耐磨硬质板材封闭或用镀锌钢板包裹，胶条封边应符合耐磨要求

【答案】 C

【说明】 解析详见第81题。

83. 关于地面工程施工中活动地板的表述,下列哪项不正确? [2008-61]

A. 活动地板所有的支架柱和横梁应构成框架一体,并与基层连接牢固

B. 活动地板块应平整、坚实

C. 当活动地板不符合模数时,可在现场根据实际尺寸将板块切割后镶补,切割边必须经处理

D. 活动地板在门口或预留洞口处,其四周侧边应用同色木质板材封闭

【答案】 D

【说明】 6.7.8 活动地板在门口处或预留洞口处应符合设置构造要求,四周侧边应用耐磨硬质板材封闭或用镀锌钢板包裹,胶条封边应符合耐磨要求。

84. 防静电活动地板施工质量验收内容不包括: [2022(05)-63]

A. 地板的型式检验报告、出厂检验报告、出厂合格证

B. 地板面层是否安装牢固

C. 地板面层是否无裂纹、掉角和缺棱等缺陷

D. 地板防雷系统敷设

【答案】 D

【说明】 6.7.11 活动地板应符合设计要求和国家现行有关标准的规定,且应具有耐磨、防潮、阻燃、耐污染、耐老化和导静电等性能。

检验方法:观察检查和检查型式检验报告、出厂检验报告、出厂合格证。

检查数量:同一工程、同一材料、同一生产厂家、同一型号、同一规格、同一批号检查一次。

6.7.12 活动地板面层应安装牢固,无裂纹、掉角和缺棱等缺陷。

检验方法:观察和行走检查。

检查数量:按本规范3.0.21规定的检验批检查。

85. 地面工程施工中,竹地板面层必须进行的处理不包括: [2010-60,2008-62]

A. 防潮　　　　B. 防火　　　　C. 防腐　　　　D. 防蛀

【答案】 B

【说明】 7.1.2 条文说明:木、竹地板面层构成的各类木搁栅、垫木、垫层地板等材板质量应符合《木结构工程施工质量验收规范》(GB 50206)的要求。木、竹地板面层构成的各层木、竹材料(含免刨、免漆类产品)除达到设计选材质量等级要求外,应严格控制其含水率限值和防腐、防蛀等要求。根据地区自然条件,含水率限制应为8%～13%;防腐、防蛀、防潮的处理不应采用沥青类处理剂,所选处理剂产品的技术质量标准应符合现行国家标准《民用建筑工程室内环境污染控制标准》(GB 50325)的规定。

86. 硬木地板面层的表面平整度,下列哪项符合规范要求? [2004-59]

A. 2.0mm(用2m靠尺和楔形塞尺检查)

B. 3.0mm(用2m靠尺和楔形塞尺检查)

C. 4.0mm(用5m通线和钢尺检查)

D. 5.0mm(用5m通线和钢尺检查)

【答案】 A

【说明】 7.1.8 木、竹面层的允许偏差和检验方法应符合表7.1.8（表11-5）的规定。

表 11-5　　　　　　　　　　　木、竹面层的允许偏差和检验方法

项次	项 目	允 许 偏 差/mm				检验方法
		实木地板、实木集成地板、竹地板面层			浸渍纸层压木质地板、实木复合地板、软木类地板面层	
		松木地板	硬木地板、竹地板	拼花地板		
1	板面缝隙宽度	1.0	0.5	0.2	0.5	用钢尺检查
2	表面平整度	3.0	2.0	2.0	2.0	用2m靠尺和楔形塞尺检查
3	踢脚线上口平齐	3.0	3.0	3.0	3.0	拉5m线和用钢尺检查
4	板面拼缝平直	3.0	3.0	3.0	3.0	
5	相邻板材高差	0.5	0.5	0.5	0.5	用钢尺和楔形塞尺检查
6	踢脚线与面层的接缝	1.0				用楔形塞尺检查

87. 实木地板施工时，下列哪条是不正确的？［2003-59］

A. 松木地板铺设时板面缝隙宽度不大于1mm

B. 竹地板表面平整度允许2mm偏差

C. 面层铺设时与墙之间留有8～12mm空隙

D. 木踢脚线与面层的接缝允许有3mm偏差值

【答案】 D

88. 铺设实木复合地板面层时，下列哪条是不正确的？［2003-58］

A. 相邻条板端头应错开不小于300mm距离

B. 面层与墙之间应留不小于10mm空隙

C. 表面平整度控制在3mm内

D. 板缝拼缝平直控制在3mm内

【答案】 C

【说明】 第87题、第88题解析详见第86题。

89. 实木地板面层铺设时，与墙之间应留多大的空隙？［2005-62］

A. 3～10mm　　　B. 5～10mm　　　　C. 6～10mm　　　　D. 8～12mm

【答案】 D

【说明】 7.2.5 实木地板、实木集成地板、竹地板面层铺设时，相邻板材接头位置应错开不小于300mm的距离；与柱、墙之间应留8～12mm的空隙。

90. 实木地板面层铺设时必须符合设计要求的项目是：［2011-62］

A. 木材的强度　　　　　　　　B. 木材的含水率

C. 木材的防火性能　　　　　　D. 木材的防蛀性能

【答案】 B

181

【说明】 7.2.8 实木地板、实木集成地板、竹地板面层采用的地板、铺设时的木（竹）材含水率、胶黏剂等应符合设计要求和国家现行有关标准的规定。

91. 下列实木复合地板的说法中，正确的是：[2013-60]

    A. 大面积铺设时应连续铺设

    B. 相邻板材接头位置应错开，间距不小于300mm

    C. 不应采用粘贴法铺设

    D. 不应采用无龙骨空铺法铺设

【答案】 B

【说明】 7.3.4 实木复合地板面层铺设时，相邻板材接头位置应错开不小于300mm的距离；与柱、墙之间应留不小于10mm的空隙。当面层采用无龙骨的空铺法铺设时，应在面层与柱、墙之间的空隙内加设金属弹簧卡或木楔子，其间距宜为200～300mm。

    7.3.2 实木复合地板面层应采用空铺法或粘贴法（满粘或点粘）铺设。采用粘贴法铺设时，粘贴材料应按设计要求选用，并应具有耐老化、防水、防菌、无毒等性能。（选项C、选项D）

    7.3.5 大面积铺设实木复合地板面层时，应分段铺设，分段缝的处理应符合设计要求。（选项A）

■ 《建筑地面设计规范》（GB 50037—2013）

92. 水泥砂浆地面面层的施工，下列哪条不正确？[2004-57]

    A. 厚度不小于20mm   B. 使用的水泥强度等级不小于42.5

    C. 水泥砂浆使用的砂是中粗砂   D. 水泥砂浆中体积比（水泥：砂）是1：3

【答案】 D

【说明】 3.1.9-1 水泥砂浆地面，应符合下列要求：水泥砂浆的体积比应为1：2，强度等级不应小于M15，面层厚度不应小于20mm。

C

设计业务管理

第十二章　建筑工程相关法律

■《中华人民共和国招标投标法》（简称《招标投标法》）

1. 某建设工程由招标人向特定的5家设计院发出投标邀请书，此种招标方式是：[2007-67]

A. 公开招标　　　　B. 邀请招标　　　　C. 议标　　　　D. 内部招标

【答案】　B

【说明】　《招标投标法》第十条　招标分为公开招标和邀请招标。公开招标，是指招标人以招标公告的方式邀请不特定的法人或者其他组织投标。邀请招标，是指招标人以投标邀请书的方式邀请特定的法人或者其他组织投标。

2. 某县省级地方重点项目不适宜邀请招标，可以进行邀请招标，邀请招标的批准部门是：[2022（05）-66]

A. 本县人民政府　　　　　　　　B. 本市政府

C. 本省发展和改革委员会　　　　D. 本省人民政府

【答案】　D

【说明】　《招标投标法》第十一条　国务院发展计划部门确定的国家重点项目和省、自治区、直辖市人民政府确定的地方重点项目不适宜公开招标的，经国务院发展计划部门或者省、自治区、直辖市人民政府批准，可以进行邀请招标。

3. 下列有关招标代理机构的说法中，正确的是：[2019-28]

A. 应具备招标代理资质

B. 应有技术方面的专家库

C. 从事招标代理业务的社会管理机构

D. 应具有能够组织评标的相应专业能力

【答案】　D

【说明】　《招标投标法》第十三条　招标代理机构是依法设立、从事招标代理业务并提供相关服务的社会中介组织。招标代理机构应当具备下列条件：（一）有从事招标代理业务的营业场所和相应资金；（二）有能够编制招标文件和组织评标的相应专业力量。

4. 招标人在招标中，不得：[2020-71]

A. 标底由招标人自行编制或委托中介机构编制

B. 招标人采用公开招标方式的，应当发布招标公告

C. 招标人根据招标项目的具体情况，组织个别或者其他潜在投标人踏勘项目现场

D. 招标人采用邀请招标方式的，应当向三个以上具备承担招标项目的能力、资信良好的特定的法人或者其他组织发出投标邀请书

【答案】　C

【说明】　《招标投标法》第二十一条　招标人根据招标项目的具体情况，可以组织潜在投标人踏勘项目现场。

5. 编制投标文件最少所需的合理时间不应少于：［2020-72，2007-69］

A. 10 日   B. 14 日   C. 20 日   D. 30 日

【答案】 C

【说明】 《招标投标法》第二十四条 招标人应当确定投标人编制投标文件所需要的合理时间；但是，依法必须进行招标的项目，自招标文件开始发出之日起至投标人提交投标文件截止之日止，最短不得少于 20 日。

6. 按照《招标投标法》，有关投标人的正确说法是：［2007-68］

Ⅰ. 投标的个人不适用《招标投标法》有关投标人的规定

Ⅱ. 投标人应当具备承担招标项目的能力

Ⅲ. 投标人应当具备规定的资格条件

Ⅳ. 投标人应当按照招标文件的要求编制投标文件

A. Ⅰ、Ⅱ、Ⅲ   B. Ⅰ、Ⅲ、Ⅳ   C. Ⅰ、Ⅱ、Ⅳ   D. Ⅱ、Ⅲ、Ⅳ

【答案】 D

【说明】 《招标投标法》第二十五条 投标人是响应招标、参加投标竞争的法人或者其他组织。依法招标的科研项目允许个人参加投标的，投标的个人适用本法有关投标人的规定。

第二十六条 投标人应当具备承担招标项目的能力；国家有关规定对投标人资格条件或者招标文件对投标人资格条件有规定的，投标人应当具备规定的资格条件。

第二十七条 投标人应当按照招标文件的要求编制投标文件。投标文件应当对招标文件提出的实质性要求和条件作出响应。招标项目属于建设施工的，投标文件的内容应当包括拟派出的项目负责人与主要技术人员的简历、业绩和拟用于完成招标项目的机械设备等。

7. 设计投标必须符合国家的《招标投标法》，以下哪一项叙述是不正确的？［2006-66］

A. 投标人应当按照招标文件的要求编制投标文件

B. 投标人应对招标文件提出的实质性要求和条件作出响应

C. 投标人少于 3 个，招标人应当依法重新招标

D. 在招标文件要求提交投标文件的截止时间后送达的投标文件，招标人可以在征得其他投标人同意后决定投标文件有效

【答案】 D

【说明】 《招标投标法》第二十八条 投标人应当在招标文件要求提交投标文件的截止时间前，将投标文件送达投标地点。招标人收到投标文件后，应当签收保存，不得开启。投标人少于 3 个的，招标人应当依照本法重新招标。在招标文件要求提交投标文件的截止时间后送达的投标文件，招标人应当拒收。

8. 按照国家有关规定需要进行招标的项目，投标人至少应达到：［2017-69］

A. 2 家   B. 3 家   C. 5 家   D. 7 家

【答案】 B

【说明】 解析详见第 7 题。

9. 下列关于联合体投标的叙述，哪条是正确的？[2009-70]

　　A. 法人、组织和自然人可以组成联合体，以一个投标人的身份共同投标

　　B. 由同一个专业的单位组成的联合体，可按照资质等级较高的单位确定资质等级

　　C. 当投标家数较多时，招标人可以安排投标人组成联合体共同投标

　　D. 联合体各方应当签订共同投标协议，明确约定各方工作和责任，并将该协议连同投标文件一并提交招标人

【答案】　D

【说明】　《招标投标法》第三十一条　两个以上法人或者其他组织可以组成一个联合体，以一个投标人的身份共同投标。联合体各方均应当具备承担招标项目的相应能力；国家有关规定或者招标文件对投标人资格条件有规定的，联合体各方均应当具备规定的相应资格条件。由同一专业的单位组成的联合体，按照资质等级较低的单位确定资质等级。联合体各方应当签订共同投标协议，明确约定各方拟承担的工作和责任，并将共同投标协议连同投标文件一并提交招标人。联合体中标的，联合体各方应当共同与招标人签订合同，就中标项目向招标人承担连带责任。招标人不得强制投标人组成联合体共同投标，不得限制投标人之间的竞争。

10. 两个以上法人或者其他组织可以组成一个联合体，关于联合体的说法，错误的是：[2021-68]

　　A. 各方均应当具备承担投标项目的能力

　　B. 各方均应当具备规定的相应资质条件

　　C. 由同一专业单位组成的联合体，按资质等级高的单位进行认定

　　D. 各方应当签订共同投标协议，明确各方承担的工作内容

【答案】　C

【说明】　解析详见第 9 题。

11. 依法必须进行工程设计招标的项目，其评标委员会由招标人的代表和有关技术、经济等方面的专家组成，成员人数为：[2011-68]

　　A. 3 人以上单数　　　　　　　　　　B. 5 人以上单数

　　C. 7 人以上单数　　　　　　　　　　D. 9 人以上单数

【答案】　B

【说明】　《招标投标法》第三十七条　评标由招标人依法组建的评标委员会负责。依法必须进行招标的项目，其评标委员会由招标人的代表和有关技术、经济等方面的专家组成，成员人数为五人以上单数，其中技术、经济等方面的专家不得少于成员总数的三分之二。前款专家应当从事相关领域工作满八年并具有高级职称或者具有同等专业水平，由招标人从国务院有关部门或者省、自治区、直辖市人民政府有关部门提供的专家名册或者招标代理机构的专家库内的相关专业的专家名单中确定；一般招标项目可以采取随机抽取方式，特殊招标项目可以由招标人直接确定。与投标人有利害关系的人不得进入相关项目的评标委员会，已经进入的应当更换。评标委员会成员的名单在中标结果确定前应当保密。

12. 下列所示招标人组建的评标委员会，其总人数和其中的技术、经济专家所占人数不符合规定的是：[2017 - 70]

　　A.5 人，3 人　　　　　B.5 人，4 人　　　　　C.7 人，5 人　　　　　D.9 人，6 人

【答案】 B

13. 大型公共建筑工程项目评标委员会人数不应少于：[2010-70]

A. 5人　　　　　　B. 7人　　　　　　C. 9人　　　　　　D. 11人

【答案】 A

【说明】 第12题、第13题解析详见第11题。

14. **确定中标候选人或中标人时，错误的是：**[2019 - 29]

A. 招标人应当公示中标候选人和未中标投标人

B. 招标人可以授权评标委员会直接确定中标人

C. 招标人根据评标委员会推荐的中标候选人确定中标人

D. 评标委员会应当推荐不超过3个中标候选人，并标明顺序

【答案】 A

【说明】 《招标投标法》第四十条　评标委员会应当按照招标文件确定的评标标准和方法，对投标文件进行评审和比较；设有标底的，应当参考标底。评标委员会完成评标后，应当向招标人提出书面评标报告，并推荐合格的中标候选人。招标人根据评标委员会提出的书面评标报告和推荐的中标候选人确定中标人。招标人也可以授权评标委员会直接确定中标人。国务院对特定招标项目的评标有特别规定的，从其规定。

15. **下列关于工程设计中标人按照合同约定履行义务完成中标项目的叙述，哪条是正确的？**

[2011-69]

A. 中标人经招标人同意，可以向具备相应资质条件的他人转让中标项目

B. 中标人按照合同约定，可以将中标项目肢解后分别向具备相应资质条件的他人转让

C. 中标人按照合同约定，可以将中标项目的部分非主体工作分包给具备相应资质条件的他人完成，并可以再次分包

D. 中标人经招标人同意，可以将中标项目的部分非关键性工作分包给具备相应资质条件的他人完成，并不得再次分包

【答案】 D

【说明】 《招标投标法》第四十八条　中标人应当按照合同约定履行义务，完成中标项目。中标人不得向他人转让中标项目，也不得将中标项目肢解后分别向他人转让。中标人按照合同约定或者经招标人同意，可以将中标项目的部分非主体、非关键性工作分包给他人完成。接受分包的人应当具备相应的资格条件，并不得再次分包。中标人应当就分包项目向招标人负责，接受分包的人就分包项目承担连带责任。

16. **下列必须进行招标的项目，招标人应当确定排名第一的中标候选人为中标人的是：**

[2022（05）-71]

A. 使用世界银行、亚洲开发银行等国际组织贷款、援助资金的项目

B. 使用外国政府及其机构贷款、援助资金的项目

C. 大型基础设施、公用事业等关系社会公共利益、公众安全的项目

D. 国有资金占控股或者主导地位的项目

【答案】 D

【说明】 《招标投标法》第五十五条　国有资金占控股或者主导地位的依法必须进行招

标的项目，招标人应当确定排名第一的中标候选人为中标人。排名第一的中标候选人放弃中标、因不可抗力不能履行合同、不按照招标文件要求提交履约保证金，或者被查实存在影响中标结果的违法行为等情形，不符合中标条件的，招标人可以按照评标委员会提出的中标候选人名单排序依次确定其他中标候选人为中标人，也可以重新招标。

■ 《中华人民共和国招标投标法实施条例》（简称《招标投标法实施条例》）

17. 根据《招标投标法实施条例》，允许参加投标的是：[2021-69]

　　A. 与招标人有过其他项目合作的不同潜在投标人

　　B. 单位负责人为同一人的不同单位

　　C. 存在控股关系的不同单位

　　D. 存在管理关系的不同单位

　　【答案】　A

　　【说明】　《招标投标法实施条例》第三十四条　与招标人存在利害关系可能影响招标公正性的法人、其他组织或者个人，不得参加投标。单位负责人为同一人或者存在控股、管理关系的不同单位，不得参加同一标段投标或者未划分标段的同一招标项目投标。违反前两款规定的，相关投标均无效。

18. 根据《招标投标法实施条例》，属于投标人相互串通投标的是：[2020-82]

　　A. 投标人之间约定部分投标人放弃投标

　　B. 向评标委员会成员行贿谋取中标

　　C. 不同投标人的投标文件载明的项目管理成员存在利害关系

　　D. 多数投标人的投标报价与招标控制价较为接近

　　【答案】　A

　　【说明】　《招标投标法实施条例》第三十九条　禁止投标人相互串通投标。

　　　　　　　有下列情形之一的，属于投标人相互串通投标：

　　　　　　　（一）投标人之间协商投标报价等投标文件的实质性内容；

　　　　　　　（二）投标人之间约定中标人；

　　　　　　　（三）投标人之间约定部分投标人放弃投标或者中标；

　　　　　　　（四）属于同一集团、协会、商会等组织成员的投标人按照该组织要求协同投标；

　　　　　　　（五）投标人之间为谋取中标或者排斥特定投标人而采取的其他联合行动。

19. 关于建设工程设计合同的说法，正确的是：[2020-83]

　　A. 设计合同必须采用合同示范文本订立

　　B. 双方当事人不得在中标的设计合同之外，另行订立背离实质性内容的协议

　　C. 设计合同不属于建设工程合同

　　D. 设计合同不是建设工程设计文件编制的依据

　　【答案】　B

　　【说明】　《招标投标法实施条例》第五十七条　招标人和中标人应当依照招标投标法和本条例的规定签订书面合同，合同的标的、价款、质量、履行期限等主要条款应当与招标文件和中标人的投标文件的内容一致。招标人和中标人不得再行订立背离合同实质性内容的其他协议。招标人最迟应当在书面合同签订后5日内向中标人和未中标的投标人

退还投标保证金及银行同期存款利息。

■《中华人民共和国建筑法》(简称《建筑法》)

20.《建筑法》从以下哪些方面进行了规定？[2021-65]
A. 建筑许可、工程发包与承包、工程监理、安全生产管理、工程质量管理、法律责任
B. 从业资格、设计管理
C. 工程招标、资质许可、安全生产
D. 项目审批、工程勘察、设计与施工

【答案】 A

【说明】《建筑法》第二章建筑许可、第三章建筑工程发包与承包、第四章建筑工程监理、第五章建筑安全生产管理、第六章建筑工程质量管理、第七章法律责任。

21. 根据《建筑法》，下列建筑活动中，错误的是：[2019-25]
A. 任何单位和个人都不得妨碍和阻挠合法企业进行的建筑活动
B. 从事建筑活动应当遵守法律、法规，不得损害他人的合法权益
C. 建筑活动应当确保建筑工程质量和安全，符合国家的建筑工程安全标准
D. 建筑活动包括各类房屋建筑的建造和与其配套的管线、设备的安装活动

【答案】 A

【说明】《建筑法》第五条 从事建筑活动应当遵守法律、法规，不得损害社会公共利益和他人的合法权益。任何单位和个人都不得妨碍和阻挠依法进行的建筑活动。

22. 建筑工程开工前，哪一个单位应当按照国家有关规定向工程所在地县级以上人民政府建设行政主管部门申请领取施工许可证？[2011-70, 2006-70]
A. 建设单位　　　B. 设计单位　　　C. 施工单位　　　D. 监理单位

【答案】 A

【说明】《建筑法》第七条 建筑工程开工前，建设单位应当按照国家有关规定向工程所在地县级以上人民政府建设行政主管部门申请领取施工许可证；但是，国务院建设行政主管部门确定的限额以下的小型工程除外。按照国务院规定的权限和程序批准开工报告的建筑工程，不再领取施工许可证。

23. 申请领取施工许可证，应当具备下列条件，其中错误的是哪一条？[2004-70]
A. 已经办理该建筑工程用地批准手续
B. 依法应当办理建设工程规划许可证的，已取得建设工程规划许可证
C. 需要拆迁的，已经办理拆迁批准手续
D. 已经确定建筑施工企业

【答案】 C

【说明】《建筑法》第八条 申请领取施工许可证，应当具备下列条件：
（一）已经办理该建筑工程用地批准手续；
（二）依法应当办理建设工程规划许可证的，已经取得建设工程规划许可证；
（三）需要拆迁的，其拆迁进度符合施工要求；
（四）已经确定建筑施工企业；
（五）有满足施工需要的资金安排、施工图纸及技术资料；

（六）有保证工程质量和安全的具体措施。建设行政主管部门应当自收到申请之日起七日内，对符合条件的申请颁发施工许可证。

24. 申请领取施工许可证，应当具备下列条件，其中错误的是哪一条？［2003-70］

A. 已经确定了设计单位

B. 已经确定了建筑施工企业

C. 已经办理该建设工程用地批准手续

D. 有满足施工需要的资金安排、施工图纸及技术资料

【答案】 A

【说明】 解析详见第23题。

25. 从事建筑工程勘察、设计和施工的企业应当具备下列条件，其中错误的是哪一条？［2003-84］

A. 有符合规定的流动资金

B. 有与其从事的建筑活动相适应的具有法定执业资格的专业技术人员

C. 有从事相关建筑活动所应有的技术装备

D. 法律、行政法规规定的其他条件

【答案】 A

【说明】 《建筑法》第十二条　从事建筑活动的建筑施工企业、勘察单位、设计单位和工程监理单位，应当具备下列条件：

（一）有符合国家规定的注册资本；

（二）有与其从事的建筑活动相适应的具有法定执业资格的专业技术人员；

（三）有从事相关建筑活动所应有的技术装备；

（四）法律、行政法规规定的其他条件。

26. 建筑工程招标的开标、评标、定标由哪个单位依法组织实施？［2005-78］

A. 招标公司　　　　B. 公证机关　　　　C. 建设单位　　　　D. 施工单位

【答案】 C

【说明】 《建筑法》第二十一条　建筑招标的开标、评标、定标由建设单位依法组织实施，并接受有关行政主管部门的监督。

27. 甲级资质和乙级资质的两个设计单位拟参加某项目的工程设计，下列表述哪项是正确的？［2011-67］

A. 可以以联合体形式按照甲级资质报名参加

B. 可以以联合体形式按照乙级资质报名参加

C. 后者可以以前者的名义参加设计投标，中标后前者将部分任务分包给后者

D. 前者与后者不能组成联合体共同投标

【答案】 B

【说明】 《建筑法》第二十七条　大型建筑工程或者结构复杂的建筑工程，可以由两个以上的承包单位联合共同承包。共同承包的各方对承包合同的履行承担连带责任。两个以上不同资质等级的单位实行联合共同承包的，应当按照资质等级低的单位的业务许可范围承揽工程。

28. 两个以上不同资质等级的单位实行联合共同承包，应当按照以下哪个单位的业务许可范围承揽工程？［2017-66］

A. 资质等级低的
B. 资质等级高的
C. 由双方协商决定
D. 资质等级高的或者低的均可

【答案】 A

【说明】 解析详见第27题。

29. 工程监理人员发现工程设计不符合建筑工程质量标准或合同约定的质量要求的：［2020-69，2013-85，2006-83］

A. 直接要求施工单位改正
B. 直接要求设计单位改正
C. 通过施工企业通知设计单位改正
D. 通过建设单位通知设计单位改正

【答案】 D

【说明】 《建筑法》第三十二条 建筑工程监理应当依照法律、行政法规及有关的技术标准、设计文件和建筑规模承包合同，对承包单位在施工质量、建设工期和建设资金使用等方面，代表建设单位实施监督。工程监理人员认为工程施工不符合工程设计要求、施工技术标准和合同约定的，有权要求建筑施工企业改正。工程监理人员发现工程设计不符合建筑工程质量标准或者合同约定的质量要求的，应当报告建设单位要求设计单位改正。

30. 发现工程设计不符合建筑工程质量标准时，工程监理人员应该首先报告：［2019-45，2008-85］

A. 建设单位　　　B. 设计单位　　　C. 施工单位　　　D. 质量监督站

【答案】 A

【说明】 解析详见第29题。

31. 工程监理不得与下列哪些单位有隶属关系或者其他利害关系？［2008-82］

Ⅰ. 被监理工程的承包单位
Ⅱ. 建筑材料供应单位
Ⅲ. 建筑构配件供应单位
Ⅳ. 设备供应单位

A. Ⅰ、Ⅱ、Ⅲ
B. Ⅰ、Ⅱ、Ⅳ
C. Ⅱ、Ⅲ、Ⅳ
D. Ⅰ、Ⅱ、Ⅲ、Ⅳ

【答案】 D

【说明】 《建筑法》第三十四条 工程监理单位应当在其资质等级许可的监理范围内，承担工程监理业务。工程监理单位应当根据建设单位的委托，客观、公正地执行监理任务。工程监理单位与被监理工程的承包单位以及建筑材料，建筑构配件和设备供应单位不得有隶属关系或者其他利害关系。工程监理单位不得转让工程监理业务。

32. 以下关于工程监理单位的责任和义务的叙述，哪条是正确的？［2009-82］

A. 工程监理单位与被监理工程的施工承包单位可以有隶属关系
B. 工程监理单位以独立身份依照法律、法规及有关标准、设计文件和建设工程承包合同对施工质量实施监理
C. 工程监理单位应当选派具备相应资格的总监理工程师和监理工程师进驻施工现场
D. 经过监理工程师签字，建设单位方可以拨付工程款，进行竣工验收

【答案】 C

《建筑法》第三十二条 建筑工程监理应当依照法律、行政法规及有关的技术标准、设计文件和建筑规模承包合同，对承包单位在施工质量、建设工期和建设资金使用等方面，代表建设单位实施监督。（选项 B）

选项 C、D 详见《建筑法》第三十七条。

33. **施工现场安全由以下哪家单位负责**？［2010-71］
A. 建设单位　　　　B. 设计单位　　　　C. 施工单位　　　　D. 监理单位
【答案】 C
【说明】《建筑法》第四十五条 施工现场安全由建筑施工企业负责。实行施工总承包的，由总承包单位负责。分包单位向总承包单位负责，服从总承包单位对施工现场的安全生产管理。

34. **根据《建筑法》的规定，建筑工程保修范围和最低保修期限，由下列哪一项规定？**［2005-70］
A. 由建设方与施工方协议规定
B. 由省、自治区、直辖市建设行政主管部门规定
C. 在相关施工规程中规定
D. 由国务院规定
【答案】 D
【说明】《建筑法》第六十二条 建筑工程实行质量保修制度。建筑工程的保修范围应当包括地基基础工程、主体结构工程、屋面防水工程和其他土建工程，以及电气管线、上下水管线的安装工程，供热、供冷系统工程等项目；保修的期限应当按照保证建筑物合理寿命年限内正常使用，维护使用者合法权益的原则确定。具体的保修范围和最低保修期限由国务院规定。

35. **根据《建筑法》，建筑设计单位不按照建筑工程质量安全标准进行设计，造成质量事故的，应承担的法律责任不包括：**［2021-84］
A. 责令停业整顿　　B. 吊销营业执照　　C. 降低资质等级　　D. 没收违法所得
【答案】 B
【说明】《建筑法》第七十三条 建筑设计单位不按照建筑工程质量、安全标准进行设计的，责令改正，处以罚款；造成工程质量事故的，责令停业整顿，降低资质等级或者吊销资质证书，没收违法所得，并处罚款；造成损失的，承担赔偿责任；构成犯罪的，依法追究刑事责任。

36. **根据《建筑法》，建筑设计单位不按照建筑工程质量、安全标准进行设计的，可能受到的处罚不包括：**［2020 - 85］
A. 责令改正，处以罚款
B. 造成工程质量事故的，责令停业整顿，降低资质等级或者吊销资质证书，没收违法所得，并处罚款
C. 造成损失的，承担赔偿责任
D. 行政处分

【答案】 D

【说明】 解析详见第 35 题。

37. 对建筑施工企业在施工时偷工减料行为的处罚中，下列何种处罚行为不当？［2005-85］

   A. 没收违法所得　　　　　　　　　B. 责令改正

   C. 情节严重的降低资质等级　　　　D. 构成犯罪的追究刑事责任

   【答案】 A

   【说明】 《建筑法》第七十四条　建筑施工企业在施工中偷工减料的，使用不合格的建筑材料、建筑构配件和设备的，或者有其他不按照工程设计图纸或者施工技术标准施工行为的，责令改正，处以罚款；情节严重的，责令停业整顿，降低资质等级或者吊销资质证书；造成建筑工程质量不符合规定的质量标准的，负责返工、修理，并赔偿因此造成的损失；构成犯罪的，依法追究刑事责任。

■《中华人民共和国民法典(第三编　合同)》(简称《民法典之合同编》)

38. 设计公司给房地产开发公司寄送的公司业绩介绍及价目表属于：［2017-71，2012-71，2009-71］

   A. 合同　　　　　B. 要约邀请　　　　C. 要约　　　　D. 承诺

   【答案】 B

   【说明】 《民法典之合同编》第四百七十三条　要约邀请是希望他人向自己发出要约的表示。拍卖公告、招标公告、招股说明书、债券募集办法、基金招募说明书、商业广告和宣传、寄送的价目表等为要约邀请。

   　　　　商业广告和宣传的内容符合要约条件的，构成要约。

39. 撤销要约的通知应当在受要约人发出承诺通知前后的什么时间到达受要约人，要约可以撤销？［2008-69，2007-72］

   A. 之前　　　　　B. 当日　　　　　C. 后五日　　　　D. 后十日

   【答案】 A

   【说明】 《民法典之合同编》第四百七十七条　撤销要约的意思表示以对话方式作出的，该意思表示的内容应当在受要约人作出承诺之前为受要约人所知道；撤销要约的意思表示以非对话方式作出的，应当在受要约人作出承诺之前到达受要约人。

40. 根据《中华人民共和国民法典》，下列哪种情形要约失效？［2007-70］

   A. 要约人没有收到拒绝要约的通知　　　B. 承诺期限届满，受要约人又作出承诺

   C. 受要约人对要约的内容作出变更　　　D. 要约人依法撤销要约

   【答案】 D

   【说明】 《民法典之合同编》第四百七十八条　有下列情形之一的，要约失效：

   　　（一）要约被拒绝；

   　　（二）要约被依法撤销；

   　　（三）承诺期限届满，受要约人未作出承诺；

   　　（四）受要约人对要约的内容作出实质性变更。

41. 承诺通知到达要约人时生效。承诺不需要通知的，根据什么行为生效？［2008-71］

A. 通常习惯或者要约的要求

B. 交易习惯或者要约表明可以通过行为作出承诺

C. 要约的要求

D. 通常习惯

【答案】 B

【说明】《民法典之合同编》第四百八十条　承诺应当以通知的方式作出；但是，根据交易习惯或者要约表明可以通过行为作出承诺的除外。

42. 有关合同标的数量、质量、价款或者报酬、履行期限、履行地点和方式、违约责任和解决争议方法等的变更，是对要约内容什么性质的变更？［2008-70］

A. 重要性　　　　　B. 必要性　　　　　C. 实质性　　　　　D. 一般性

【答案】 C

【说明】《民法典之合同编》第四百八十八条　承诺的内容应当与要约的内容一致。受要约人对要约的内容作出实质性变更的，为新要约。有关合同标的、数量、质量、价款或者报酬、履行期限、履行地点和方式、违约责任和解决争议方法等的变更，是对要约内容的实质性变更。

43. 下列关于订立合同的说法，正确的是：［2013-70］

A. 当事人采用合同书形式订立合同的，只要一方当事人签字或盖章，合同便成立

B. 当事人采用信件、数据电文等形式订立合同的，可以在合同成立之前要求签订确认书，但签订确认书时，合同不成立

C. 采用信件、数据电文等形式订立合同的，发件人的主营地点为合同成立地点

D. 当事人采用书面形式订立合同的，在签字盖章之前，当事人一方已经履行主要义务且被对方接受的，该合同成立

【答案】 D

【说明】《中华人民共和国民法典（第三编　合同）》第四百九十条　当事人采用合同书形式订立合同的，自当事人均签名、盖章或者按指印时合同成立。在签名、盖章或者按指印之前，当事人一方已经履行主要义务，对方接受时，该合同成立。法律、行政法规规定或者当事人约定合同应当采用书面形式订立，当事人未采用书面形式但是一方已经履行主要义务，对方接受时，该合同成立。（选项 A）

《中华人民共和国民法典（第三编　合同）》第四百九十一条　当事人采用信件、数据电文等形式订立合同要求签订确认书的，签订确认书时合同成立。当事人一方通过互联网等信息网络发布的商品或者服务信息符合要约条件的，对方选择该商品或者服务并提交订单成功时合同成立，但是当事人另有约定的除外。（选项 B）

《中华人民共和国民法典（第三编　合同）》第四百九十二条　承诺生效的地点为合同成立的地点。采用数据电文形式订立合同的，收件人的主营业地为合同成立的地点；没有主营业地的，其住所地为合同成立的地点。当事人另有约定的，按照其约定。（选项 C）

选项 D 正确。

44. 下列哪一条表述与《中华人民共和国民法典》不符？［2010-72］

A. 当事人采用合同书形式订立合同的，自双方当事人签字或者盖章时合同成立

B. 采用合同书形式订立合同，在签字或者盖章之前，当事人一方已经履行主要义务且对方接受的，该合同也不能成立

C. 当事人采用信件、数据电文等形式订立合同的，可以在合同成立之前要求签订确认书，签订确认书时合同成立

D. 采用合同书形式订立合同的双方当事人签字或者盖章的地点为合同成立的地点

【答案】 B

【说明】 解析详见第43题。

45. 下列关于合同效力的说法，错误的是：[2017-72]

A. 附生效条件的合同，自条件成就时生效

B. 行为人超越代理权以被代理人名义订立的合同，相对人可以催告被代理人一个月内予以追认。被代理人未做表示的，视为同意

C. 对于订立合同时显失公平的合同，当事人一方有权请求人民法院撤销

D. 具有撤销权的当事人自知道或者应当知道撤销事由之日起一年内没有行使撤销权的，撤销权消灭

【答案】 B

【说明】 《民法典之合同编》第五百零三条 无权代理人以被代理人的名义订立合同，被代理人已经开始履行合同义务或者接受相对人履行的，视为对合同的追认。

46. 执行政府定价或者政府指导价的，在合同约定的交付期限内政府价格调整时，应按照以下哪项计价？ [2013-70]

A. 按照原合同定的价格   B. 按照重新协商的价格

C. 按照"就高不就低"的原则   D. 按照交付时的价格

【答案】 D

【说明】 《民法典之合同编》第五百一十三条 执行政府定价或者政府指导价的，在合同约定的交付期限内政府价格调整时，按照交付时的价格计价。逾期交付标的物的，遇价格上涨时，按照原价格执行；价格下降时，按照新价格执行。逾期提取标的物或者逾期付款的，遇价格上涨时，按照新价格执行；价格下降时，按照原价格执行。

47. 债务人以明显不合理的低价转让财产，对债权人造成损害，并且受让人知道该情形的，债权人可以请求哪个机构撤销债务人的行为？[2007-71]

A. 人民法院   B. 仲裁机构   C. 检察院   D. 政府部门

【答案】 A

【说明】 《民法典之合同编》第五百三十九条 债务人以明显不合理的低价转让财产、以明显不合理的高价受让他人财产或者为他人的债务提供担保，影响债权人的债权实现，债务人的相对人知道或者应当知道该情形的，债权人可以请求人民法院撤销债务人的行为。

48. 建设工程合同包括：[2021-71，2011-71，2009-72]

A. 工程设计、监理、施工合同   B. 工程勘察、设计、监理合同

C. 工程勘察、监理、施工合同   D. 工程勘察、设计、施工合同

【答案】 D

49. 《合同法》规定的建设工程合同，是指以下哪几类合同？〔2005-73〕

　　Ⅰ. 勘察合同；Ⅱ. 设计合同；Ⅲ. 施工合同；Ⅳ. 监理合同；Ⅴ. 采购合同

　　A. Ⅰ、Ⅱ、Ⅲ　　　　B. Ⅱ、Ⅲ、Ⅳ　　　　C. Ⅲ、Ⅳ、Ⅴ　　　　D. Ⅱ、Ⅲ、Ⅴ

　　【答案】　A

50. 建设工程合同不包括：〔2012-70〕

　　A. 工程勘察合同　　　　　　　　　　B. 工程设计合同

　　C. 工程监理合同　　　　　　　　　　D. 工程施工合同

　　【答案】　C

51. 下列说法中，错误的是：〔2019 - 32〕

　　A. 建设工程合同应当采用书面形式

　　B. 建设工程当事人订立合同，采取要约、承诺方式

　　C. 建设工程合同包括工程勘察、设计、施工、监理合同

　　D. 建设工程合同是承包人进行工程建设，发包人支付价款的合同

　　【答案】　C

52. 依据《民法典》中的建设工程合同部分，以下哪一项叙述是不正确的？〔2006-67〕

　　A. 建设工程合同应当采用书面形式

　　B. 建设工程合同是承包人进行工程建设，发每人支付价款的合同

　　C. 建设工程合同包括设备和建筑材料采购合同

　　D. 勘察、设计、施工承包人经发包人同意，可以将自己承包的部分工作交由第三人完成

　　【答案】　C

53. 下列关于建设工程合同的说法，其中错误的是哪一种？〔2004-71〕

　　A. 建设工程合同是发包人进行发包，承包人进行投标的合同

　　B. 建设工程合同应当采用书面形式

　　C. 订立建设工程合同，不得与法律法规相违背

　　D. 发包人可以与总承包人订立建设工程合同

　　【答案】　A

　　【说明】　第49题～第53题解析详见第48题。

54. 下列关于建设工程合同的说法，其中错误的是：〔2003-72〕

　　A. 建设工程合同可以采取合同书、信件、电子邮件等形式

　　B. 建设工程合同可以采取电报、传真、口头合同等形式

　　C. 建设工程合同包括勘察、设计和施工合同

　　D. 建设工程合同不得与法律、法规相违背

　　【答案】　B

　　【说明】《民法典之合同编》第七百八十九条　建设工程合同应当采用书面形式。

55. 下列关于建设工程合同的说法，其中错误的是哪一种？〔2004-72〕

A. 建设工程合同包括勘察、设计和施工合同

B. 勘察设计合同的内容包括提交有关基础资料和文件的期限等

C. 施工合同的内容包括质量保修范围和质量保证期等

D. 勘察、设计、施工等承包人可以将其承包的全部工程分别转包给一至二个分承包商

【答案】 D

【说明】《民法典之合同编》第七百九十一条　发包人可以与总承包人订立建设工程合同，也可以分别与勘察人、设计人、施工人订立勘察、设计、施工承包合同。发包人不得将应当由一个承包人完成的建设工程支解成若干部分发包给数个承包人。

　　总承包人或者勘察、设计、施工承包人经发包人同意，可以将自己承包的部分工作交由第三人完成。第三人就其完成的工作成果与总承包人或者勘察、设计、施工承包人向发包人承担连带责任。承包人不得将其承包的全部建设工程转包给第三人或者将其承包的全部建设工程支解以后以分包的名义分别转包给第三人。

　　禁止承包人将工程分包给不具备相应资质条件的单位。禁止分包单位将其承包的工程再分包。建设工程主体结构的施工必须由承包人自行完成。

56. 根据《民法典》,对于包括办公、商业和影院功能的综合楼项目,错误的是:［2019 - 30］

A. 发包人与总承包人订立该项目设计、施工承包合同

B. 设计承包人经发包人同意，将影院音效设计分包给另一家专业设计人

C. 发包人将该项目的办公商业和影院部分分别与两家设计人订立设计合同

D. 发包人分别与勘察人、设计人、施工人订立该项目勘察、设计、施工承包合同

【答案】 C

57. 下列关于建设工程合同的说法，其中错误的是哪一种？［2003-71］

A. 建设工程合同包括勘察、设计和施工合同

B. 勘察、设计、施工承包人可以自主将所承包的部分工作交由第三人完成

C. 勘察、设计、施工承包人不得将其承包的全部工程转包给第三人

D. 勘察设计合同的内容包括提交有关基础资料和文件的期限等

【答案】 B

【说明】 第56题、第57题解析详见第55题。

58.《民法典》规定,设计单位未按照期限提交设计文件,给建设单位造成损失的,除应继续完善设计外,还应:［2005-74］

A. 只减收设计费

B. 只免收设计费

C. 全额收取设计费后视损失情况给予全额赔偿

D. 减收或免收设计费并赔偿损失

【答案】 D

【说明】《民法典之合同编》第八百条　勘察、设计的质量不符合要求或者未按照期限提交勘察、设计文件拖延工期，造成发包人损失的，勘察人、设计人应当继续完善勘察、设计，减收或者免收勘察、设计费并赔偿损失。

59. 下列情况，建筑工程合同承包人不可以顺延工期的是:［2019 - 31］

A. 发包人未按照约定的时间提供场地的

B. 发包人没有按照通知时间及时检查承包人的隐蔽工程而致工程延期的

C. 设计人未按时收到发包人应提供的资料而不能如期完成设计文件的

D. 因施工原因致工程某部位有缺陷，发包人要求施工人返工延期的

【答案】 D

【说明】《民法典之合同编》第八百零三条 发包人未按照约定的时间和要求提供原材料、设备、场地、资金、技术资料的，承包人可以顺延工程日期，并有权请求赔偿停工、窝工等损失。

60. 因发包人变更计划，而造成设计的停工，发包人应当：[2006-69]

A. 撤销原合同，签订新合同

B. 说明原因后不增付费用

C. 按照设计人实际消耗的工作量增付费用

D. 支付合同约定的全部设计费

【答案】 C

【说明】《民法典之合同编》第八百零五条 因发包人变更计划，提供的资料不准确，或者未按照期限提供必需的勘察、设计工作条件而造成勘察、设计的返工、停工或者修改设计，发包人应当按照勘察人、设计人实际消耗的工作量增付费用。

■ 《建设项目工程总承包合同（示范文本）》(GF - 2020 - 0216)

61. 组成建设工程合同的各项文件，除专用合同条件另有约定外，关于解释合同的优先顺序，正确的是：[2021-70]

A. ①合同协议书；②专用合同条件；③通用合同条件；④承包人建议书

B. ①专用合同条件；②通用合同条件；③合同协议书；④承包人建议书

C. ①合同协议书；②承包人建议书；③通用合同条件；④专用合同条件

D. ①承包人建议书；②通用合同条件；③专用合同条件；④合同协议书

【答案】 A

【说明】 1.5 合同文件的优先顺序组成合同的各项文件应互相解释，互为说明。除专用合同条件另有约定外，解释合同文件的优先顺序如下：①合同协议书；②中标通知书（如果有）；③投标函及投标函附录（如果有）；④专用合同条件及《发包人要求》等附件；⑤通用合同条件；⑥承包人建议书；⑦价格清单；⑧双方约定的其他合同文件。

上述各项合同文件包括合同当事人就该项合同文件所作出的补充和修改，属于同一类内容的文件，应以最新签署的为准。在合同订立及履行过程中形成的与合同有关的文件均构成合同文件组成部分，并根据其性质确定优先解释顺序。

■ 《中华人民共和国城乡规划法》(简称《城乡规划法》)

62. 《城乡规划法》所指的规划区为下列哪一项？ [2004-79]

A. 城市近郊区所包含的区域

B. 城市远郊区所包含的区域

C. 城市、镇和村庄的建成区以及因城乡建设和发展需要，必须实行规划控制的区域

D. 城市行政区域

【答案】 C

【说明】《城乡规划法》第二条 制定和实施城乡规划，在规划区内进行建设活动，必须遵守本法。

本法所称城乡规划，包括城镇体系规划、城市规划、镇规划、乡规划和村庄规划。城市规划、镇规划分为总体规划和详细规划。详细规划分为控制性详细规划和修建性详细规划。

本法所称规划区，是指城市、镇和村庄的建成区以及因城乡建设和发展需要，必须实行规划控制的区域。规划区的具体范围由有关人民政府在组织编制的城市总体规划、镇总体规划、乡规划和村庄规划中，根据城乡经济社会发展水平和统筹城乡发展的需要划定。

63. **根据《城乡规划法》，城市规划可以分为：** ［2020 - 78］
  A. 城乡规划和城镇体系规划　　　　　B. 乡规划和镇规划
  C. 总体规划和详细规划　　　　　　　D. 控制性详细规划和修建性详细规划

【答案】 C

【说明】 解析详见第 62 题。

64. **下列关于城乡规划编制的说法中，错误的是：** ［2019 - 40］
  A. 城市人民政府组织编制城市总体规划
  B. 全国城镇体系规划用于指导省域城镇体系规划、城市总体规划的编制
  C. 国务院城乡规划主管部门会同各级建设主管部门组织编制全国城镇体系规划
  D. 省级人民政府所在地的城市总体规划，由省人民政府审查同意后报国务院批准

【答案】 C

【说明】《城乡规划法》第十二条 国务院城乡规划主管部门会同国务院有关部门组织编制全国城镇体系规划，用于指导省域城镇体系规划、城市总体规划的编制。全国城镇体系规划由国务院城乡规划主管部门报国务院审批。

65. **负责审批省会所在地城市总体规划的是：** ［2012-80，2011-80，2009-78，2010-80］
  A. 本市人民政府　　　　　　　　　　B. 本市人民代表大会
  C. 省政府　　　　　　　　　　　　　D. 国务院

【答案】 D

【说明】《城乡规划法》第十四条 城市人民政府组织编制城市总体规划。直辖市的城市总体规划由直辖市人民政府报国务院审批。省、自治区人民政府所在地的城市以及国务院确定的城市的总体规划，由省、自治区人民政府审查同意后，报国务院审批。其他城市的总体规划，由城市人民政府报省、自治区人民政府审批。

66. **下列哪一项规划不属于城市总体规划的内容？** ［2006-78］
  A. 城市的发展布局　　　　　　　　　B. 用地布局
  C. 综合交通体系　　　　　　　　　　D. 区域规划

【答案】 D

【说明】《城乡规划法》第十七条 城市总体规划、镇总体规划的内容应当包括：城市、镇的发展布局，功能分区，用地布局，综合交通体系，禁止、限制和适宜建设的地域范

围，各类专项规划等。规划区范围、规划区内建设用地规模、基础设施和公共服务设施用地、水源地和水系、基本农田和绿化用地、环境保护、自然与历史文化遗产保护以及防灾减灾等内容，应当作为城市总体规划、镇总体规划的强制性内容。城市总体规划、镇总体规划的规划期限一般为二十年。城市总体规划还应当对城市更长远的发展作出预测性安排。

67. 下列不属于区域范围内的城、镇总体规划内容中强制性要求的是：[2019-41]

    A. 水源地和水系   B. 农田发展用地

    C. 基础设施用地   D. 公共服务设施用地

【答案】 B

68. 以下哪项内容不是城市总体规划的强制性内容？[2012-78]

    A. 建筑控制高度   B. 水源地和水系

    C. 基础设施、公共服务设施用地   D. 防灾、减灾

【答案】 A

69. 城市总体规划、镇总体规划的规划期限一般为：[2010-78]

    A. 10 年   B. 15 年   C. 20 年   D. 25 年

【答案】 C

【说明】 第67题～第69题解析详见第66题。

70. 根据《城乡规划法》，城市的控制性详细规划应当由：[2020-65]

    A. 省级人民政府审批   B. 省级人民代表大会审批

    C. 本级人民政府审批   D. 本级人民代表大会审批

【答案】 C

【说明】 《城乡规划法》第十九条 城市人民政府城乡规划主管部门根据城市总体规划的要求，组织编制城市的控制性详细规划，经本级人民政府批准后，报本级人民代表大会常务委员会和上一级人民政府备案。

71. 关于城乡规划的说法，正确的是：[2017-80]

    A. 镇人民政府根据镇总体规划的要求，组织编制镇的控制性详细规划，报本级人民政府审批

    B. 县人民政府所在地镇的控制性详细规划，由人民政府编制，报上一级人民政府批准

    C. 控制性详细规划应当符合修建性详细规划的要求

    D. 城市人民政府城乡规划主管部门根据城市总体规划要求，组织编制城市的控制性详细规划

【答案】 D

【说明】 解析详见第70题。

    《城乡规划法》第二十条 镇人民政府根据镇总体规划的要求，组织编制镇的控制性详细规划，报上一级人民政府审批。县人民政府所在地镇的控制性详细规划，由县人民政府城乡规划主管部门根据镇总体规划的要求组织编制，经县人民政府批准后，报本级人民代表大会常务委员会和上一级人民政府备案（选项A、B）。

第二十一条 城市、县人民政府城乡规划主管部门和镇人民政府可以组织编制重要地块的修建性详细规划。修建性详细规划应当符合控制性详细规划。(选项C)

72. 城乡规划报送审批前，组织编制机关应当依法将城乡规划草案予以公告，公告时间不少于多少天？[2013-78]

A. 15   B. 20   C. 25   D. 30

【答案】 D

【说明】《城乡规划法》第二十六条 城乡规划报送审批前，组织编制机关应当依法将城乡规划草案予以公告，并采取论证会、听证会或者其他方式征求专家和公众的意见。公告的时间不得少于30日。组织编制机关应当充分考虑专家和公众的意见，并在报送审批的材料中附具意见采纳情况及理由。

73. 下列关于城乡规划实施，说法正确的是：[2022(05)-75, 2021-77]

A. 城乡规划发展建设应考虑新区与旧区的关系
B. 城市发展新区应与已有市政基础分离，重新规划
C. 旧区改建应统一标准、统一规划，应首先考虑经济效益
D. 鼓励开发利用地下空间，可以适当突破规划条件

【答案】 A

【说明】《城乡规划法》第二十九条 城市的建设和发展，应当优先安排基础设施以及公共服务设施的建设，妥善处理新区开发与旧区改建的关系，统筹兼顾进城务工人员生活和周边农村经济社会发展、村民生产与生活的需要。

74. 关于城市新区开发和建设，以下表述正确的是：[2012-79]

A. 应新建所有市政基础设施和公共服务设施
B. 应充分改造自然资源，打造特色人居环境
C. 应在城市总体规划确定的建设用地范围内设立
D. 应当及时调整建设规模和建设时序

【答案】 C

【说明】《城乡规划法》第三十条 城市新区的开发和建设，应当合理确定建设规模和时序，充分利用现有市政基础设施和公共服务设施，严格保护自然资源和生态环境，体现地方特色。在城市总体规划、镇总体规划确定的建设用地范围以外，不得设立各类开发区和城市新区。

75. 根据《城乡规划法》，制定近期建设规划的依据，不包括：[2021-79]

A. 土地利用总体规划   B. 城市总体规划
C. 乡总体规划   D. 镇总体规划

【答案】 C

【说明】 《城乡规划法》第三十四条 城市、县、镇人民政府应当根据城市总体规划、镇总体规划、土地利用总体规划和年度计划以及国民经济和社会发展规划，制定近期建设规划，报总体规划审批机关备案。近期建设规划应当以重要基础设施、公共服务设施和中低收入居民住房建设以及生态环境保护为重点内容，明确近期建设的时序、发展方向和空间布局。近期建设规划的规划期限为五年。

76. 《城乡规划法》中，关于近期建设规划的内容包括：[2022（05）-77，2021-78]

A. 重要基础设施、公共服务设施、中低收入居民住房建设、支柱产业

B. 重要基础设施、公共服务设施、中低收入居民住房建设、生态环境保护

C. 重要基础设施、中低收入居民住房建设、生态环境保护、支柱产业

D. 公共服务设施、中低收入居民住房建设、生态环境保护、支柱产业

【答案】 B

77. 根据《城乡规划法》，近期规划建设的规划年限为：[2017-79，2013-77，2009-79]

A. 1 年   B. 3 年   C. 5 年   D. 10 年

【答案】 C

【说明】 第 76 题、第 77 题解析详见第 75 题。

78. 城市规划区内以划拨方式取得国有土地使用权的建设工程在设计任务书报请批准时，必须附有哪个行政主管部门的选址意见书？[2011-78，2008-73]

A. 建设主管部门   B. 城乡规划主管部门

C. 房地产主管部门   D. 国土资源主管部门

【答案】 B

【说明】 《城乡规划法》第三十六条　按照国家规定需要有关部门批准或者核准的建设项目，以划拨方式提供国有土地使用权的，建设单位在报送有关部门批准或者核准前，应当向城乡规划主管部门申请核发选址意见书。前款规定以外的建设项目不需要申请选址意见书。

79. 城市规划行政主管部门依据城市规划法负责核发下列哪二类许可证？[2004-78]

Ⅰ. 市民规划听证许可证   Ⅱ. 建设工程规划许可证

Ⅲ. 建设用地规划许可证   Ⅳ. 规划工程开工许可证

A. Ⅰ、Ⅱ   B. Ⅱ、Ⅲ   C. Ⅲ、Ⅳ   D. Ⅰ、Ⅳ

【答案】 B

【说明】 《城乡规划法》第三十八条　以出让方式取得国有土地使用权的建设项目，建设单位在取得建设项目的批准、核准、备案文件和签订国有土地使用权出让合同后，向城市、县人民政府城乡规划主管部门领取建设用地规划许可证。

第四十条　在城市、镇规划区内进行建筑物、构筑物、道路、管线和其他工程建设的，建设单位或者个人应当向城市、县人民政府城乡规划主管部门或者省、自治区、直辖市人民政府确定的镇人民政府申请办理建设工程规划许可证。

80. 某开发商以土地出让方式获得某国有土地的开发权后，应当持建设项目的批准、核准、备案文件和国有土地使用权出让合同，向城乡规划主管部门申请：[2017 - 81]

A. 核发选址意见书   B. 核发国有土地使用权证

C. 领取建设用地规划许可证   D. 领取建设工程规划许可证

【答案】 C

【说明】 解析详见第 79 题。

81. 关于临时建设、临时用地正确的表述是：[2007-79]

    A. 在城市规划区内部允许进行临时建设

    B. 临时建设和临时用地的具体规划管理办法由县级及县级以上人民政府制定

    C. 临时建设和临时用地的具体规划管理办法由省、自治区、直辖市人民政府的规划行政主管部门制定

    D. 临时建设和临时用地的具体规划管理办法由省、自治区、直辖市人民政府制定

    【答案】 D

    【说明】 《城乡规划法》第四十四条　在城市、镇规划区内进行临时建设的，应当经城市、县人民政府城乡规划主管部门批准。临时建设影响近期建设规划或者控制性详细规划的实施以及交通、市容、安全等的，不得批准。临时建设应当在批准的使用期限内自行拆除。临时建设和临时用地规划管理的具体办法，由省、自治区、直辖市人民政府制定。

82. 建设工程竣工验收后，应在多长时间内向城乡规划主管部门报送有关竣工验收资料？
    [2011-79，2010-79，2008-78]

    A. 一个月　　　　　　　　　　　　B. 三个月

    C. 六个月　　　　　　　　　　　　D. 一年

    【答案】 C

    【说明】 《城乡规划法》第四十五条　建设单位应当在竣工验收后六个月内向城乡规划主管部门报送有关竣工验收资料。

83. 哪个单位在竣工验收后几个月内，应当向城市规划行政主管部门报送竣工资料？
    [2005-82]

    A. 建设单位，三个月　　　　　　　B. 建设单位，六个月

    C. 施工单位，三个月　　　　　　　D. 施工单位，六个月

    【答案】 B

    【说明】 解析详见第82题。

84. 按照规定的权限和程序，不可以修改省域城市总体规划的情形是：[2019-42]

    A. 经评估确需修改规划的

    B. 行政区划调整确需修改规划的

    C. 城乡规划的审批机关认为应当修改规划的其他情形

    D. 因城市人民政府批准建设工程需要修改规划的

    【答案】 D

    【说明】 《城乡规划法》第四十七条　有下列情形之一的，组织编制机关方可按照规定的权限和程序修改省域城镇体系规划、城市总体规划、镇总体规划：

    （一）上级人民政府制定的城乡规划发生变更，提出修改规划要求的；

    （二）行政区划调整确需修改规划的；

    （三）因国务院批准重大建设工程确需修改规划的；

    （四）经评估确需修改规划的；

    （五）城乡规划的审批机关认为应当修改规划的其他情形。

85. 已经依法审定的修建性详细规划如需修改，需由哪个机构组织听证会等形式，并听取利害关系人的意见后方可修改？［2013-79］

A. 建设单位
B. 规划编制单位
C. 建设主管部门
D. 城乡规划主管部门

【答案】 D

【说明】 《城乡规划法》第五十条 在选址意见书、建设用地规划许可证、建设工程规划许可证或者乡村建设规划许可证发放后，因依法修改城乡规划给被许可人合法权益造成损失的，应当依法给予补偿。经依法审定的修建性详细规划、建设工程设计方案的总平面图不得随意修改；确需修改的，城乡规划主管部门应当采取听证会等形式，听取利害关系人的意见；因修改给利害关系人合法权益造成损失的，应当依法给予补偿。

86. 编制单位超越资质等级许可的范围承揽城乡规划编制工作后，情节一般，则除了由所在地城市、县人民政府城乡规划主管部门责令限期改正外，还应受到的处罚是：［2019 - 47］

A. 吊销资质证书
B. 责令停业整顿
C. 降低资质等级
D. 处以罚款

【答案】 D

【说明】 《城乡规划法》第六十二条 城乡规划编制单位有下列行为之一的，由所在地城市、县人民政府城乡规划主管部门责令限期改正，处合同约定的规划编制费 1 倍以上 2 倍以下的罚款；情节严重的，责令停业整顿，由原发证机关降低资质等级或者吊销资质证书；造成损失的，依法承担赔偿责任：

(一) 超越资质等级许可的范围承揽城乡规划编制工作的；

(二) 违反国家有关标准编制城乡规划的。

■ 《中华人民共和国标准化法》（简称《标准化法》）

87. 关于工程建设标准，说法正确的是：［2021-76］

A. 强制性国家标准由国务院会同地方有关行政主管部门制定

B. 地方标准由省级人民政府制定

C. 行业标准由国务院标准化行政主管部门制定

D. 团体标准由团体成员在团体内部使用或社会其他机构可自愿采用

【答案】 D

【说明】 《标准化法》第十八条 国家鼓励学会、协会、商会、联合会、产业技术联盟等社会团体协调相关市场主体共同制定满足市场和创新需要的团体标准，由本团体成员约定采用或者按照本团体的规定供社会自愿采用。

第十条 国务院有关行政主管部门依据职责负责强制性国家标准的项目提出、组织起草、征求意见和技术审查。（选项 A）

第十二条 行业标准由国务院有关行政主管部门制定，报国务院标准化行政主管部门备案。（选项 C）

第十三条 地方标准由省、自治区、直辖市人民政府标准化行政主管部门制定。（选项 B）

第十三章　建筑工程招标投标、工程咨询、工程总承包管理办法和规定

■ **《建筑工程设计招标投标管理办法》**

1. 对建设项目方案设计招标投标活动实施监督管理的部门为：[2009-68]

A. 乡镇级以上地方人民政府

B. 县级以上地方人民政府

C. 县级以上地方人民政府住房城乡建设行政主管部门

D. 市级以上建设行政主管部门

【答案】 C

【说明】 《建筑工程设计招标投标管理办法》第三条　国务院住房城乡建设主管部门依法对全国建筑工程设计招标投标活动实施监督。县级以上地方人民政府住房城乡建设主管部门依法对本行政区域内建筑工程设计招标投标活动实施监督，依法查处招标投标活动中的违法违规行为。

2. 建筑工程概念性方案设计招标文件编制自招标文件开始发出之日起至投标人提交投标文件截止之日止一般不少于：[2010-68]

A. 15 日　　　　B. 20 日　　　　C. 25 日　　　　D. 30 日

【答案】 B

【说明】 《建筑工程设计招标投标管理办法》第十三条　招标人应当确定投标人编制投标文件所需要的合理时间，自招标文件开始发出之日起至投标人提交投标文件截止之日止，时限最短不少于 20 日。

3. 对于招标人在订立建筑工程设计合同时向中标人提出附加条件的行为，有权给予行政处罚的单位是：[2022（05）-83]

A. 县级以上地方人民政府住房城乡建设主管部门

B. 市级以上地方人民政府住房城乡建设主管部门

C. 省级住房城乡建设主管部门

D. 住房和城乡建设部

【答案】 A

【说明】 《建筑工程设计招标投标管理办法》第三十二条　招标人有下列情形之一的，由县级以上地方人民政府住房城乡建设主管部门责令改正，可以处中标项目金额 10‰下的罚款；给他人造成损失的，依法承担赔偿责任；对单位直接负责的主管人员和其他直接责任人员依法给予处分：

　　（一）无正当理由未按本办法规定发出中标通知书；

　　（二）不按照规定确定中标人；

　　（三）中标通知书发出后无正当理由改变中标结果；

（四）无正当理由未按本办法规定与中标人订立合同；

（五）在订立合同时向中标人提出附加条件。

■《工程建设项目勘察设计招标投标办法》

4. 下列建设工程项目，经有关部门批准，哪些可以不进行设计招标？［2010-69］

Ⅰ. 涉及国家安全、国家秘密

Ⅱ. 涉及抢险救灾

Ⅲ. 主要工艺、技术采用不可替代的专利或者专有技术，或者其建筑艺术造型有特殊要求

Ⅳ. 设计单项合同估算价低于 100 万元

A. Ⅰ、Ⅱ、Ⅲ   B. Ⅰ、Ⅲ、Ⅳ   C. Ⅱ、Ⅲ、Ⅳ   D. Ⅰ、Ⅱ、Ⅳ

【答案】 A

【说明】 《工程建设项目勘察设计招标投标办法》第四条 按照国家规定需要履行项目审批、核准手续的依法必须进行招标的项目，有下列情形之一的，经项目审批、核准部门审批、核准，项目的勘察设计可以不进行招标：

（一）涉及国家安全、国家秘密、抢险救灾或者属于利用扶贫资金实行以工代赈、需要使用农民工等特殊情况，不适宜进行招标；

（二）主要工艺、技术采用不可替代的专利或者专有技术，或者其建筑艺术造型有特殊要求；

（三）采购人依法能够自行勘察、设计；

（四）已通过招标方式选定的特许经营项目投资人依法能够自行勘察、设计；

（五）技术复杂或专业性强，能够满足条件的勘察设计单位少于三家，不能形成有效竞争；

（六）已建成项目需要改、扩建或者技术改造，由其他单位进行设计影响项目功能配套性；

（七）国家规定其他特殊情形。

5. 按规定需要政府审批的项目，有下列情形之一的，经批准可以不进行设计招标，其中错误的是哪一项？［2005-71］

A. 涉及国家秘密

B. 涉及抢险救灾

C. 主要工艺、技术采用不可替代的专利或专有技术

D. 专业性强，能够满足条件的设计单位少于五家

【答案】 D

6. 经有关部门批准，不经过招标程序可直接设计发包的建筑工程有：［2013-67］

A. 民营企业及私人投资项目

B. 保障性住房项目

C. 政府投资的大型公建项目

D. 主要工艺、技术采用不可替代的专利或者专有技术的项目

【答案】 D

【说明】 第 5 题、第 6 题解析详见第 4 题。

7. 依据《工程建设项目勘察设计招标投标办法》，勘察设计招标工作由下列哪个选项负责?
   〔2004-85〕
   A. 招标人
   B. 招投标服务机构
   C. 政府主管部门
   D. 在招标人和招投标服务机构中由政府主管部门选择
   【答案】 A
   【说明】 《工程建设项目勘察设计招标投标办法》第五条　勘察设计招标工作由招标人负责。任何单位和个人不得以任何方式非法干涉招标投标活动。

8. 建筑设计投标文件有下列哪一种情况发生时不会被否决?　〔2005-72〕
   A. 投标报价低于成本
   B. 投标报价不符合国家颁布的勘察设计取费标准
   C. 投标文件未经注册建筑师签字
   D. 以联合体形式投标而未提交共同投标协议
   【答案】 C
   【说明】 《工程建设项目勘察设计招标投标办法》第三十六条　投标文件有下列情况之一的，评标委员会应当否决其投标:
   （一）未经投标单位盖章和单位负责人签字;
   （二）投标报价不符合国家颁布的勘察设计取费标准，或者低于成本，或者高于招标文件设定的最高投标限价;
   （三）未响应招标文件的实质性要求和条件。

9. 在工程设计招投标中，下列哪种情况不会使投标文件成为废标?　〔2004-69，2003-69〕
   A. 投标文件未经密封　　　　　　　B. 无总建筑师签字
   C. 未经投标单位盖章　　　　　　　D. 未响应招标文件的条件
   【答案】 B
   【说明】 解析详见第 8 题。

■ 《必须招标的工程项目规定》

10. 根据国家有关规定必须进行设计招标的为哪项:〔2009-69〕
   A. 单项合同估算价为 200 万元，须采用专有技术的某建筑工程
   B. 设计单项合同估算价为 45 万元的总投资额为 2800 万元的工程
   C. 部分使用国有企业事业单位自有资金，其余为私营资金共同出资投资的项目，其中国有资金占 1/3 的
   D. 使用外国政府及其机构贷款资金的项目，设计合同 60 万元
   【答案】 D
   【说明】《必须招标的工程项目规定》第二条　全部或者部分使用国有资金投资或者国家融资的项目包括:
   （一）使用预算资金 200 万元人民币以上，并且该资金占投资额 10% 以上的项目;
   （二）使用国有企业事业单位资金，并且该资金占控股或者主导地位的项目。

第三条 使用国际组织或者外国政府贷款、援助资金的项目包括：

（一）使用世界银行、亚洲开发银行等国际组织贷款、援助资金的项目；

（二）使用外国政府及其机构贷款、援助资金的项目。

第四条 不属于本规定第二条、第三条规定情形的大型基础设施、公用事业等关系社会公共利益、公众安全的项目，必须招标的具体范围由国务院发展改革部门会同国务院有关部门按照确有必要、严格限定的原则制订，报国务院批准。

第五条 本规定第二条至第四条规定范围内的项目，其勘察、设计、施工、监理以及与工程建设有关的重要设备、材料等的采购达到下列标准之一的，必须招标：

（一）施工单项合同估算价在 400 万元人民币以上；

（二）重要设备、材料等货物的采购，单项合同估算价在 200 万元人民币以上；

（三）勘察、设计、监理等服务的采购单项合同估算价在 100 万元人民币以上。同一项目中可以合并进行的勘察、设计、施工、监理以及与工程建设有关的重要设备、材料等的采购，合同估算价合计达到前款规定标准的，必须招标。

11. 与建设工程材料采购必须招标的单项合同估算最低价格是：［2022（05）-67］

A. 50 万元　　　　B. 100 万元　　　　C. 150 万元　　　　D. 200 万元

【答案】 B

【说明】 解析详见第 10 题。

■ 《全过程工程咨询服务管理标准》（T/CCIAT 0024—2020）

12. 全过程工程咨询服务不包含：［2021-63］

A. 勘察　　　　B. 设计　　　　C. 施工　　　　D. 监理

【答案】 C

【说明】 2.0.2 全过程工程咨询服务：对建设项目全生命周期提供的组织、管理、经济和技术等各有关方面的工程咨询服务。包括项目的全过程工程项目管理以及投资咨询、勘察、设计、造价咨询、招标代理、监理、运行维护咨询、BIM 咨询及其他咨询等全部或部分专业咨询服务。

■ 《房屋建筑和市政基础设施项目工程总承包管理办法（2020 年)》

13. 根据《房屋建筑和市政基础设施项目工程总承包管理办法》，总承包单位可以是总承包项目的：［2021-64］

A. 代建单位　　　B. 监理单位　　　C. 项目管理单位　　　D. 设计单位

【答案】 D

【说明】 《房屋建筑和市政基础设施项目工程总承包管理办法（2020 年）》第十一条工程总承包单位不得是工程总承包项目的代建单位、项目管理单位、监理单位、造价咨询单位、招标代理单位。

■ 《建设项目工程总承包管理规范》（GB/T 50358—2017）

14. 根据《建设工程总承包管理规范》（GB/T 50358—2017），工程总承包项目实施计划应：［2022（05）-70］

A. 项目经理签署，并经发包人确认

B. 项目经理签署，并经总承包单位总经理确认

C. 项目经理签署，并由工程总承包企业相关负责人确认

D. 采购经理签署，并由项目经理和工程总承包企业采购管理部门确认

【答案】 A

【说明】 4.4.1项目实施计划应由项目经理组织编制，并经项目发包人认可。

■《国家发展改革委 住房城乡建设部关于推进全过程工程咨询服务发展的指导意见》

15. 根据《国家发展改革委 住房城乡建设部关于推进全过程工程咨询服务发展的指导意见》，工程建设全过程咨询项目负责人需要具备：[2022（05）-84]

A. 工程建设类注册执业资格且具有工程类、工程经济类高级职称，并具有类似工程经验

B. 工程建设类注册执业资格且具有工程类、工程经济类中级及以上职称，并具有类似工程经验

C. 具有高级项目经理资格且具有工程类、工程经济类高级职称，并具有类似工程经验

D. 具有高级项目经理资格及本科以上学历且具有工程类、工程经济类高级职称

【答案】 A

【说明】《国家发展改革委 住房城乡建设部关于推进全过程工程咨询服务发展的指导意见》/三、以全过程咨询推动完善工程建设组织模式/（四）明确工程建设全过程咨询服务人员要求。工程建设全过程咨询项目负责人应当取得工程建设类注册执业资格且具有工程类、工程经济类高级职称，并具有类似工程经验。对于工程建设全过程咨询服务中承担工程勘察、设计、监理或造价咨询业务的负责人，应具有法律法规规定的相应执业资格。全过程咨询服务单位应根据项目管理需要配备具有相应执业能力的专业技术人员和管理人员。设计单位在民用建筑中实施全过程咨询的，要充分发挥建筑师的主导作用。

第十四章　建筑工程勘察设计管理规定

■ **《建设工程勘察设计资质管理规定》**

1. 建筑设计单位的资质是依据下列哪些条件划分等级的？ 〔2005-68〕

Ⅰ. 注册资本；Ⅱ. 单位职工总数；Ⅲ. 专业技术人员；Ⅳ. 勘察设计业绩；Ⅴ. 技术装备

A. Ⅰ、Ⅱ、Ⅲ、Ⅳ
B. Ⅱ、Ⅲ、Ⅳ、Ⅴ
C. Ⅰ、Ⅲ、Ⅳ、Ⅴ
D. Ⅰ、Ⅱ、Ⅳ、Ⅴ

【答案】 C

【说明】 《建设工程勘察设计资质管理规定》第三条　从事建设工程勘察、工程设计活动的企业，应当按照其拥有的注册资本、专业技术人员、技术装备和勘察设计业绩等条件申请资质，经审查合格，取得建设工程勘察、工程设计资质证书后，方可在资质许可的范围内从事建设工程勘察、工程设计活动。

■ **《建筑工程设计资质分级标准》**

2. 小明是一级注册建筑师，他在乙级建筑工程设计资质设计院工作，可以承担下面哪项设计工作？ 〔2021-67〕

A. 1.0 万 m² 45m 高办公楼设计
B. 1.8 万 m² 四星级酒店室内设计
C. 跨度 18m 的三层厂房
D. 1.2 万 m² 的地下室

【答案】 A

【说明】《建筑工程设计资质分级标准》/三、承担任务范围/（二）乙级

1 民用建筑：承担工程等级为二级及以下的民用建筑设计项目。

2 工业建筑：跨度不超过 30m、吊车吨位不超过 30t 的单层厂房和仓库，跨度不超过 12m、6 层及以下的多层厂房和仓库。

3 构筑物：高度低于 45m 的烟囱，容量小于 100m³ 的水塔。容量小于 2000m³ 的水池，直径小于 12m 或边长小于 9m 的料仓。

民用建筑工程设计等级分类见表 14-1。

表 14-1　　　　　　　　　　民用建筑工程设计等级分类表

	建筑	特级	一级	二级	三级
一般公共建筑	单体建筑面积	8 万 m² 以上	2 万 m² 以上至 8 万 m²	5000m² 以上至 2 万 m²	5000m² 及以下
	立项投资	2 亿元以上	4000 万元以上至 2 亿元	1000 万元以上至 4000 万元	1000 万元及以下
	建筑高度	100m 以上	50m 以上至 100m	24m 以上至 50m	24m 及以下（其中砌体建筑不得超过抗震规范高度限值要求）

建筑		特级	一级	二级	三级
住宅、宿舍	层数	—	20 层以上	12 层以上至 20 层	12 层及以下（其中砌体建筑不得超过抗震规范层数限值要求）
居住区、工厂生活区	总建筑面积	—	10 万 m² 以上	10 万 m² 及以下	
地下工程	地下空间（总建筑面积）	5 万 m² 以上	1 万 m² 以上至 5 万 m²	1 万 m² 及以下	
	附建式人防（防护等级）	—	四级及以上	五级及以上	
特殊公共建筑	超限高层建筑抗震要求	抗震设防区特殊超限高层建筑	抗震设防区建筑高度 100m 及以下的一般超限高层建筑	—	—
	技术复杂、有声、光、热、振动、视线等特殊要求	技术特别复杂	技术比较复杂		
	重要性	国家级经济、文化、历史、涉外等重点工作项目	省级经济、文化、历史、涉外等重点工程项目	—	

注：符合某工程等级特征之一的项目即可确认为该工程等级项目。

■ **《建设工程勘察设计管理条例》**

3. **建设工程设计方案评标，以下可不作为综合评定依据的是：**〔2012-67，2004-68，2003-68〕

A. 投标人的业绩　　　　　　　　　　B. 投标人的信誉

C. 勘察、投标人设计人员的能力　　　D. 投标设计图纸的数量

【答案】 D

【说明】 《建设工程勘察设计管理条例》第十四条　建设工程勘察、设计方案评标，应当以投标人的业绩、信誉和勘察、设计人员的能力以及勘察、设计方案的优劣为依据，进行综合评定。

4. **关于建设工程设计发包与承包，以下做法正确的是：**〔2017-67，2010-73〕

A. 经主管部门批准，发包方将采用特定专利或专有技术的建设工程设计直接发包

B. 发包方将建设工程设计直接发包给某注册建筑师

C. 承包方将所承揽的建设工程设计转包其他具有相应资质等级的设计单位

D. 经发包方书面同意，承包方将建设工程设计主体部分分包给其他设计单位

【答案】 A

【说明】 《建设工程勘察设计管理条例》第十六条　下列建设工程的勘察、设计，经有关主管部门批准，可以直接发包：

（一）采用特定的专利或者专有技术的；

（二）建筑艺术造型有特殊要求的；

（三）国务院规定的其他建设工程的勘察、设计。

5. 承接下列建设工程的勘察、设计，经过批准可以直接发包，其中错误的是哪种？［2004-67］

    A. 采用特定专利的
    B. 采用特定专有技术的
    C. 建筑艺术造型有特殊要求的
    D. 建筑使用功能有特殊要求的

    【答案】 D

6. 下列建设工程的勘察、设计，经过批准可以直接发包，其中错误的是哪一种？［2003-67］

    A. 采用特定专利的
    B. 采用特定专有技术的
    C. 采用特定机器设备的
    D. 建筑艺术造型有特殊要求的

    【答案】 C

    【说明】 第5题、第6题解析详见第4题。

7. 某省甲级设计院中标设计一个包括四星级酒店、商业中心与75m高层住宅的综合建设项目，经建设单位同意，以下行为合法的是：［2012-68］

    A. 高层住宅分包给其他甲级设计院设计
    B. 商业中心分包给某乙级设计院设计
    C. 酒店节能设计分包给其他甲级设计院设计
    D. 地下人防安排省人防设计院工程师设计

    【答案】 C

    【说明】《建设工程勘察设计管理条例》第十九条 除建设工程主体部分的勘察、设计外，经发包方书面同意，承包方可以将建设工程其他部分的勘察、设计再分包给其他具有相应资质等级的建设工程勘察、设计单位。

8. 下列关于设计分包的叙述，哪条是正确的？［2009-73］

    A. 设计承包人可以将自己的承包工程交由第三人完成，第三人为具备相应资质的设计单位
    B. 设计承包人经发包人书面同意，可以将自己承包的部分工程设计分包给自然人
    C. 设计承包人经发包人书面同意，可以将自己承包的除主体部分工作分包给具备相应资质的第三人
    D. 设计承包人经发包人同意，可以将自己的全部工作分包给具有相应资质的第三人

    【答案】 C

    【说明】 解析详见第7题。

9. 下列哪条可不作为编制建设工程勘察、设计文件的依据？［2012-72］

    A. 项目批准文件
    B. 城乡规划要求
    C. 工程建设强制性标准
    D. 建筑施工总包方对工程有关内容的规定

    【答案】 D

    【说明】《建设工程勘察设计管理条例》第二十五条 编制建设工程勘察、设计文件，应当以下列规定为依据：

        （一）项目批准文件；
        （二）城乡规划；

（三）工程建设强制性标准；

（四）国家规定的建设工程勘察、设计深度要求。

10. **编制建设工程勘察、设计文件的依据不包括以下哪一项？**［2007-73］

A. 项目批准文件

B. 城乡规划要求

C. 工程监理单位要求

D. 国家规定的建设工程勘察、设计深度要求

【答案】 C

11. **下列哪一种说法是城乡规划与编制建设工程设计文件的正确关系？**［2003-73］

A. 前者是后者的参考　　　　　B. 前者是后者的依据

C. 前者是后者的组成部分　　　D. 前者是后者的指南

【答案】 B

12. **某工程设计施工图即将出图时，国家颁布实施了有关新的设计规范，下列哪种说法是正确的？**［2008-75］

A. 取得委托方同意后设计单位按新规范修改设计

B. 设计单位按委托合同执行原规范，不必修改设计

C. 设计单位按新规范修改设计应视为违约行为

D. 设计单位应按新规范修改设计

【答案】 D

【说明】 第10题～第12题解析详见第9题。

13. **编制方案设计文件,应当满足：**［2020 - 64］

A. 建设工程规划、选址、设计、岩土治理和施工的需要

B. 编制初步设计文件和控制概算的需要

C. 编制投标文件的需要

D. 设备材料采购、非标准设备制作和施工的需要

【答案】 B

【说明】 《建设工程勘察设计管理条例》第二十六条　编制建设工程勘察文件，应当真实、准确，满足建设工程规划、选址、设计、岩土治理和施工的需要。编制方案设计文件，应当满足编制初步设计文件和控制概算的需要。编制初步设计文件，应当满足编制施工招标文件、主要设备材料订货和编制施工图设计文件的需要。编制施工图设计文件，应当满足设备材料采购、非标准设备制作和施工的需要，并注明建设工程合理使用年限。

14. **民用建筑工程初步设计文件编制的深度，根据《建设工程勘察设计管理条例》应满足：**
［2022(05) - 72, 2019 - 35, 2012 - 73, 2008 - 72, 2006 - 71, 2005 - 75］

A. 设备材料采购的需要　　　　B. 编制工程预算的需要

C. 非标准设备制作的需要　　　D. 编制施工招标文件的需要

【答案】 D

15. 下列哪一部法律、法规规定，编制施工图设计文件，应当注明建设工程合理使用年限？
［2004-73］

A. 《中华人民共和国建筑法》　　　　　B. 《中华人民共和国注册建筑师条例》

C. 《建设工程勘察设计管理条例》　　　D. 《中华人民共和国招标投标法》

【答案】　C

【说明】　第 14 题、第 15 题解析详见第 13 题。

16. 根据《建设工程勘察设计管理条例》，设计文件中选用的材料、构配件、设备，应当注明其：［2020（05）-73，2020-73，2017-68］

A. 材料试验标准　　　　　　　　　　B. 规格、型号、性能等技术指标

C. 生产商和供应商　　　　　　　　　D. 材料运输和储存规定

【答案】　B

【说明】　《建设工程勘察设计管理条例》第二十七条　设计文件中选用的材料、构配件、设备，应当注明其规格、型号、性能等技术指标，其质量要求必须符合国家规定的标准。除有特殊要求的建筑材料、专用设备和工艺生产线等外，设计单位不得指定生产厂、供应商。

17. 设计文件中选用材料、构配件、设备时，以下哪项做法不正确？［2012-74，2005-76］

A. 注明其规格　　　　　　　　　　　B. 注明其型号

C. 注明其生产厂家　　　　　　　　　D. 注明其性能

【答案】　C

18. 下列哪一项不属于设计单位必须承担的质量责任和义务？［2006-68］

A. 应当依法取得相应的资质证书，并在其资质等级许可的范围内承担工程设计任务

B. 必须按照工程建设强制性标准进行设计，并对其质量负责

C. 在设计文件中选用的建筑材料和设备，应注明规格、型号、性能等技术指标，其质量应符合国家标准

D. 设计单位应指定生产设备的厂家

【答案】　D

【说明】　第 17 题、第 18 题解析详见第 16 题。

19. 修改建设工程设计文件的正确做法是：［2011-74，2006-72］

A. 无须委托原设计单位而由原设计人员修改

B. 由原设计单位修改

C. 无须征询原设计单位同意而由具有相应资质的设计单位修改

D. 由施工单位修改，设计人员签字认可

【答案】　B

【说明】　《建设工程勘察设计管理条例》第二十八条　建设单位、施工单位、监理单位不得修改建设工程勘察、设计文件；确需修改建设工程勘察、设计文件的，应当由原建设工程勘察、设计单位修改。经原建设工程勘察、设计单位书面同意，建设单位也可以委托其他具有相应资质的建设工程勘察、设计单位修改。修改单位对修改的勘察、设计文件承担相应责任。施工单位、监理单位发现建设工程勘察、设计文件不符合工程建设

强制性标准、合同约定的质量要求的，应当报告建设单位，建设单位有权要求建设工程勘察、设计单位对建设工程勘察、设计文件进行补充、修改。建设工程勘察、设计文件内容需要做重大修改的，建设单位应当报经原审批机关批准后，方可修改。

20. 施工单位、监理单位发现建设工程勘察、设计文件不符合工程建设强制性标准、合同约定的质量要求的，应当报告：[2022（05）-76，2007-75，2005-77]

    A. 设计单位　　　　　　　　　　B. 建设单位
    C. 当地施工图审查机构　　　　　D. 当地住房和城乡建设主管单位

    【答案】　B

21. 建设工程设计文件内容需要做重大修改的，建设单位应当经过下列哪项程序后，方可进行？[2020-66，2007-66，2006-73，2003-74]

    A. 组织专家审查　　　　　　　　B. 请设计单位论证
    C. 向设计单位出具书面修改要求　D. 报经原审批机关批准

    【答案】　D

22. 下列关于建设工程勘察设计文件编制与实施的做法中，错误的是：[2019-34]

    A. 设计文件内容需要做重大修改的，设计单位应当报经原审图机构审查通过后方可修改
    B. 编制市政交通工程设计文件，应当以批准的城乡和专业规划的要求为依据
    C. 设计文件中选用的材料、设备，其质量需要必须满足国家规定的标准
    D. 编制工程勘察文件，应当真实、准确，满足工程设计和施工的需要

    【答案】　A

    【说明】　第20题～第22题解析详见第19题。

23. 建设工程设计单位对施工中出现的设计问题，应当采取下列哪种做法？[2004-74]

    A. 应当及时解决　　　　　　　　B. 应当有偿解决
    C. 应当与建设单位签订服务合同解决　D. 没有义务解决

    【答案】　A

    【说明】　《建设工程勘察设计管理条例》第三十条　建设工程勘察、设计单位应当在建设工程施工前，向施工单位和监理单位说明建设工程勘察、设计意图，解释建设工程勘察、设计文件。建设工程勘察、设计单位应当及时解决施工中出现的勘察、设计问题。

24. 在建设工程施工阶段，设计单位做法正确的是：[2019-36]

    A. 在工程施工过程中进行施工技术交底
    B. 在工程施工中及时解决出现的施工问题
    C. 在施工前向施工单位说明工程设计意图
    D. 在施工前对工程施工技术提出合理的建议

    【答案】　C

    【说明】　解析详见第23题。

25. 施工图设计审查的内容不包括：[2021-74]

    A. 涉及公共利益　　　　　　　　B. 涉及公众安全

C. 对于强制性标准的执行情况　　　D. 设计合同约定的限额的设计内容

【答案】 D

【说明】《建设工程勘察设计管理条例》第三十三条　施工图设计文件审查机构应当对房屋建筑工程、市政基础设施工程施工图设计文件中涉及公共利益、公众安全、工程建设强制性标准的内容进行审查。县级以上人民政府交通运输等有关部门应当按照职责对施工图设计文件中涉及公共利益、公众安全、工程建设强制性标准的内容进行审查。施工图设计文件未经审查批准的，不得使用。

26. 施工图审查机构可不审查的施工图内容是：[2019-39]

A. 地基基础和主体结构的安全性

B. 对施工难易度与经济性的影响

C. 是否符合民用建筑节能强制性标准

D. 注册执业人员是否按规定在施工图上加盖相应的图章和签字

【答案】 B

27. 建筑设计单位允许其他单位或者个人以本单位的名义承揽建设工程设计的，除受到责令停止违法行为处罚外，还可处以下列哪项罚款？[2007-85]

A. 合同约定的设计费 1 倍以上 2 倍以下

B. 10 万～30 万元

C. 违法所得 2～5 倍

D. 10 万元以下

【答案】 A

【说明】《建设工程勘察设计管理条例》第八条　建设工程勘察、设计单位应当在其资质等级许可的范围内承揽建设工程勘察、设计业务。禁止建设工程勘察、设计单位超越其资质等级许可的范围或者以其他建设工程勘察、设计单位的名义承揽建设工程勘察、设计业务。禁止建设工程勘察、设计单位允许其他单位或者个人以本单位的名义承揽建设工程勘察、设计业务。

第三十五条　违反本条例第八条规定的，责令停止违法行为，处合同约定的勘察费、设计费 1 倍以上 2 倍以下的罚款，有违法所得的，予以没收；可以责令停业整顿，降低资质等级；情节严重的，吊销资质证书。未取得资质证书承揽工程的，予以取缔，依照前款规定处以罚款；有违法所得的，予以没收。以欺骗手段取得资质证书承揽工程的，吊销资质证书，依照本条第一款规定处以罚款；有违法所得的，予以没收。

28. 对于违反《建设工程勘察设计管理条例》规定的逾期不改的项目，不属于处 10 万元以上 30 万元以下罚款的情况是：[2019-33]

A. 未依据专家评审意见进行设计的　　B. 未依据城乡规划及专业规划设计的

C. 未依据项目批准文件编制文件的　　D. 未依据国家规定的设计深度要求设计的

【答案】 A

【说明】《建设工程勘察设计管理条例》第四十条　违反本条例规定，勘察、设计单位未依据项目批准文件，城乡规划及专业规划，国家规定的建设工程勘察、设计深度要求编制建设工程勘察、设计文件的，责令限期改正；逾期不改正的，处 10 万元以上 30 万元以下的罚款；造成工程质量事故或者环境污染和生态破坏的，责令停业整顿，降低资质等级；情节严重的，吊销资质证书；造成损失的，依法承担赔偿责任。

29. 以下设计行为中属于违法的是：[2012-66]

Ⅰ. 已从建筑设计院退休的王高工，组织有工程师技术职称的基督徒免费负责一座教堂的施工图设计；

Ⅱ. 总务处李老师为节省学校开支，免费为学校设计了一个临时库房；

Ⅲ. 某人防专业设计院郑工为其他设计院负责设计了多个人防工程施工图；

Ⅳ. 农民未进行设计自建两层6间楼房

A. Ⅰ、Ⅱ   B. Ⅰ、Ⅲ   C. Ⅱ、Ⅲ   D. Ⅲ、Ⅳ

【答案】 B

【说明】 《建设工程勘察设计管理条例》第四十四条　抢险救灾及其他临时性建筑和农民自建两层以下住宅的勘察、设计活动，不适用本条例。

第四十五条　军事建设工程勘察、设计的管理，按照中央军事委员会的有关规定执行。

30. 适用于《建设工程勘察设计管理条例》的设计是：[2021-65]

A. 抢险救灾项目   B. 成片住宅区

C. 农民自建2层以下住宅项目   D. 军事工程

【答案】 B

【说明】 解析详见第29题。第四十五条　军事建设工程勘察、设计的管理，按照中央军事委员会的有关规定执行。（选项D）

■ 《建设工程质量管理条例》

31. 施工图设计文件审查报送单位是：[2020-77]

A. 建设单位   B. 设计单位   C. 施工单位   D. 监理单位

【答案】 A

【说明】《建设工程质量管理条例》第十一条　建设单位应当将施工图设计文件报县级以上人民政府建设行政主管部门或者其他有关部门审查。施工图设计文件审查的具体办法，由国务院建设行政主管部门会同国务院其他有关部门制定。施工图设计文件未经审查批准的，不得使用。

32. 建设工程竣工验收应当由：[2020-67]

A. 建设单位组织   B. 工程质量监督单位组织

C. 监理单位组织   D. 使用单位组织

【答案】 A

【说明】《建设工程质量管理条例》第十六条　建设单位收到建设工程竣工报告后，应当组织设计、施工、工程监理等有关单位进行竣工验收。建设工程竣工验收应当具备下列条件：

（一）完成建设工程设计和合同约定的各项内容；

（二）有完整的技术档案和施工管理资料；

（三）有工程使用的主要建筑材料、建筑构配件和设备的进场试验报告；

（四）有勘察、设计、施工、工程监理等单位分别签署的质量合格文件；

（五）有施工单位签署的工程保修书。建设工程经验收合格的，方可交付使用。

33. 建设工程的竣工验收必备条件是：[2022（05）-74]

A. 已经办理工程竣工资料归档手续

B. 有监理单位签署的工程保修书

C. 有工程使用的主要建筑材料、建筑构配件和设备的进场试验报告

D. 有建设单位签署的质量合格文件

【答案】 C

34. 下列建设工程竣工验收的条件，错误的是：[2020-75，2012-69，2004-83，2003-83]

A. 有完整的技术档案和施工管理资料

B. 有设备的试运转试验报告

C. 有勘察、设计、施工、工程监理单位分别签署的质量合格文件

D. 有施工单位签署的工程保修书

【答案】 B

35. 建设工程竣工验收时，应当具备哪些单位分别签署的质量合格文件？[2008-77]

Ⅰ. 建设单位；Ⅱ. 勘察单位；Ⅲ. 设计单位；Ⅳ. 施工单位；Ⅴ. 监理单位

A. Ⅰ、Ⅱ、Ⅲ、Ⅳ、Ⅴ
B. Ⅰ、Ⅱ、Ⅲ、Ⅳ

C. Ⅱ、Ⅲ、Ⅳ、Ⅴ
D. Ⅰ、Ⅲ、Ⅳ、Ⅴ

【答案】 C

【说明】 第 33 题～第 35 题解析详见第 32 题。

36. 设计单位应当就审查合格后的施工图设计文件向哪个单位做详细说明？[2020-74]

A. 建设单位　　B. 勘察单位　　C. 施工单位　　D. 监理单位

【答案】 C

【说明】 《建设工程质量管理条例》第二十三条　设计单位应当就审查合格的施工图设计文件向施工单位作出详细说明。

37. 施工单位在施工过程中发现设计文件和图纸有差错的，应当采取下列哪种做法？[2004-75]

A. 及时修改设计文件和图纸
B. 及时提出意见和建议

C. 施工中自行纠正设计错误
D. 坚持按图施工

【答案】 B

【说明】 《建设工程质量管理条例》第二十八条　施工单位必须按照工程设计图纸和施工技术标准施工，不得擅自修改工程设计，不得偷工减料。施工单位在施工过程中发现设计文件和图纸有差错的，应当及时提出意见和建议。

38. 下列关于工程监理职责和权限的说法，正确的是：[2022（05）-80]

A. 未经监理工程师签字，建筑材料、建筑构配件和设备不得在工程上使用或者安装

B. 未经总监理工程师签字，施工企业不得进入下一道工序的施工

C. 未经监理工程师签字，建设单位不得拨付工程款

D. 未经监理工程师签字，建设单位不得进行竣工验收

【答案】 A

【说明】 《建设工程质量管理条例》第三十七条 工程监理单位应当选派具备相应资格的总监理工程师和监理工程师进驻施工现场。未经监理工程师签字，建筑材料、建筑构配件和设备不得在工程上使用或者安装，施工单位不得进行下一道工序的施工。未经总监理工程师签字，建设单位不拨付工程款，不进行竣工验收。

39. 建筑材料、建筑构配件和设备在工程上使用或者安装，施工单位进行下一道工序的施工，应经以下哪种类型工程师签字？〔2020-80〕

    A. 设计师   B. 勘察设计师

    C. 监理工程师   D. 材料工程师

【答案】 C

40. 建设工程中，以下哪两项必须经总监理工程师签字后方可实施？〔2012-84，2010-83，2008-83〕

    Ⅰ. 进入下一道工序施工；Ⅱ. 设备安装；Ⅲ. 建设单位拨付工程款；Ⅳ. 竣工验收

    A. Ⅰ、Ⅱ   B. Ⅰ、Ⅲ   C. Ⅱ、Ⅲ   D. Ⅲ、Ⅳ

【答案】 D

【说明】 第 39 题、第 40 题解析详见第 38 题。

41. 监理工程师实施监理的形式不包括：〔2022(05)-81〕

    A. 评估   B. 旁站   C. 巡视   D. 平行检验

【答案】 A

【说明】《建设工程质量管理条例》第三十八条 监理工程师应当按照工程监理规范的要求，采取旁站、巡视和平行检验等形式，对建设工程实施监理。

42. 根据《建设工程质量管理条例》，在正常使用条件下，建设工程的给排水管道最低保修期限为几年？〔2008-76〕

    A. 1 年   B. 2 年   C. 3 年   D. 4 年

【答案】 B

【说明】 《建设工程质量管理条例》第四十条 在正常使用条件下，建设工程的最低保修期限为：

    （一）基础设施工程、房屋建筑的地基基础工程和主体结构工程，为设计文件规定的该工程的合理使用年限；

    （二）屋面防水工程、有防水要求的卫生间、房间和外墙面的防渗漏，为 5 年；

    （三）供热与供冷系统，为 2 个采暖期、供冷期；

    （四）电气管线、给排水管道、设备安装和装修工程，为 2 年。其他项目的保修期限由发包方与承包方约定。建设工程的保修期，自竣工验收合格之日起计算。

43. 某住宅开发项目为建筑立面的美观和吸引购房者，开发公司要求设计卧室飘窗距按地面 400mm 高，飘窗设置普通玻璃且不设栏杆，建设行政主管部门对其做出的如下做法哪项正确？〔2011-85〕

    A. 责令开发公司改正，并处以 20 万元以上 50 万元以下的罚款

B. 责令开发公司改正，并处以 10 万元以上 30 万元以下的罚款

C. 责令设计单位改正，并处以 20 万元以上 50 万元以下的罚款

D. 责令设计单位改正，并处以 10 万元以上 30 万元以下的罚款

【答案】 A

【说明】 《建设工程质量管理条例》第五十六条　违反本条例规定，建设单位有下列行为之一的，责令改正，处 20 万元以上 50 万元以下的罚款：

（一）迫使承包方以低于成本的价格竞标的；

（二）任意压缩合理工期的；

（三）明示或者暗示设计单位或者施工单位违反工程建设强制性标准，降低工程质量的；

（四）施工图设计文件未经审查或者审查不合格，擅自施工的；

（五）建设项目必须实行工程监理而未实行工程监理的；

（六）未按照国家规定办理工程质量监督手续的；

（七）明示或者暗示施工单位使用不合格的建筑材料、建筑构配件和设备的；

（八）未按照国家规定将竣工验收报告、有关认可文件或者准许使用文件报送备案的。

44. 设计单位超越其资质等级或以其他单位名义承揽建筑设计业务的，除责令停止违法行为、没收违法所得外，还要处合同约定设计费多少倍的罚款？［2010-85，2008-84］

A. 1 倍以下　　　　　　　　　　　B. 1 倍以上 2 倍以下

C. 2 倍以上 3 倍以下　　　　　　　D. 3 倍以上 4 倍以下

【答案】 B

【说明】 《建设工程质量管理条例》第六十条　违反本条例规定，勘察、设计、施工、工程监理单位超越本单位资质等级承揽工程的，责令停止违法行为，对勘察、设计单位或者工程监理单位处合同约定的勘察费、设计费或者监理酬金 1 倍以上 2 倍以下的罚款；对施工单位处工程合同价款 2% 以上 4% 以下的罚款，可以责令停业整顿，降低资质等级；情节严重的，吊销资质证书；有违法所得的，予以没收。

45. 勘察、设计单位违反工程建设强制性标准进行勘察、设计，除责令改正外，还应处以：

［2021-85，2013-83，2012-85，2006-75］

A. 1 万元以上 3 万元以下的罚款　　　B. 5 万元以上 10 万元以下的罚款

C. 10 万元以上 30 万元以下的罚款　　D. 30 万元以上 50 万元以下的罚款

【答案】 C

【说明】 《建设工程质量管理条例》第六十三条　违反本条例规定，有下列行为之一的，责令改正，处 10 万元以上 30 万元以下的罚款：

（一）勘察单位未按照工程建设强制性标准进行勘察的；

（二）设计单位未根据勘察成果文件进行工程设计的；

（三）设计单位指定建筑材料、建筑构配件的生产厂、供应商的；

（四）设计单位未按照工程建设强制性标准进行设计的。有前款所列行为，造成工程质量事故的，责令停业整顿，降低资质等级；情节严重的，吊销资质证书；造成损失的，依法承担赔偿责任。

46. 设计单位指定建筑材料、建筑构配件的生产厂家和供应商的，处以下列哪一项罚款？
〔2006-85〕

A. 10 万元以上 30 万元以下

B. 指定建筑材料或建筑构配件合同价款 2% 以上 4% 以下

C. 5 万元以上 10 万元以下

D. 指定建筑材料或建筑构配件合同价款 5% 以上 10% 以下

【答案】 A

47. 根据《建设工程质量管理条例》，设计单位未按照工程建设强制性标准进行设计，造成工程质量事故的，除了责令停业整顿，还应：〔2022（05）-85〕

A. 处 1 万元以上 3 万元以下的罚款　　　B. 处 5 万元以上 10 万元以下的罚款

C. 降低资质等级　　　D. 吊销资质证书

【答案】 C

【说明】 第 46 题、第 47 题解析详见第 45 题。

48. 施工单位不按照工程设计图纸或施工技术标准施工的，责令改正，处以下列哪一项罚款？〔2003-75〕

A. 10 万元以上 20 万元以下　　　B. 20 万元以上 50 万元以下

C. 工程合同价款的 1% 以上 5% 以下　　　D. 工程合同价款的 2% 以上 4% 以下

【答案】 D

【说明】 《建设工程质量管理条例》第六十四条　违反本条例规定，施工单位在施工中偷工减料的，使用不合格的建筑材料、建筑构配件和设备的，或者有不按照工程设计图纸或者施工技术标准施工的其他行为的，责令改正，处工程合同价款 2% 以上 4% 以下的罚款；造成建设工程质量不符合规定的质量标准的，负责返工、修理，并赔偿因此造成的损失；情节严重的，责令停业整顿，降低资质等级或者吊销资质证书。

49. 违反《建设工程质量管理条例》规定，注册建筑师因过错造成重大质量事故的，应当承担的相关法律责任是：〔2020 - 81〕

A. 责令停止执业 1 年

B. 责令停止执业 3 年

C. 吊销执业资格证书，5 年以内不予注册

D. 吊销执业资格证书，7 年以内不予注册

【答案】 C

【说明】 《建设工程质量管理条例》第七十二条违反本条例规定，注册建筑师、注册结构工程师、监理工程师等注册执业人员因过错造成质量事故的，责令停止执业 1 年；造成重大质量事故的，吊销执业资格证书，5 年以内不予注册；情节特别恶劣的，终身不予注册。

■ 《工程建设若干违法违纪行为处罚办法》

50. 对于在设计文件中指定使用不符合国家规定质量标准的建筑材料造成重大事故的设计单位，应按以下哪条处理？〔2009-85〕

A. 责令改正及停业整顿，处以罚款，对造成损失的应承担相应的赔偿责任

B. 责令改正及停业整顿，处以罚款，对造成损失的应承担相应的赔偿责任，降低资质等级，两年内不得升级

C. 责令停业整顿，对造成损失的应承担相应的赔偿责任，降低资质等级，两年内不得升级

D. 责令停业整顿，对造成损失的应承担相应的赔偿责任，降低资质等级，一年内不得升级

【答案】 B

【说明】《工程建设若干违法违纪行为处罚办法》第十一条 设计文件选用的建筑材料、构配件和设备，应当注明其规格、型号、性能等技术指标，其质量要求必须符合国家规定的标准。施工单位必须按照工程设计要求，施工技术标准和合同的约定，对建筑材料、构配件和设备进行检验，不合格的不得使用。

（二）对违反本条规定的勘察、设计单位和责任人的处理：

1 对于在设计文件中指定使用不符合国家规定质量标准的建筑材料、构配件、设备的，责令改正，处以罚款，责令停业整顿，造成损失的应承担相应的赔偿责任。

2 造成重大事故的，除依照前项规定处理外，降低资质等级，两年内不得升级，对执业注册人员停止执业一年；造成特大事故的，吊销资质证书和责任人的执业资格证书，个人五年内不予注册。

■ 《实施工程建设强制性标准监督规定》

51. 下列关于执行工程建设强制性标准范围的说法，错误的是：[2006-76]

A. 中华人民共和国境内外的新建、扩建、改建等工程建设活动

B. 中华人民共和国境内的新建工程

C. 中华人民共和国境内的扩建工程

D. 中华人民共和国境内的改建工程

【答案】 A

【说明】《实施工程建设强制性标准监督规定》第二条 在中华人民共和国境内从事新建、扩建、改建等工程建设活动，必须执行工程建设强制性标准。

52. 工程建设强制性标准不涉及以下哪个方面的条文？[2012-75]

A. 安全　　　　B. 美观　　　　C. 卫生　　　　D. 环境保护

【答案】 B

【说明】《实施工程建设强制性标准监督规定》第三条 本规定所称工程建设强制性标准是指直接涉及工程质量、安全、卫生及环境保护等方面的工程建设标准强制性条文。

国家工程建设标准强制性条文由国务院住房城乡建设主管部门会同国务院有关主管部门确定。

53. 对工程建设标准强制性条文所直接涉及的范围论述准确、全面的是：[2007-77]

A. 工程质量、安全　　　　　　　　B. 工程质量、卫生及环境保护

C. 工程质量、安全、卫生及环境保护　　D. 安全、卫生及环境保

【答案】 C

54. 国家工程建设强制性条文应由下列哪种机构确定？〔2006-74〕

A. 国家标准化管理机关

B. 国务院有关法制主管部门

C. 国务院住房城乡建设主管部门会同国务院有关主管部门确定

D. 国务院住房城乡建设主管部门会同有关标准制定机构确定

【答案】 C

【说明】 第53题、第54题解析详见第52题。

55. 县级以上地方人民政府的什么机构负责本行政区域内实施工程建设强制性标准的监督管理工作？〔2003-85〕

A. 建设项目规划审查机构   B. 建设安全监督管理机构

C. 工程质量监督机构   D. 住房城乡建设主管部门

【答案】 D

【说明】 《实施工程建设强制性标准监督规定》第四条 国务院住房城乡建设主管部门负责全国实施工程建设强制性标准的监督管理工作。国务院有关主管部门按照国务院的职能分工负责实施工程建设强制性标准的监督管理工作。县级以上地方人民政府住房城乡建设主管部门负责本行政区域内实施工程建设强制性标准的监督管理工作。

56. 工程建设中拟采用的新技术、新工艺、新材料，可能影响建设工程质量和安全，又没有国家技术标准的，应当：〔2013-75，2003-77〕

A. 通过本地建设主管部门批准后实施

B. 由拟采用单位组织专家论证，报本单位上级主管部门批准实施

C. 由拟采用单位组织专家技术论证，报批准标准的建设行政主管部门审定

D. 由国家认可的检测机构进行试验、论证，出具检测报告，并经国务院有关主管部门或者省、自治区、直辖市人民政府有关主管部门组织的建设工程技术专家委员会审定

【答案】 D

【说明】 《实施工程建设强制性标准监督规定》第五条 建设工程勘察、设计文件中规定采用的新技术、新材料，可能影响建设工程质量和安全，又没有国家技术标准的，应当由国家认可的检测机构进行试验、论证，出具检测报告，并经国务院有关主管部门或者省、自治区、直辖市人民政府有关主管部门组织的建设工程技术专家委员会审定后，方可使用。

57. 对设计阶段执行强制性标准的情况实施监督的是：〔2013-76，2009-77，2005-79〕

A. 规划审查单位   B. 建筑安全监督单位

C. 工程质量监督单位   D. 施工图设计文件审查单位

【答案】 D

【说明】 《实施工程建设强制性标准监督规定》第六条 建设项目规划审查机关应当对工程建设规划阶段执行强制性标准的情况实施监督。施工图设计文件审查单位应当对工程建设勘察、设计阶段执行强制性标准的情况实施监督。建筑安全监督管理机构应当对工程建设施工阶段执行施工安全强制性标准的情况实施监督。工程质量监督机构应当对工程建设施工、监理、验收等阶段执行强制性标准的情况实施监督。

58. **工程质量监督机构应当对工程建设：**［2020-76，2017-73］

A. 规划阶段执行强制性标准的情况实施监督

B. 设计阶段执行强制性标准的情况实施监督

C. 勘察阶段执行强制性标准的情况实施监督

D. 施工、监理、验收等阶段执行强制性标准的情况实施监督

【答案】 D

59. **工程质量监督机构应当对工程建设的以下哪两项执行强制性标准的情况实施监督？**［2012-77］

Ⅰ. 设计； Ⅱ. 勘察； Ⅲ. 施工； Ⅳ. 监理

A. Ⅰ、Ⅲ B. Ⅱ、Ⅲ

C. Ⅱ、Ⅳ D. Ⅲ、Ⅳ

【答案】 D

【说明】 第58题、第59题解析详见第57题。

60. **以下哪些单位的技术人员必须熟悉、掌握工程建设强制性标准？**［2011-77，2010-77］

Ⅰ. 建设单位；Ⅱ. 建设项目规划审查机关；Ⅲ. 施工图设计文件审查单位；

Ⅳ. 建筑安全监督管理机构；Ⅴ. 工程质量监督机构

A. Ⅰ、Ⅱ、Ⅲ、Ⅳ B. Ⅰ、Ⅱ、Ⅲ、Ⅴ

C. Ⅰ、Ⅱ、Ⅳ、Ⅴ D. Ⅱ、Ⅲ、Ⅳ、Ⅴ

【答案】 D

【说明】 《实施工程建设强制性标准监督规定》第七条 建设项目规划审查机关、施工设计图设计文件审查单位、建筑安全监督管理机构、工程质量监督机构的技术人员必须熟悉、掌握工程建设强制性标准。

61. **对工程项目执行强制性标准情况进行监督检查的单位为：**［2020-84，2017-77，2011-76］

A. 建设项目规划审查机构 B. 工程建设标准批准部门

C. 施工图设计文件审查单位 D. 工程质量监督机构

【答案】 B

【说明】 《实施工程建设强制性标准监督规定》第八条 工程建设标准批准部门应当定期对建设项目规划审查机关、施工图设计文件审查单位、建筑安全监督管理机构、工程质量监督机构实施强制性标准的监督进行检查，对监督不力的单位和个人，给予通报批评，建议有关部门处理。

第九条 工程建设标准批准部门应当对工程项目执行强制性标准情况进行监督检查。监督检查可以采取重点检查、抽查和专项检查的方式。

62. **根据《实施工程建设强制性标准监督规定》，对执行强制性标准的情况实施监督的说法正确的是：**［2021-75］

A. 工程项目验收阶段由建筑安全监督管理机构实施监督

B. 监理单位的技术人员必须熟悉、掌握工程建设强制性标准

C. 工程中采用的计算机软件的内容是否符合强制性标准的规定

D. 工程质量监督机构应当对涉及阶段执行强制性标准的情况实施监督

【答案】 C

【说明】 《实施工程建设强制性标准监督规定》第十条 强制性标准监督检查的内容包括：

（一）有关工程技术人员是否熟悉、掌握强制性标准；

（二）工程项目的规划、勘察、设计、施工、验收等是否符合强制性标准的规定；

（三）工程项目采用的材料、设备是否符合强制性标准的规定；

（四）工程项目的安全、质量是否符合强制性标准的规定；

（五）工程中采用的导则、指南、手册、计算机软件的内容是否符合强制性标准的规定。

63. **工程建设标准批准部门对工程项目执行强制性标准情况进行监督检查的下列内容中，哪一种不属于规定的内容？** ［2004-76］

A. 工程项目的建设程序和进度是否符合强制性标准的规定

B. 工程项目采用的材料是否符合强制性标准的规定

C. 工程项目的安全、质量是否符合强制性标准的规定

D. 工程中采用的手册的内容是否符合强制性标准的规定

【答案】 A

64. **下列不属于《实施工程建设强制性标准监督规定》中强制性标准督查检查的是：** ［2019-37］

A. 工程项目的验收是否符合强制性标准的规定

B. 有关工程技术人员是否熟悉，掌握强制性标准

C. 工程项目操作指南的内容是否符合强制性标准的规定

D. 工程项目的目标管理体系是否符合强制性标准的规定

【答案】 D

65. **根据《实施工程建设强制性标准监督规定》，强制性标准监督检查的内容不包括：** ［2017-75］

A. 工程项目的勘察是否符合强制性标准的规定

B. 施工现场工人是否熟悉、掌握强制性规范

C. 工程项目采用的材料、设备是否符合强制性标准的规定

D. 工程中采用的导则、指南、手册、计算机软件的内容是否符合强制性标准的规定

【答案】 B

66. **工程建设标准批准部门对工程项目执行强制性标准情况进行监督检查时，下列哪一种不属于监督检查的范围？** ［2003-76］

A. 工程中采用的计算机软件的内容是否符合强制性标准的规定

B. 工程项目的设计是否符合强制性标准的规定

C. 工程项目的管理是否符合强制性标准的规定

D. 有关工程技术人员是否熟悉掌握强制性标准

【答案】 C

【说明】 第63题～第66题解析详见第62题。

67. 下列哪一个部门负责解释工程建设强制性标准？[2010-76]

A. 标准批准部门 　　　　　　　　B. 标准编制部门

C. 标准编制部门的上级行政主管部门　D. 标准编制部门的下属技术部门

【答案】 A

【说明】 《实施工程建设强制性标准监督规定》第十二条　工程建设强制性标准的解释由工程建设标准批准部门负责。有关标准具体技术内容的解释，工程建设标准批准部门可以委托该标准的编制管理单位负责。

68. 关于工程建设强制性标准的说法，正确的是：[2019-38]

A. 各级建设主管部门应当将强制性标准监督检查结果在一定范围内公布

B. 民营和社会资本投资项目的工程建设活动，可不执行工程建设强制性标准

C. 监理单位违反强制性标准规定，责令整改，处以罚款，降低资质等级或吊销资质证书

D. 工程建设强制性标准是指直接或间接涉及工程质量，安全等方面的工程标准强制性条文

【答案】 C

【说明】 详见《实施工程建设强制性标准监督规定》第十九条　工程监理单位违反强制性标准规定，将不合格的建设工程以及建筑材料、建筑构配件和设备按照合格签字的，责令改正，处 50 万元以 100 万元以下的罚款，降低资质等级或者吊销资质证书；有违法所得的，予以没收；造成损失的，承担连带赔偿责任。

　　　　A 选项详见第十一条　工程建设标准批准部门应当将强制性标准监督检查结果在一定范围内公告，B 选项详见第二条，D 选项详见第三条。

■《建设工程消防设计审查验收管理暂行规定》

69. 《建设工程消防设计审查验收管理暂行规定》中规定的设计单位应承担的消防设计的责任是：[2022（05）-69]

A. 首要责任　　　B. 主体责任　　　　C. 次要责任　　　　D. 无责任

【答案】 B

【说明】《建设工程消防设计审查验收管理暂行规定》第八条　建设单位依法对建设工程消防设计、施工质量负首要责任。设计、施工、工程监理、技术服务等单位依法对建设工程消防设计、施工质量负主体责任。建设、设计、施工、工程监理、技术服务等单位的从业人员依法对建设工程消防设计、施工质量承担相应的个人责任。

70. 关于设计单位应承担的消防设计的责任和义务，下列说法正确的是：[2021-73]

A. 应该对消防设计质量承担首要责任

B. 应负责申请消防审查

C. 挑选满足防火要求的建筑产品、材料、配件和设备并检验其质量

D. 参加工程项目竣工验收，并对消防设计实施情况盖章确认

【答案】 D

【说明】《建设工程消防设计审查验收管理暂行规定》第十条　设计单位应当履行下列消防设计、施工质量责任和义务：

　　（一）按照建设工程法律法规和国家工程建设消防技术标准进行设计，编制符合要求的消防设计文件，不得违反国家工程建设消防技术标准强制性条文；

（二）在设计文件中选用的消防产品和具有防火性能要求的建筑材料、建筑构配件和设备，应当注明规格、性能等技术指标，符合国家规定的标准；

（三）参加建设单位组织的建设工程竣工验收，对建设工程消防设计实施情况签章确认，并对建设工程消防设计质量负责。

■ 《建筑抗震设计标准》（GB/T 50011—2010，2024 年版）

71. 抗震设防烈度为几度及以上地区的建筑，必须进行抗震设计？［2009-76］

A. 5 度   B. 6 度   C. 7 度   D. 8 度

【答案】 B

【说明】 1.0.2 抗震设防烈度为 6 度及以上的地区，必须进行抗震设计。

■ 《工程设计收费基价计算公式》

72. 技术改造项目可依据设计复杂程度增加设计收费的调整系数，其范围为：［2011-72］

A. 1.1～1.3   B. 1.1～1.4   C. 1.2～1.4   D. 1.1～1.5

【答案】 B

【说明】 1.0.12 改扩建和技术改造建设项目，附加调整系数为 1.1～1.4。根据工程设计复杂程度确定适当的附加调整系数，计算工程设计收费。

第十五章 建筑工程设计文件编制深度规定

■《建筑工程设计文件编制深度规定》(2016 年版)

1. 根据《建筑工程设计文件编制深度规定》，民用建筑工程一般分为：[2011-73]

A. 方案设计、施工图设计两个阶段

B. 概念性方案设计、方案设计、施工图设计三个阶段

C. 可行性研究、方案设计、施工图设计三个阶段

D. 方案设计、初步设计、施工图设计三个阶段

【答案】 D

【说明】 1.0.4 建筑工程一般应分为方案设计、初步设计和施工图设计三个阶段；对于技术要求相对简单的民用建筑工程，当有关主管部门在初步设计阶段没有审查要求，且合同中没有做初步设计的约定时，可在方案设计审批后直接进入施工图设计。

2. 《建筑工程设计文件编制深度规定》中明确民用建筑工程方案设计文件应满足：[2010-75]

A. 编制项目建议书的需要　　　　　　B. 编制可行性研究报告的需要

C. 编制初步设计文件的需要　　　　　D. 编制施工图设计文件的需要

【答案】 C

【说明】 1.0.5-1 各阶段设计文件编制深度应按以下原则进行（具体应执行第 2、3、4 章条款）：方案设计文件，应满足编制初步设计文件的需要，应满足方案审批或报批的需要。注：本规定仅适用于报批方案设计文件编制深度。对于投标方案设计文件的编制深度，应执行住房和城乡建设部颁发的相关规定。

3. 可满足设备材料采购需要的建设工程设计文件是：[2011-75]

A. 可行性研究报告　　　　　　　　　B. 方案设计文件

C. 初步设计文件　　　　　　　　　　D. 施工图设计文件

【答案】 D

【说明】 1.0.5-3 各阶段设计文件编制深度应按以下原则进行（具体应执行第 2、3、4 章条款）：施工图设计文件，应满足设备材料采购、非标准设备制作和施工的需要。注：对于将项目分别发包给几个设计单位或实施设计分包的情况，设计文件相互关联处的深度应满足各承包或分包单位设计的需要。

4. 设计深度用于非标准设备制作的设计文件是：[2017-74]

A. 可行性研究报告　　　　　　　　　B. 方案设计

C. 初步设计　　　　　　　　　　　　D. 施工图

【答案】 D

【说明】 解析详见第 3 题。

5. 以下选项中哪一项不属于施工图文件编制深度要求？ [2007-74]

A. 能据以编制施工图预算　　　　　　B. 能据以安排材料、设备订货和非标准设备制作

C. 落实工程项目建设资金　　　　　　　D. 能据以进行工程验收

【答案】　C

【说明】　根据《中华人民共和国建筑法》(2019修正) 第八条第五款的规定，申请领取施工许可证时，应有满足施工需要的资金安排、施工图纸及技术资料。

6. **民用建筑和一般工业建筑的初步设计文件包括内容有：** [2008-74]

Ⅰ. 设计说明书；　Ⅱ. 设计图纸；　　Ⅲ. 主要设备及材料表；　Ⅳ. 工程预算书

A. Ⅰ、Ⅱ　　　　　B. Ⅰ、Ⅱ、Ⅲ　　　　C. Ⅱ、Ⅲ、Ⅳ　　　　D. Ⅰ、Ⅱ、Ⅲ、Ⅳ

【答案】　B

【说明】　3.1.1 初步设计文件。

　　1 设计说明书，包括设计总说明、各专业设计说明。对于涉及建筑节能、环保、绿色建筑、人防、装配式建筑等，其设计说明应有相应的专项内容；

　　2 有关专业的设计图纸；

　　3 主要设备或材料表；

　　4 工程概算书；

　　5 有关专业计算书（计算书不属于必须交付的设计文件，但应按本规定相关条款的要求编制）。

7. **下列方案设计文件扉页的签署人员正确的是：** [2013-73]

A. 编制单位的法定代表人、项目总负责人、主要设计人

B. 编制单位的法定代表人、技术总负责人、主要设计人

C. 编制单位的法定代表人、技术总负责人、项目总负责人、各专业负责人

D. 编制单位技术总负责人、项目总负责人、主要设计人

【答案】　C

【说明】　2.1.2-2 扉页：写明编制单位法定代表人、技术总负责人、项目总负责人和各专业负责人的姓名，并经上述人员签署或授权盖章。

8. **初步设计文件扉页上应签署或授权盖章下列哪一组人？** [2010-74]

A. 编制单位法定代表人、技术总负责人、项目总负责人、各专业审核人

B. 编制单位法定代表人、项目总负责人、各专业审核人、各专业负责人

C. 编制单位法定代表人、技术总负责人、项目总负责人、各专业负责人

D. 编制单位法定代表人、项目总负责人、部门负责人、各专业负责人

【答案】　C

【说明】　3.1.2-2 扉页：写明编制单位法定代表人、技术总负责人、项目总负责人和各专业负责人的姓名，并经上述人员签署或授权盖章。

9. **初步设计总说明应包括：** [2013-74]

Ⅰ. 工程设计依据；Ⅱ. 工程建设规模和设计范围；Ⅲ. 总指标；Ⅳ. 工程估算书；

Ⅴ. 提请在设计审批时需解决或确定的主要问题

A. Ⅰ、Ⅱ、Ⅲ、Ⅳ　　　B. Ⅰ、Ⅱ、Ⅲ、Ⅴ　　　C. Ⅰ、Ⅲ、Ⅳ、Ⅴ　　　D. Ⅱ、Ⅲ、Ⅳ、Ⅴ

【答案】　B

【说明】　3.2 设计总说明。

3.2.1 工程设计依据。

3.2.2 工程建设的规模和设计范围。

3.2.3 总指标。

3.2.4 设计要点综述。

3.2.5 提请在设计审批时需解决或确定的主要问题。

10. 初步设计阶段，设计单位经济专业应提供：[2009-75]

    A. 经济分析表   B. 投资估算表   C. 工程概算书   D. 工程预算书

【答案】 C

【说明】 3.10.1 建设项目设计概算是初步设计文件的重要组成部分。

11. 初步设计文件成果包括：[2017-75]

    A. 工程估算书   B. 工程概算书   C. 工程预算书   D. 工程结算书

【答案】 B

【说明】 解析详见第10题。

12. 关于施工图设计深度，说法错误的是：[2021-72]

    A. 总平面图应该表达各建筑物和构筑物的位置、坐标、相邻的间距、尺寸及其名称和层数

    B. 平面图应标出变形缝的位置和尺寸

    C. 立面图应表达出建筑的造型特征，画出具有代表性的立面及平面图上表达不清的窗编号

    D. 剖面图的位置应该选在层高不同、层数不同、空间比较复杂，具有代表性的部位，并表达节点构造详图索引号

【答案】 C

【说明】 4.3.5-9 立面图。

    各个方向的立面应绘齐全，但差异小、左右对称的立面可简略；内部院落或看不到的局部立面，可在相关剖面图上表示，若剖面图未能表示完全时，则需单独绘出。

13. 当建筑装修确定后，关于通风、空调平面施工图的绘制要求，以下叙述正确的是：[2009-74]

    A. 通风、空调平面用双线绘出风管，单线绘出空调冷热水、凝结水等管道

    B. 通风、空调平面用单线绘出风管，双线绘出空调冷凝水、凝结水等管道

    C. 通风、空调平面均用双线绘出风管、空调冷凝水、凝结水等管道

    D. 通风、空调平面均用单线绘出风管、空调冷凝水、凝结水等管道

【答案】 A

【说明】 4.7.5 平面图。

    3 通风、空调、防排烟风道平面用双线绘出风道，复杂的平面应标出气流方向。标注风道尺寸（圆形风道注管径、矩形风道注宽×高）、主要风道定位尺寸、标高及风口尺寸，各种设备及风口安装的定位尺寸和编号，消声器、调节阀、防火阀等各种部件位置，标注风口设计风量（当区域内各风口设计风量相同时也可按区域标注设计风量）。

    5 空调管道平面单线绘出空调冷热水、冷媒、冷凝水等管道，绘出立管位置和编号，绘出管道的阀门、放气、泄水、固定支架、伸缩器等，注明管道管径、标高及主要定位尺寸。

第十六章 注册建筑师条例及实施细则

■《中华人民共和国注册建筑师条例》（简称《条例》）

1. 我国注册建筑师制度的最高法律依据是：〔2003-66〕

    A. 注册建筑师法　　　　　　　　　B. 注册建筑师条例

    C. 注册建筑师管理规定　　　　　　D. 注册建筑师管理暂行规定

【答案】　B

【说明】　《条例》　第一条　为了加强对注册建筑师的管理，提高建筑设计质量与水平，保障公民生命和财产安全，维护社会公共利益，制定本条例。

2.《中华人民共和国注册建筑师条例》对注册建筑师的下列哪一方面未做规定？〔2005-63〕

    A. 考试　　　　B. 职称　　　　C. 注册　　　　D. 执业

【答案】　B

【说明】　《条例》　第三条　注册建筑师的考试、注册和执业，适用本条例。

3. 下列哪类人员具有参加一级注册建筑师考试的资格？〔2012-63〕

    A. 取得建筑学硕士学位，并从事建筑设计工作 2 年

    B. 取得建筑技术专业硕士学位，并从事建筑设计工作 2 年

    C. 取得建筑学博士学位，并从事建筑设计工作 1 年

    D. 取得高级工程师技术职称，并从事建筑设计相关业务 2 年

【答案】　A

【说明】　《条例》　第八条　符合下列条件之一的，可以申请参加一级注册建筑师考试：

    （一）取得建筑学硕士以上学位或者相近专业工学博士学位，并从事建筑设计或者相关业务 2 年以上的；

    （二）取得建筑学学士学位或者相近专业工学硕士学位，并从事建筑设计或者相关业务 3 年以上的；

    （三）具有建筑学专业大学本科毕业学历并从事建筑设计或者相关业务 5 年以上的，或者具有建筑学相近专业大学本科毕业学历并从事建筑设计或者相关业务 7 年以上的；

    （四）取得高级工程师技术职称并从事建筑设计或者相关业务 3 年以上的，或者取得工程师技术职称并从事建筑设计或者相关业务 5 年以上的；

    （五）不具有前四项规定的条件，但设计成绩突出，经全国注册建筑师管理委员会认定达到前四项规定的专业水平的。前款第三项至第五项规定的人员应当取得学士学位。

4. 下面哪项是国务院条例规定的一级注册建筑师考试报考条件？〔2013-62〕

    A. 取得建筑学硕士以上学位或相近专业工学博士学位，并从事建筑设计或者相关业务 3 年以上的

    B. 取得建筑学学士以上学位或相近专业工学硕士学位，并从事建筑设计或者相关业务 4 年以上的

C. 具有建筑学专业大学本科毕业学历并从事建筑设计或者相关业务 5 年以上的

D. 具有建筑学相近专业大学本科毕业学历并从事建筑设计或者相关业务 5 年以上的

【答案】 C

【说明】 解析详见第 3 题。

5. 注册建筑师发生了下列哪种情形不必由注册管理机构收回注册建筑师证书？〔2007-65〕

A. 完全丧失民事行为能力的

B. 因在相关业务中犯有错误而受到撤职以上行政处分的

C. 因工作纠纷受到建设单位举报的

D. 自行停止注册建筑师业务 2 年的

【答案】 C

【说明】 《条例》第十八条 已取得注册建筑师证书的人员，除本条例第十五条第二款规定的情形外，注册后有下列情形之一的，由准予注册的全国注册建筑师管理委员会或者省、自治区、直辖市注册建筑师管理委员会撤销注册，收回注册建筑师证书：

（一）完全丧失民事行为能力的；

（二）受刑事处罚的；

（三）因在建筑设计或者相关业务中犯有错误，受到行政处罚或者撤职以上行政处分的；

（四）自行停止注册建筑师业务满 2 年的。被撤销注册的当事人对撤销注册、收回注册建筑师证书有异议的，可以自接到撤销注册、收回注册建筑师证书的通知之日起 15 日内向国务院建设行政主管部门或者省、自治区、直辖市人民政府建设行政主管部门申请复议。

6. 注册建筑师发生下列情形时应撤销其注册，其中何者是错误的？〔2005-64〕

A. 因在建筑设计中犯有错误，受到撤职行政处分的

B. 因在建筑设计中犯有错误，受到行政处罚的

C. 受刑事处罚的

D. 自行停止注册建筑师业务满 1 年的

【答案】 D

【说明】 解析详见第 5 题。

7. 注册建筑的执业范围不包括：〔2020-68，2017-65，2006-63，2005-65，2004-65，2003-65〕

A. 建筑设计

B. 建筑设计技术咨询

C. 建筑物调查和鉴定

D. 运营和规划实施

【答案】 D

【说明】 《条例》第二十条 注册建筑师的执业范围：

（一）建筑设计；

（二）建筑设计技术咨询；

（三）建筑物调查与鉴定；

（四）对本人主持设计的项目进行施工指导和监督；

（五）国务院建设行政主管部门规定的其他业务。

8. 下列关于取得注册建筑师资格证书人员进行执业活动的叙述，哪条是正确的？〔2009-66〕

    A. 可以受聘于建筑工程施工单位从事建筑设计工作

    B. 可以受聘于建设工程监理单位从事建筑设计工作

    C. 可以受聘于建设工程施工图审查单位从事建筑设计技术咨询工作

    D. 可以独立执业从事建筑设计并对本人主持设计的项目进行施工指导和监督工作

【答案】 C

【说明】 解析详见第 7 题。

9. 关于注册建筑师执业，以下哪项论述是不正确的？〔2008-67〕

    A. 注册建筑师一经注册，便可以以个人名义执业

    B. 一级注册建筑师执业范围不受建筑规模和工程复杂程度的限制，但要符合所加入建筑设计单位资质等级及其业务范围

    C. 注册建筑师执行业务，由建筑设计单位统一接受委托，并统一收费

    D. 注册建筑师的执业范围包括建筑物调查及鉴定

【答案】 A

【说明】 《条例》 第二十一条 注册建筑师执行业务，应当加入建筑设计单位。建筑设计单位的资质等级及其业务范围，由国务院建设行政主管部门规定。

10. 一名一级注册建筑师加入了下列哪个单位后，不得执行注册建筑师的业务？〔2004-64〕

    A. 国家规定最低资质等级的建筑设计单位

    B. 省、自治区、直辖市建设行政主管部门颁发资质证书的建筑设计单位

    C. 景观设计单位

    D. 股份制建筑设计公司

【答案】 C

11. 下列哪类单位未实行注册建筑师制度？〔2003-64〕

    A. 建筑装饰设计单位

    B. 乙级以下的建筑设计单位

    C. 人防工程设计单位

    D. 省级建设行政主管部门颁发资质证书的建筑设计单位

【答案】 A

【说明】 第 10 题、第 11 题解析详见第 9 题。

12. 因设计质量造成经济损失，承担赔偿责任的是：〔2022(05) - 68,2007-64, 2013-64〕

    A. 建筑设计单位，与签字的注册建筑师无关

    B. 签字的注册建筑师，与建筑设计单位无关

    C. 签字的注册建筑师和建筑设计单位各承担一半

    D. 建筑设计单位，该单位有权向签字的注册建筑师追偿

【答案】 D

【说明】 《条例》 第二十四条 因设计质量造成的经济损失，由建筑设计单位承担赔偿责任；建筑设计单位有权向签字的注册建筑师追偿。

13. **关于注册建筑师的权利与义务，以下哪项叙述是不准确的？** ［2008-63］

   A. 注册建筑师有权以注册建筑师的名义执行注册建筑师业务

   B. 所有房屋建筑，均应由注册建筑师设计

   C. 注册建筑师应当保守在执业中知悉的单位和个人的秘密

   D. 注册建筑师不得准许他人以本人名义执行业务

   【答案】 B

   【说明】 《条例》 第二十六条 国家规定的一定跨度、跨径和高度以上的房屋建筑，应当由注册建筑师进行设计。

14. **关于注册建筑师应当履行的义务，错误的是：** ［2013-65，2005-66，2004-84］

   A. 保证建筑设计质量，并在其负责的图纸上签字

   B. 保守在执业中知悉的单位和个人秘密

   C. 不得准许他人以本人名义执行业务

   D. 可以同时受聘于两个建筑设计单位执行业务

   【答案】 D

   【说明】 《条例》 第二十八条 注册建筑师应当履行下列义务：

   （一）遵守法律、法规和职业道德，维护社会公共利益；

   （二）保证建筑设计的质量，并在其负责的设计图纸上签字；

   （三）保守在执业中知悉的单位和个人的秘密；

   （四）不得同时受聘于两个以上建筑设计单位执行业务；

   （五）不得准许他人以本人名义执行业务。

15. **以不正当手段取得注册建筑师考试合格资格的，处以下哪一种处罚？** ［2008-66，2006-84］

   A. 停止申请参加考试二年   B. 取消考试合格资格

   C. 处 5 万元以下罚款   D. 给予行政处分

   【答案】 B

   【说明】 《条例》 第二十九条 以不正当手段取得注册建筑师考试合格资格或者注册建筑师证书的，由全国注册建筑师管理委员会或者省、自治区、直辖市注册建筑师管理委员会取消考试合格资格或者吊销注册建筑师证书；对负有直接责任的主管人员和其他直接责任人员，依法给予行政处分。

16. **某建筑设计人员不是注册建筑师却以注册建筑师的名义从事执业活动，有关部门追究了他的法律责任，其中不当的是哪一项？** ［2005-67］

   A. 责令停止违法活动   B. 没收违法所得

   C. 处以罚款   D. 给予行政处分

   【答案】 D

   【说明】 《条例》 第三十条 未经注册擅自以注册建筑师名义从事注册建筑师业务的，由县级以上人民政府建设行政主管部门责令停止违法活动，没收违法所得，并可以处以违法所得 5 倍以下的罚款；造成损失的，应当承担赔偿责任。

17. 对未经注册擅自以个人名义从事注册建筑师业务并收取费用的，县级以上人民政府建设行政主管部门可以处以违法所得几倍以下的罚款？ ［2013-84，2006-64］

A.5 倍以下　　　　B. 6 倍以下　　　　　　C.8 倍以下　　　　　　D. 10 倍以下

【答案】 A

【说明】 《条例》 第三十一条　注册建筑师违反本条例规定，有下列行为之一的，由县级以上人民政府建设行政主管部门责令停止违法活动，没收违法所得，并可以处以违法所得 5 倍以下的罚款；情节严重的，可以责令停止执行业务或者由全国注册建筑师管理委员会或者省、自治区、直辖市注册建筑师管理委员会吊销注册建筑师证书：

（一）以个人名义承接注册建筑师业务、收取费用的；

（二）同时受聘于二个以上建筑设计单位执行业务的；

（三）在建筑设计或者相关业务中侵犯他人合法权益的；

（四）准许他人以本人名义执行业务的；

（五）二级注册建筑师以一级注册建筑师的名义执行业务或者超越国家规定的执业范围执行业务的。

18. 注册建筑师准许他人以本人名义执行业务的，由县级以上人民政府住房和城乡建设行政主管部门责令停止违法活动，没收违法所得，并可处以违法所得最多几倍以下的罚款？ ［2017 - 85，2007-84］

A.2　　　　　　　B. 3　　　　　　　　C. 5　　　　　　　　D. 10

【答案】 C

19. 注册建筑师有下列行为之一且情节严重的，将会被吊销注册建筑师证书，其中哪一条是错误的？ ［2004-66］

A. 以个人名义承接注册建筑师业务的

B. 以个人名义收取费用的

C. 准许他人以本人名义执行业务的

D. 因设计质量造成经济损失的

【答案】 D

【说明】 第 18 题、第 19 题解析详见第 17 题。

20. 注册建筑师被责令停止执业的情形是：［2022（05）-83］

A. 建筑设计质量不合格发生重大责任事故，造成重大损失的

B. 以个人名义承接注册建筑师业务、收取费用的

C. 同时受聘于两个以上建筑设计单位执行业务的

D. 在建筑设计或者相关业务中侵犯他人合法权益的

【答案】 A

【说明】《中华人民共和国注册建筑师条例》第三十二条　因建筑设计质量不合格发生重大责任事故，造成重大损失的，对该建筑设计负有直接责任的注册建筑师，由县级以上人民政府建设行政主管部门责令停止执行业务；情节严重的，由全国注册建筑师管理委员会或者省、自治区、直辖市注册建筑师管理委员会吊销注册建筑师证书。

21. 一级注册建筑师考试内容分成6个科目进行考试。科目考试合格有效期为： ［2009-63］

A. 5年   B. 8年   C. 10年   D. 长期有效

【答案】 B

【说明】 《细则》 第八条 一级注册建筑师考试内容包括：建筑设计前期工作、场地设计、建筑设计与表达、建筑结构、环境控制、建筑设备、建筑材料与构造、建筑经济、施工与设计业务管理、建筑法规等。上述内容分成若干科目进行考试。科目考试合格有效期为八年。

22. 注册建筑师的注册证书和执业印章由谁来保管使用？ ［2010-63］

A. 上级主管部门

B. 注册建筑师所在公司（设计院）

C. 注册建筑师所在公司（设计院）下属分公司（所）

D. 注册建筑师本人

【答案】 D

【说明】 《细则》 第十六条 注册证书和执业印章是注册建筑师的执业凭证，由注册建筑师本人保管、使用。注册建筑师由于办理延续注册、变更注册等原因，在领取新执业印章时，应当将原执业印章交回。禁止涂改、倒卖、出租、出借或者以其他形式非法转让执业资格证书、互认资格证书、注册证书和执业印章。

23. 申请注册建筑师初始注册应当具备的条件中，不包含以下哪项？ ［2012-64］

A. 依法取得执业资格证书或者互认资格证书

B. 只受聘于中国境内一个建设工程相关单位

C. 近三年内在中国境内从事建筑设计及相关业务一年以上

D. 取得建筑设计中级技术职称

【答案】 D

【说明】 《细则》 第十七条 申请注册建筑师初始注册，应当具备以下条件：

（一）依法取得执业资格证书或者互认资格证书；

（二）只受聘于中华人民共和国境内的一个建设工程勘察、设计、施工、监理、招标代理、造价咨询、施工图审查、城乡规划编制等单位（以下简称聘用单位）；

（三）近三年内在中华人民共和国境内从事建筑设计及相关业务一年以上；

（四）达到继续教育要求；

（五）没有本细则第二十一条所列的情形。

24. 建筑师初始注册者可以自执业资格证书签发之日起几年内提出注册申请？ ［2020-63，2010-64］

A. 2年   B. 3年   C. 4年   D. 5年

【答案】 B

【说明】 《细则》 第十八条 初始注册者可以自执业资格证书签发之日起三年内提出申请。逾期未申请者，须符合继续教育的要求后方可申请初始注册。初始注册需要提交下列材料：

（一）初始注册申请表；

（二）资格证书复印件；

（三）身份证明复印件；

（四）聘用单位资质证书副本复印件；

（五）与聘用单位签订的聘用劳动合同复印件；

（六）相应的业绩证明；

（七）逾期初始注册的，应当提交达到继续教育要求的证明材料。

25. 下列注册情况不要求提供继续教育证明的是：［2019 - 26］

A. 重新注册　　　　　　　　　　　B. 延续注册

C. 取得资格后当年申请注册　　　　D. 取得资格 3 年后申请初始注册

【答案】 C

26. 某建筑师于 2000 年参加注册建筑师执业资格考试合格，并于当年取得执业资格考试合格证书；但一直未经注册，也未参加继续教育，哪年后将不予注册？ ［2006-65］

A.2002 年　　　　　　　　　　　　B. 2004 年

C.2005 年　　　　　　　　　　　　D. 2010 年

【答案】 B

27. 某建筑师在通过一级注册建筑师考试并获得执业资格证书后出国留学，四年后他回国想申请初始注册，请问他需要如何完成注册？ ［2012-65，2011-63，2010-66，2009-64］

A. 直接向全国注册建筑师管理委员会申请注册

B. 达到继续教育要求后，向户口所在地的省、自治区、直辖市注册建筑师管理委员会申请注册

C. 达到继续教育要求后，向受聘设计单位所在地的省、自治区、直辖市注册建筑师管理委员会申请注册

D. 重新参加一级注册建筑师考试通过后申请注册

【答案】 C

【说明】 第 25 题～第 27 题解析详见第 24 题。

28. 注册建筑师注册的有效期为：［2011-65,2008-65,2004-63,2003-63］

A.5 年　　　　　B. 3 年　　　　　C. 2 年　　　　　D. 1 年

【答案】 C

【说明】 《细则》 第十九条　注册建筑师每一注册有效期为二年。注册建筑师注册有效期满需继续执业的，应在注册有效期届满三十日前，按照本细则第十五条规定的程序申请延续注册。延续注册有效期为二年。

29. 注册建筑师小张在甲设计公司注册执业工作 8 个月后跳槽到乙设计公司。变更注册后小张的注册有效期还剩余：［2017 - 64］

A.4 个月　　　　B. 12 个月　　　　C. 16 个月　　　　D. 24 个月

【答案】 C

30. 根据《中华人民共和国注册建筑师条例》，注册有效期需要延续注册的，应当在期满前多少日前办理注册手续？［2008-64］

A. 30 日   B. 60 日   C. 180 日   D. 365 日

【答案】 A

【说明】 第 29 题、第 30 题解析详见第 28 题。

31. 下列关于注册建筑师不予注册的叙述，哪条是与规定一致的？［2009-65］

A. 因受刑事处罚，自刑罚执行完毕之日起至申请注册之日止不满 2 年的

B. 因在建筑设计中犯有错误受行政处罚，自处罚决定之日起至注册之日不满 2 年的

C. 因在建筑设计相关业务中犯有错误受撤职以上处分，自处分决定之日起至注册之日不满 5 年的

D. 受吊销注册建筑师证书的行政处罚，自处罚决定之日起至申请注册之日止不满 2 年的

【答案】 B

【说明】 《细则》 第二十一条 申请人有下列情形之一的，不予注册：

（一）不具有完全民事行为能力的；

（二）申请在两个或者两个以上单位注册的；

（三）未达到注册建筑师继续教育要求的；

（四）因受刑事处罚，自刑事处罚执行完毕之日起至申请注册之日止不满五年的；

（五）因在建筑设计或者相关业务中犯有错误受行政处罚或者撤职以上行政处分，自处罚、处分决定之日起至申请之日止不满二年的；

（六）受吊销注册建筑师证书的行政处罚，自处罚决定之日起至申请注册之日止不满五年的；

（七）申请人的聘用单位不符合注册单位要求的；

（八）法律、法规规定不予注册的其他情形。

32. 下列情形中，注册建筑师的注册证书和执业印章继续有效的是：［2017 - 63，2010-67］

A. 聘用单位申请破产保护时期

B. 聘用单位被吊销营业执照的

C. 注册有效期满三十天内

D. 与聘用单位解除聘用劳动关系后三十天内

【答案】 A

【说明】 《细则》第二十二条 注册建筑师有下列情形之一的，其注册证书和执业印章失效：

（一）聘用单位破产的；

（二）聘用单位被吊销营业执照的；

（三）聘用单位相应资质证书被吊销或者撤回的；

（四）已与聘用单位解除聘用劳动关系的；

（五）注册有效期满且未延续注册的；

（六）死亡或者丧失民事行为能力的；

（七）其他导致注册失效的情形。

破产保护是指不管债务人是否有偿付能力，当债务人自愿向法院提出或债权人强制向法院提出破产重组申请后，债务人要提出一个破产重组方案，就债务偿还的期限、方式以及可能减损某些债权人和股东的利益作出安排。这个方案要给予其一定的时间提出，然后经过债权人通过，经过法院确认，债务人可以继续营业。这就是重整的概念，在中文中又叫破产保护。

破产，是指债务人因不能偿债或者资不抵债时，由债权人或债务人诉请法院宣告破产并依破产程序偿还债务的一种法律制度。狭义的破产制度仅指破产清算制度，广义的破产制度还包括重整与和解制度。破产多数情况下都指一种公司行为和经济行为。但人们有时也习惯把个人或者公司停止继续经营也叫作破产。

33. **大学建筑系讲师通过了注册建筑师考试后可以申请注册的单位是：**〔2019-27〕
A. 本地某国营设计院　　　　　　　B. 外地某国营设计院
C. 某民营建筑设计院　　　　　　　D. 所在大学建筑设计院

【答案】　D

【说明】　《细则》第二十五条　高等学校（院）从事教学、科研并具有注册建筑师资格的人员，只能受聘于本校（院）所属建筑设计单位从事建筑设计，不得受聘于其他建筑设计单位。在受聘于本校（院）所属建筑设计单位工作期间，允许申请注册。获准注册的人员，在本校（院）所属建筑设计单位连续工作不得少于二年。具体办法由国务院建设主管部门商教育主管部门规定。

34. **注册建筑师在执业活动中必须遵守以下哪条规定？**〔2010-65〕
A. 可以同时受聘于两个设计单位，而注册于其中一个
B. 只要注册于一个具有工程资质的单位，受聘于几个单位都可以
C. 只要注册于一个具有工程资质的单位，不必受聘工作
D. 应当受聘并注册于一个具有工程设计资质的单位

【答案】　D

【说明】　《细则》第二十七条　取得资格证书的人员，应当受聘于中华人民共和国境内的一个建设工程勘察、设计、施工、监理、招标代理、造价咨询、施工图审查、城乡规划编制等单位，经注册后方可从事相应的执业活动。

35. **建筑设计单位承担民用建筑设计项目的条件是：**〔2011-64〕
A. 有注册建筑师盖章即可
B. 由其他专业设计师任工程项目设计主持人或设计总负责人，注册建筑师任工程项目建筑专业负责人
C. 由其他专业设计师任工程项目设计主持人或设计总负责人，注册建筑师任工程项目建筑专业审核人
D. 由注册建筑师任工程项目设计主持人或设计总负责人

【答案】　D

【说明】　《细则》第三十条　注册建筑师所在单位承担民用建筑设计项目，应当由注册建筑师任工程项目设计主持人或设计总负责人；工业建筑设计项目，须由注册建筑师任工程项目建筑专业负责人。

36. 注册建筑师继续教育分为必修课和选修课，其学时要求是：[2020-70,2011-66]

    A. 每年各为 40 学时

    B. 在每一注册有效期内各为 40 学时

    C. 在每一注册有效期内任选必修课或选修课共 80 学时

    D. 每年任选必修课或选修课共 80 学时

【答案】 B

【说明】 《细则》 第三十五条 继续教育分为必修课和选修课，在每一注册有效期内各为 40 学时。

37. 建设主管部门履行监督检查职责时，有权采取的措施中，下列哪条是错误的? [2009-67]

    A. 可以要求被检查的注册建筑师提供资格证书、注册证书、执业印章、设计文件

    B. 可以进入注册建筑师受聘单位进行检查，查阅相关资料

    C. 可以纠正违反有关法律、法规和有关规范、标准的行为

    D. 可以在检查期间暂时停止注册建筑师正常的执业活动

【答案】 D

【说明】 《细则》 第三十七条 建设主管部门履行监督检查职责时，有权采取下列措施：

    （一）要求被检查的注册建筑师提供资格证书、注册证书、执业印章、设计文件（图纸）；

    （二）进入注册建筑师聘用单位进行检查，查阅相关资料；

    （三）纠正违反有关法律、法规和本细则及有关规范和标准的行为。建设主管部门依法对注册建筑师进行监督检查时，应当将监督检查情况和处理结果予以记录，由监督检查人员签字后归档。

38. 违反《注册建筑师条例实施细则》，承担相应的法律责任但不处以罚款的行为是：[2019-46]

    A. 注册建筑师未按照要求提供其信用档案信息，责令限期改正而逾期未改正的

    B. 未办理变更注册而继续执业的，责令限期整改而逾期未改正的

    C. 倒卖、出借非法转让执业资格证书、注册证书和执业印章

    D. 隐瞒有关情况或提供虚假材料申请注册的

【答案】 D

【说明】 《细则》 第四十条 隐瞒有关情况或者提供虚假材料申请注册的，注册机关不予受理，并由建设主管部门给予警告，申请人一年之内不得再次申请注册。

■ 注册建筑师其他

39. 关于二级注册建筑师执业印章的使用效力，以下哪项解释是不正确的? [2008-68]

    A. 在国家允许的执业范围内均有效

    B. 可以在甲级建筑设计单位内使用

    C. 限注册地的省、自治区、直辖市内使用

    D. 全国通用

【答案】 C

【说明】 二级注册建筑师执业印章可以全国通用。

第十七章 建筑工程监理

■《建设工程监理范围和规模标准规定》

1. 下列哪一项建设工程属于必须实行监理的范围？ ［2006-82］

A. 总投资在 1000 万元的公用事业工程

B. 3 万 m^2 的住宅小区工程

C. 总投资在 1000 万元的其他工程

D. 利用外国政府或者国际组织贷款、援助资金的工程

【答案】 D

【说明】 《建设工程监理范围和规模标准规定》第二条　下列建设工程必须实行监理：

（一）国家重点建设工程；

（二）大中型公用事业工程；

（三）成片开发建设的住宅小区工程；

（四）利用外国政府或者国际组织贷款、援助资金的工程；

（五）国家规定必须实行监理的其他工程。

2. 下列建设工程中，哪项不要求必须实行监理？ ［2005-84］

A. 某中型公用事业工程

B. 某成片开发建设的总建筑面积 10 万 m^2 的住宅小区

C. 用国际援助资金建设的总建筑面积 1000m^2 的纪念馆

D. 某私人投资的橡胶地板生产车间

【答案】 D

【说明】 解析详见第 1 题。

3. 必须实行监理的大中型公用事业工程，是指其总投资为多少以上的项目？ ［2010-84］

A. 2000 万元　　　B. 3000 万元　　　C. 4000 万元　　　D. 5000 万元

【答案】 B

【说明】 《建设工程监理范围和规模标准规定》第四条　大中型公用事业工程，是指项目总投资额在 3000 万元以上的下列工程项目：

（一）供水、供电、供气、供热等市政工程项目；

（二）科技、教育、文化等项目；

（三）体育、旅游、商业等项目；

（四）卫生、社会福利等项目；

（五）其他公用事业项目。

■《工程监理企业资质管理规定》

4. 工程监理企业资质分为： ［2009-84］

A. 综合资质，专业资质，事务所资质

B. 综合资质，专业资质甲级、乙级，事务所资质

C. 综合资质，专业资质甲级、乙级、丙级

D. 专业资质甲级、乙级、丙级，事务所资质

【答案】 A

【说明】 《工程监理企业资质管理规定》第六条 工程监理企业资质分为综合资质、专业资质和事务所资质。其中，专业资质按照工程性质和技术特点划分为若干工程类别。综合资质、事务所资质不分级别。专业资质分为甲级、乙级；其中，房屋建筑、水利水电、公路和市政公用专业资质可设立丙级。

■ 《工程建设监理规定》

5. 关于工程监理企业资质的归口管理机构是：［2007-83］

A. 监理协会　　　B. 国家建设部　　　C. 国家发改委　　　D. 国家工商局

【答案】 B

【说明】 《工程建设监理规定》第五条 国家计委和建设部共同负责推进建设监理事业的发展，建设部归口管理全国工程建设监理工作。建设部的主要职责：

(一) 起草并商国家计委制定、发布工程建设监理行政法规，监督实施；

(二) 审批甲级监理单位资质；

(三) 管理全国监理工程师资格考试、考核和注册等项工作；

(四) 指导、监督、直辖市全国工程建设监理工作。

6. 关于建设工程监理，不正确的表述是：［2007-82］

A. 工程监理单位应当根据建设单位的委托，客观、公正地执行监理任务

B. 工程监理单位不得转让工程监理业务

C. 国家推行建筑工程监理制度

D. 国内的所有建筑工程都必须实行强制监理

【答案】 D

【说明】 《工程建设监理规定》第八条 工程建设监理的范围：

(一) 大、中型工程项目；

(二) 市政、公用工程项目；

(三) 政府投资兴建和开发建设的办公楼、社会发展事业项目和住宅工程项目；

(四) 外资、中外合资、国外贷款、赠款、捐款建设的工程项目。

7. 下列不属于工程监理的主要内容的是：［2019-44，2017-84，2013-81，2009-83］

A. 控制工程建设的投资　　　　　B. 进行工程建设合同管理

C. 协调有关单位间的工作关系　　D. 负责开工证的办理

【答案】 D

【说明】 《工程建设监理规定》第九条 工程建设监理的主要内容是控制工程建设的投资、建设工期和工程质量；进行工程建设合同管理，协调有关单位间的工作关系。

8. 下列监理单位可以从事的业务中，何者是正确的？［2011-83］

A. 转让监理业务　　　　　　　　B. 参与工程竣工预验收

C. 经营建筑材料、构配件　　　　D. 组织工程竣工预验收

【答案】 B

【说明】 《工程建设监理规定》第十四条 工程建设监理一般应按下列程序进行：

（一）编制工程建设监理规划；

（二）按工程建设进度、分专业编制工程建设监理细则；

（三）按照建设监理细则进行建设监理；

（四）参与工程竣工预验收，签署建设监理意见；

（五）建设监理业务完成后，向项目法人提交工程建设监理档案资料。

9. 下列关于国外公司或社团组织在中国境内独立投资工程项目选择监理单位的问题，表述正确的是：[2011-84]

A. 可以只委托国外监理单位承担建设监理业务

B. 只能聘请中国监理单位独立承担建设监理业务

C. 可以不聘请任何监理单位承担建设监理业务

D. 可以委托国外监理单位和中国监理单位进行合作监理

【答案】 D

【说明】 《工程建设监理规定》第二十七条 国外公司或社团组织在中国境内独立投资的工程项目建设，如果需要委托国外监理单位承担建设监理业务时，应当聘请中国监理单位参加，进行合作监理。中国监理单位能够监理的中外合资的工程建设项目，应当委托中国监理单位监理。若有必要，可以委托与该工程项目建设有关的国外监理机构监理或者聘请监理顾问。国外贷款的工程项目建设，原则上应由中国监理单位负责建设监理。如果贷款方要求国外监理单位参加的，应当与中国监理单位进行合作监理。国外赠款、捐款建设的工程项目，一般由中国监理单位承担建设监理业务。

10. 由外国捐款建设的工程项目，其监理业务：[2013-82]

A. 必须由国外监理单位承担   B. 必须由中外监理单位合作共同承担

C. 一般由捐赠国指定监理单位承担   D. 一般由中国监理单位承担

【答案】 D

【说明】 解析详见第9题。

11. 甲单位建设一项工程，已委托乙单位设计、丙单位施工，丁、戊单位均有意向参与其监理工作，丙与戊同属一个企业集团，乙、丙、丁、戊均具有相应工程监理资质等级，甲可以选择以下哪项中的一家监理其工程？ [2012-83]

A. 乙、丙   B. 乙、丁   C. 丙、戊   D. 丁、戊

【答案】 B

【说明】 丙是施工单位，不能自己监理自己；戊和丙是同一集团，不能给自己监理。

第十八章 房地产管理法、国有土地使用权出让和转让暂行条例

■《中华人民共和国城市房地产管理法》（简称《城市房地产管理法》）

1. 农村集体所有制的土地，如果想以拍卖的形式出让，需要转成：［2021-82］

A. 房地产开发用地
B. 商业用地
C. 国有土地
D. 私有土地

【答案】 C

【说明】《城市房地产管理法》第二条　在中华人民共和国城市规划区国有土地（以下简称国有土地）范围内取得房地产开发用地的土地使用权，从事房地产开发、房地产交易，实施房地产管理，应当遵守本法。

2. 下列关于土地出让权论述，正确的是：［2022（05）-79，2012-81，2011-81］

A. 可拍卖、不可招标、不可双方协议
B. 可拍卖、可招标、不可双方协议
C. 不可拍卖、可招标、可双方协议
D. 拍卖、招标、双方协议均可

【答案】 D

【说明】《城市房地产管理法》第十三条　土地使用权出让，可以采取拍卖、招标或者双方协议的方式。商业、旅游、娱乐和豪华住宅用地，有条件的，必须采取拍卖、招标方式；没有条件，不能采取拍卖、招标方式的，可以采取双方协议的方式。采取双方协议方式出让土地使用权的出让金不得低于按国家规定所确定的最低价。

3. 商业、旅游和豪华住宅用地，有条件的，必须采取下列何种方式出让土地使用权？［2004-81］

A. 拍卖
B. 拍卖、招标
C. 招标或者双方协议
D. 拍卖、招标或者双方协议

【答案】 B

【说明】 解析详见第2题。

4. 土地使用权出让的最高年限，由哪一级机构规定？［2021-80，2020-79，2017-83，2005-83］

A. 国务院
B. 国务院土地管理部门
C. 所在地人民政府
D. 省、自治区、直辖市人民政府

【答案】 A

【说明】《城市房地产管理法》第十四条　土地使用权出让最高年限由国务院规定。

5. 下列以划拨方式取得土地使用权期限的表述中，何者是正确的？［2011-82］

A. 使用期限为四十年
B. 使用期限为五十年

C. 使用期限为七十年   D. 没有使用期限的限制

【答案】 D

【说明】 《城市房地产管理法》第二十三条 土地使用权划拨，是指县级以上人民政府依法批准，在土地使用者缴纳补偿、安置等费用后将该幅土地交付其使用，或者将土地使用权无偿交付给土地使用者使用的行为。依照本法规定以划拨方式取得土地使用权的，除法律、行政法规另有规定外，没有使用期限的限制。

6. **下列建设项目中，其土地使用可以通过划拨取得的是：** [2017-82]

     A. 汽车停车库   B. 社区配套幼儿园

     C. 社区储蓄所   D. 位于住宅首层的托老所

【答案】 B

【说明】 《城市房地产管理法》第二十四条 下列建设用地的土地使用权，确属必需的，可以由县级以上人民政府依法批准划拨：

     （一）国家机关用地和军事用地；

     （二）城市基础设施用地和公益事业用地；

     （三）国家重点扶持的能源、交通、水利等项目用地；

     （四）法律、行政法规规定的其他用地。

7. **以下哪个用地建筑使用权可以由县级以上人民政府直接划拨：** [2021-83]

     A. 商业住宅用地   B. 旅游度假村

     C. 学校   D. 娱乐设施用地

【答案】 C

【说明】 解析详见第 6 题。

8. **超过出让合同约定的动工开发日期满一年而未动工开发的，可以征收相当于土地使用权出让金的百分之多少以下的土地闲置费？** [2010-82，2007-81]

     A.10%   B.20%   C.25%   D.30%

【答案】 B

【说明】 《城市房地产管理法》第二十六条 以出让方式取得土地使用权进行房地产开发的，必须按照土地使用权出让合同约定的土地用途、动工开发期限开发土地。超过出让合同约定的动工开发日期满一年未动工开发的，可以征收相当于土地使用权出让金百分之二十以下的土地闲置费；满二年未动工开发的，可以无偿收回土地使用权；但是，因不可抗力或者政府、政府有关部门的行为或者动工开发必需的前期工作造成动工开发迟延的除外。

9. **按照土地使用权出让合同约定的动工开发期限为 2002 年 9 月，如果该房产商逾期未动工开发，政府可以在何时无偿收回土地使用权？** [2006-80]

     A.2003 年 9 月   B.2004 年 9 月   C.2005 年 9 月   D.2007 年 9 月

【答案】 B

【说明】 解析详见第 8 题。

10. **房地产开发项目，具备以下何种条件，方可交付使用？** [2003-81]

     A. 竣工

B. 竣工，经验收合格

C. 竣工，经验收合格和房产管理部门批准

D. 竣工，经验收合格和房地产中介机构认证

【答案】 B

【说明】 《城市房地产管理法》第二十七条 房地产开发项目的设计、施工，必须符合国家的有关标准和规范。房地产开发项目竣工，经验收合格后，方可交付使用。

11. 根据《城市房地产管理法》规定，下列哪项不属于设立房地产开发企业的条件？ ［2006-81］

A. 有自己的名称和组织机构　　　　　B. 有固定的经营场所

C. 有足够的技术装备　　　　　　　　D. 有符合国务院规定的注册资金

【答案】 C

【说明】 《城市房地产管理法》第三十条 房地产开发企业是以营利为目的，从事房地产开发和经营的企业。设立房地产开发企业，应当具备下列条件：

（一）有自己的名称和组织机构；

（二）有固定的经营场所；

（三）有符合国务院规定的注册资本；

（四）有足够的专业技术人员；

（五）法律、行政法规规定的其他条件。

12. 设立房地产开发企业，应当向哪一个管理部门申请设立登记？ ［2008-81，2003-82］

A. 工商行政管理部门　　　　　　　　B. 税务行政管理部

C. 建设行政管理部门　　　　　　　　D. 房地产行政管理部门

【答案】 A

【说明】 《城市房地产管理法》第三十条 设立房地产开发企业，应当向工商行政管理部门申请设立登记。工商行政管理部门对符合本法规定条件的，应当予以登记，发给营业执照；对不符合本法规定条件的，不予登记。

13. 房地产开发企业在领取营业执照后的多长时间内，应当到登记机关所在地的县级以上地方人民政府规定的部门备案？ ［2004-82］

A.15 天　　　　B.1 个月　　　　C.2 个月　　　　D. 3 个月

【答案】 B

【说明】 《城市房地产管理法》第三十条 房地产开发企业在领取营业执照后的一个月内，应当到登记机关所在地的县级以上地方人民政府规定的部门备案。

14. 根据《房地产管理法》规定，下列房地产哪一项不得转让？ ［2007-80］

A. 以出让方式取得的土地使用权，符合本法第三十九条规定的

B. 依法收回土地使用权的

C. 依法登记领取权属证书的

D. 共有房地产、经其他共有人书面同意的

【答案】 B

【说明】 《城市房地产管理法》第三十八条 下列房地产，不得转让：

（一）以出让方式取得土地使用权的，不符合本法第三十九条规定的条件的；

（二）司法机关和行政机关依法裁定、决定查封或者以其他形式限制房地产权利的；

（三）依法收回土地使用权的；

（四）共有房地产，未经其他共有人书面同意的；

（五）权属有争议的；

（六）未依法登记领取权属证书的；

（七）法律、行政法规规定禁止转让的其他情形。

15. 根据《城市房地产管理法》规定，下列房地产哪项可以转让？〔2022（05）-78〕

A. 共有房地产经其他共有人书面同意

B. 以出让方式取得土地使用权的，不符合本法第三十九条规定

C. 未依法登记领取权属证书的

D. 依法收回土地使用权的

【答案】 A

【说明】 解析详见第 14 题。

16. 下列哪项不是商品房预售的必要条件？〔2012-82，2005-69〕

A. 该工程已结构封顶

B. 取得建设工程规划许可证

C. 投入开发建设的资金已达该工程建设总投资的 20% 以上，并确定施工进度和竣工交付日期

D. 取得商品房预售许可证明

【答案】 C

【说明】《城市房地产管理法》第四十五条 商品房预售，应当符合下列条件：

（一）已交付全部土地使用权出让金，取得土地使用权证书；

（二）持有建设工程规划许可证；

（三）按提供预售的商品房计算，投入开发建设的资金达到工程建设总投资的百分之二十五以上，并已经确定施工进度和竣工交付日期；

（四）向县级以上人民政府房产管理部门办理预售登记，取得商品房预售许可证明。

商品房预售人应当按照国家有关规定将预售合同报县级以上人民政府房产管理部门和土地管理部门登记备案。商品房预售所得款项，必须用于有关的工程建设。

17. 预售商品房已经投入开发建设的资金最低达到工程建设总投资的多少，方能作为商品房预售条件之一？〔2008-80〕

A. 25% 以上　　　B. 30% 以上　　　　　C. 35% 以上　　　　D. 40% 以上

【答案】 A

【说明】 解析详见第 16 题。

18. 下列关于房地产抵押的条款，哪条是不完整的？〔2009-81〕

A. 依法取得的房屋所有权，可以设定抵押权

B. 以出让方式取得的土地使用权，可以设定抵押权

C. 房地产抵押，应当凭土地使用权证书、房屋所有权证书办理

D. 房地产抵押，抵押人和抵押权人应签订书面抵押合同

【答案】　A

【说明】　《城市房地产管理法》第四十八条　依法取得的房屋所有权连同该房屋占用范围内的土地使用权，可以设定抵押权。以出让方式取得的土地使用权，可以设定抵押权。

19. 下列《城市房地产管理法》的规定中，正确的是：[2019-43]

　　A. 无论以划拨或者出让方式取得的土地使用权，都可以设定抵押权

　　B. 房地产抵押合同签订后，土地上新增房屋自然属于抵押财产

　　C. 依法取得的房屋所有权连同该房屋占用范围内土地使用权，可以设定抵押权

　　D. 房屋抵押是指抵押人以其持有的房产以转移占有的方式向抵押权提供债务履行担保

【答案】　C

【说明】　解析详见第18题。

■《中华人民共和国城镇国有土地使用权出让和转让暂行条例》

20. 某房地产开发公司 2005 年获得商业用地土地使用权并建设商铺，某业主于 2009 年正式购得一间商铺并取得房产证，按照《城市房地产管理法》等国家法规，该业主商铺房产的土地使用年限至哪一年截止？[2010-81]

　　A. 2045 年　　　　B. 2049 年　　　　C. 2055 年　　　　D. 2059 年

【答案】　A

【说明】《中华人民共和国城镇国有土地使用权出让和转让暂行条例》第十二条　土地使用权出让最高年限按下列用途确定：

　　　　（一）居住用地 70 年；

　　　　（二）工业用地 50 年；

　　　　（三）教育、科技、文化、卫生、体育用地 50 年；

　　　　（四）商业、旅游、娱乐用地 40 年；

　　　　（五）综合或者其他用地 50 年。

21. 2000 年取得土地使用权后于 2004 年建成并投入使用的商铺，由某客户于 2010 年购得。该客户最晚应于哪年为该商铺续交土地出让金？[2013-80]

　　A. 2040 年　　　　B. 2044 年　　　　C. 2050 年　　　　D. 2054 年

【答案】　A

22. 土地使用权期限一般根据土地的使用性质来决定，商业用地的土地作用权出让的最高年限为：[2009-80]

　　A. 40 年　　　　B. 50 年　　　　C. 60 年　　　　D. 70 年

【答案】　A

【说明】　第 21 题、第 22 题解析详见第 20 题。

D

模拟试卷

2025 年度全国一级注册建筑师资格考试模拟试卷一

建筑经济 施工与设计业务管理

（知识题）

（基于 2023 年真题）

二〇二五年四月

1. 我国现行建设投资（工程造价）的构成主要包括设备及工器具购置费、建筑安装工程费、工程建设其他费以及：
   A. 预备费
   B. 铺底流动资金
   C. 建设期项目借款
   D. 建设期利息

2. 设计单位编制项目初步设计文件收取的费用属于：
   A. 建筑安装工作费
   B. 预备费
   C. 工程建设其他费用
   D. 建设单位管理费

3. 估算建设投资时，为可能发生的设计变更及施工中可能增加的工程量预留的费用属于：
   A. 基本预备费
   B. 涨价预备费
   C. 研究实验费
   D. 建筑工程费

4. 建设项目的可行性研究的作用是：
   A. 施工图设计的直接依据
   B. 建设项目投资决策的依据
   C. 施工招标的直接依据
   D. 寻求可能的投资机会的直接依据

5. 下列关于经批准的可研阶段的项目投资估算的说法，正确的是：
   A. 项目投资估算精度应满足施工图预算要求
   B. 项目投资估算可作为工程设计招标的依据
   C. 设计概算通常允许突破项目投资估算额度的15%
   D. 项目投资估算不能作为银行申请贷款额度的依据

6. 下列财务分析指标中，反映项目盈利能力的静态评价指标是：
   A. 财务净现值
   B. 利息备付率
   C. 财务内部收益率
   D. 投资收益率

7. 当初步设计较深，有详细的设备清单时，编制设备安装工程概算最适宜采用的方法是：
   A. 设备系数法
   B. 扩大单价法
   C. 预算单价法
   D. 概算指标法

8. 下列关于在初步设计中应用价值工程的说法，正确的是：
   A. 价值工程，强调投资最小，不考虑质量与功能
   B. 价值工程，强调价值最大化，忽略环保和节能
   C. 价值工程的核心是对设计对象进行功能分析
   D. 价值工程的应用，只在建设阶段考虑，在运营阶段不考虑

9. 下列关于限额设计的说法正确的是：
   A. 限额设计目标指工程的造价目标和技术目标
   B. 对造价目标进行层层分解是实行限额设计的有效途径之一
   C. 目标推进通常可分为限额可行性研究、限额初步设计、限额施工图设计和限额竣工验收四个阶段
   D. 限额设计的局限性在于只考虑工程建设的经济性，不考虑质量安全和进度

10. 某新建工程由甲、乙、丙三个单项工程组成，其中甲的单位建筑工程概算为 1500 万元，设备及安装工程概算为 6500 万元，项目的工程建设其他费用为 1000 万元，流动资金为 3000 万元，甲的单项工程综合概算为：

A. 8000 万元　　　B. 9000 万元　　　C. 1.05 亿元　　　D. 1.2 亿元

11. 采用工程量清单计价的建设工程，清单包括分部分项工程量清单、措施项目清单、其他项目清单以及：

A. 规费、税金项目清单　　　　　B. 风险费清单
C. 建设单位管理费　　　　　　　D. 总承包服务费

12. 采用工程量清单计价的建设工程，招标人提供的工程量清单是投标人填报分部分项工程，综合单价的重要依据，因此，在清单中招标人必须准确描述的是：

A. 项目特征　　　　　　　　　　B. 工作流程
C. 施工组织方式　　　　　　　　D. 工程量计算规则

13. 采用固定总价的合同，应具备以下特征：

A. 工程设计详细，图纸完整、清楚，工程任务和范围明确
B. 工程量大、工期长，估计在施工过程中环境因素变化大，工程条件稳定并合理
C. 工程结构和技术复杂，风险大
D. 合同条件中双方的权利和义务十分清楚，合同条件完备，期限长（1 年以上）

14. 项目资本金的筹措方式应根据项目投资主体的不同可以分为：

A. 内部融资和外部融资　　　　　B. 既有法人融资和新设法人融资
C. 企业自由资金和企业债券　　　D. 公募和私募资资金

15. 下列关于项目资本金的说法，正确的是：

A. 投资项目资本金，是指在投资项目总投资中，由投资者认缴的出资额
B. 对项目来说，项目资本金是债务性资金
C. 项目法人需承担项目资本金的利息
D. 投资者在任何时间都可以抽回项目资本金

16. 下列关于项目后评价成果反馈的说法，正确的是：

A. 项目后评价成果不能反馈给项目执行单位
B. 项目后评价不需要反馈成功的经验
C. 项目后评价结论可反馈到投资决策和主管部门
D. 不得采用调整型抽样方案

17. 建设工程的保修期起算日是：

A. 工程竣工验收合格之日　　　　B. 工程交付使用之日
C. 工程完工之日　　　　　　　　D. 提交工程质量保修金之日

18. 全面反映建设工程项目费用及财务情况的总结性文件是：

A. 竣工结算　　　B. 竣工决算　　　C. 签约合同价　　　D. 最高投标限价

19. 某工程施工到第三个月时，经统计已完工作预算费用为 3000 万元，已完工作的实际费用为 2800 万元，根据赢得值法可判断该工程：

A. 进度延误
B. 进度提前
C. 节约投资
D. 投资超支

20. 采用工程清单计价的建设工程，因工程变更引起已标价工程量清单项目或其工程数量发生变化时，但已标价工程量清单中没有适用也没有类似于变更工程项目的，则该工程的单价应：

A. 在合理范围内参照类似项目的单价
B. 由承包人根据变更工程资料、计量规则和计价办法、工程造价管理机构发布的信息价格和承包人报价浮动率提出变更工程项目的单价，并应报发包人确认后调整
C. 由发包人根据变更工程资料、计量规则和计价办法、工程造价管理机构发布的信息价格和承包人报价浮动率提出变更工程项目的单价，并应报承包人确认后调整
D. 执行原有综合单价

21. 根据《建筑工程施工质量验收统一标准》(GB 50300)，针对建筑工程施工现场质量管理的要求不包括：

A. 相应的施工技术标准
B. 施工质量检验制度
C. 健全的质量管理体系
D. 设计质量评审制度

22. 根据《建筑工程施工质量验收统一标准》(GB 50300)，关于检验批的质量抽样方案错误的是：

A. 计量、计数或计量 - 计数的抽样方案
B. 经过理论研究证明有效的抽样方案
C. 对重要的检验项目，当有简易快速的检验方法时，选用全数检验方案
D. 根据生产连续性和生产控制稳定性情况，采用调整型抽样方案

23. 建筑工程质量验收划分方式不包括：

A. 单位工程
B. 分部工程
C. 分项工程
D. 分段工程

24. 下列关于建筑工程施工质量验收要求的说法，正确的是：

A. 参加工程施工质量验收的各方人员无相应资格要求
B. 检验批的质量应按项目允许偏差项目验收
C. 工程质量验收均应在施工单位自检合格的基础上进行
D. 工程的观感质量应由验收人员检查并由设计单位确认

25. 下列关于建筑工程单位工程施工质量验收的说法，正确的是：

A. 所含分部工程的质量抽样检查
B. 主要使用功能应全数检查
C. 检测达不到设计求，经设计单位确认认可，仍不得验收
D. 工程质量控制资料当部分资料缺失时，应委托有资质的检测机构按有关标准进行相应的实体检验或抽样试验

26. 下列关于建筑工程质量验收的说法，正确的是：

A. 检验批应由专业监理工程师组织施工单位项目负责人进行验收

B. 分项工程应由专业监理工程师组织施工单位项目专业技术负责人等进行验收

C. 设计单位项目负责人应参加单位工程的验收

D. 单位工程的分包工程完工后，分包单位应组织总包单位进行验收

27. 下列关于砌体工程施工的说法，正确的是：

A. 使用的所有材料应有主要性能的进场复验报告

B. 正常施工条件下，砖砌体每日砌筑高度宜控制在 1.5m 或一步脚手架高度内

C. 砌体施工质量控制等级分为 ABCD 四级

D. 过梁上部墙体均不得设置脚手架

28. 下列关于砌体结构工程砌筑砂浆的说法，正确的是：

A. 砂浆用砂宜采用过筛细砂

B. 拌制水泥混合砂浆可用消石灰粉

C. 石灰膏的用量，应按稠度 120mm±5mm 计量

D. 配置各组分材料应按体积比计量

29. 下列关于砌体结构工程施工的说法，正确的是：

A. 多孔砖的孔洞应平行于受压面砌筑

B. 小砌块墙体不宜逐块坐（铺）浆砌筑

C. 砌筑毛石基础的第一皮石块可不坐浆

D. 填充墙砌体砌筑，应待承重主体结构检验批验收合格后进行

30. 下列关于砌体结构工程施工的说法，正确的是：

A. 砌体的转角处和交接处不应同时砌筑

B. 在墙上留置临时施工洞口，其洞口宽度不应超过 1m

C. 正常施工条件下，石砌体每日最大砌筑高度不宜超过 1.8m

D. 宽度超过 150mm 的洞口上部，应设置钢筋混凝土过梁

31. 下列分项工程中，不属于混凝土工程子分部工程的是：

A. 预应力   B. 现浇结构   C. 填充墙砌体   D. 装配式结构

32. 混凝土结构工程施工中，模板上安装预埋件和预留孔洞的位置偏差，不允许有负偏差的是：

A. 预埋件的中心线   B. 插筋中心线

C. 插筋外露长度   D. 预留洞中心线位置

33. 混凝土结构工程施工中，关于钢筋弯折的弯弧内直径的说法，正确的是：

A. 同直径的光圆钢筋比带肋钢筋弯弧内直径大

B. 同直径的高强度钢筋比低强度的弯弧内直径大

C. 500MPa 级带肋钢筋当直径为 28mm 以下时比直径为 28mm 及以上时弯弧内直径大

D. 箍筋弯折处尚应小于纵向受力钢筋的直径

34. 下列关于混凝土结构预应力工程的说法，正确的是：
    A. 预应力筋应按规定抽取试件做抗拉强度检验，可不做伸长率检验
    B. 有黏结预应力筋的表面不应有裂纹、小刺、机械损伤、氧化铁皮和油污等，展开后应平顺、不应有弯折
    C. 无黏结预应力钢绞线护套应光滑，不允许有任何裂纹和破损
    D. 预应力筋用锚具、夹具和连接器进场时应做静载固性能检验

35. 当钢结构工程施工质量不符合施工质量验收标准规定时，正确的是：
    A. 经返修或更换构（配）件的检验批，不需重新进行验收
    B. 通过返修或加固处理不满足观感质量的钢结构分部工程，严禁验收
    C. 经法定的检测单位检测鉴定达不到设计要求，但经原设计单位核算认可能够满足结构安全和使用功能的检验批，不应验收
    D. 经法定的检测单位检测鉴定能够达到设计要求的检验批，应予以验收

36. 下列关于钢结构紧固件连接工程质量验收的说法，正确的是：
    A. 普通螺栓作为永久性连接螺栓时，应全数进行螺栓实物最小拉力载荷复验
    B. 自攻螺钉、拉铆钉、射钉等与连接钢板是否紧固密贴，不能用观察方法检查
    C. 永久性普通螺栓紧固应牢固、可靠，不应有外露螺纹
    D. 高强度螺栓连接副终拧后，螺栓螺纹外露应为2～3扣，其中允许有10%的螺栓螺纹外露1扣或4扣

37. 下列关于钢结构制作和安装中高强度螺栓连接质量检查，说法正确的是：
    A. 高强度螺栓连接应在终拧完成1h内进行终拧质量检查
    B. 高强度螺栓不能自由穿入螺栓孔时，应采用气割扩孔
    C. 高强度螺栓连接摩擦面应保持干燥、整洁，不应有飞边、毛刺、焊接飞溅物、焊疤、氧化铁皮、污垢等，除设计要求外摩擦面不应涂漆
    D. 扭剪型高强度螺栓连接副终拧结束，应保留螺栓尾部梅花头

38. 下列关于地下防水工程施工的说法，错误的是：
    A. 由施工单位编制的防水工程专项施工方案，应经设计单位审查批准后执行
    B. 必须由持有资质等级证书的防水专业队伍进行施工
    C. 主要施工人员应持有省级及以上建设行政主管部门或其指定单位颁发的执业资格证书或防水专业岗位证书
    D. 防水材料必须经具备相应资质的检测单位进行抽样检验

39. 屋面工程施工时，应建立各道工序的"三检"制度是指：
    A. 自检、交接检和监理人员检查   B. 交接检、专职人员检和监理人员检查
    C. 自检、交接检和专职人员检查   D. 自检、专职人员检和监理人员检查

40. 下列关于地下防水工程中细部构造施工质量的说法，正确的是：
    A. 墙体水平施工缝应留设在墙体与板面交接处
    B. 在遇水膨胀止水胶挤出成形后固化期内应完成混凝土浇筑

C. 外贴式止水带在变形缝与施工缝相交部位宜采用直角配件

D. 后浇带混凝土应一次浇筑，不得留设施工缝；混凝土浇筑后应及时养护，养护时间不得少于 28d

41. **下列关于建筑桩基础桩头防水构造施工的说法，错误的是：**

A. 桩头顶面和侧面裸露处应涂刷水泥基渗透结晶型防水涂料，并延伸到结构底板垫层 150mm 处

B. 桩头的受力钢筋根部应涂刷水泥基渗透结晶型防水涂料，并应采取保护措施

C. 桩头四周 300mm 范围内应抹聚合物水泥防水砂浆过渡层

D. 结构底板防水层应做在聚合物水泥防水砂浆过渡层上并延伸至桩头侧壁，其与桩头侧壁接缝处应采用密封材料嵌填

42. **下列有关地下工程渗排及盲沟排水施工的说法，正确的是：**

A. 渗排水的集水管应设置在粗砂过滤层的上部

B. 渗排水应在地基工程验收合格前进行施工

C. 盲沟排水的集水管不宜采用硬质塑料管

D. 盲沟反滤层的砂子粒径，当建筑物地区地层为黏土层比地层为砂性土大

43. **下列关于外墙防水工程的说法，正确的是：**

A. 防水透气膜的铺贴方向应正确，纵向搭接缝应对缝

B. 防水透气膜防水层应采用蓄水法进行检验

C. 节点构造应全部进行检查

D. 应对防水砂浆的黏结强度和抗冻性进行复验

44. **下列关于屋面防水工程中的下列防水施工要求的说法，正确的是：**

A. 涂膜防水层最小厚度不允许出现负偏差

B. 卷材防水层的铺贴方向应正确，卷材搭接宽度只能允许正偏差

C. 卷材与涂料复合使用时，涂膜防水层宜设置在卷材防水层的下面

D. 接缝密封防水不得采用多组分防水涂料

45. **下列关于装饰装修工程施工的说法，错误的是：**

A. 施工单位应编制施工组织设计并经过审查批准

B. 对既有建筑进行装饰装修前，对基层可不进行处理

C. 未经设计确认和有关部门批准，不得擅自拆改主体结构和水、暖、电、燃气、通信等配套设施

D. 建筑装饰装修工程的电气安装应符合设计要求，不得直接埋设电线

46. **下列选项不属于外墙聚合物水泥防水砂浆现场复验项目的是：**

A. 黏结强度　　　B. 抗压强度　　　C. 抗折强度　　　D. 抗冻融性

47. **建筑装饰装修吊顶工程材料及其性能，必须复验的是：**

A. 人造木板的甲醛释放量　　　　B. 轻钢龙骨的燃烧时限

C. 木龙骨的耐腐性能　　　　　　D. 龙骨的强度指标

48. 下列关于建筑外墙饰面砖粘贴工程施工验收的说法，正确的是：
    A. 有排水要求的滴水线应顺直，检查方法为观察、尺量检查
    B. 外墙陶瓷饰面砖的吸水率指标进行复验
    C. 外墙饰面砖表面应平整、洁净、色泽一致，应无裂痕和缺损。检验方法：观察；用水平尺检查
    D. 外墙饰面砖粘贴表面平整度检查方法用 2m 垂直检测尺检查

49. 幕墙工程应对下列隐蔽工程项目进行验收，不包含：
    A. 幕墙四周、幕墙内表面与主体结构之间的封堵
    B. 伸缩缝、沉降缝、防震缝及墙面转角节点
    C. 板缝注胶
    D. 单元式幕墙的封口节点

50. 涂饰工程中，不属于水性复层涂料质量检查项目的是：
    A. 颜色、光泽   B. 泛碱、咬色
    C. 干硬性   D. 喷点疏密程度

51. 下列分项工程中，不属于装饰装修细部子分部的是：
    A. 室外坡道台阶施工和安装   B. 固定橱柜制作与安装
    C. 门窗套制作与安装   D. 护栏和扶手制作与安装

52. 下列关于建筑地面工程施工质量检验方法的说法，错误的是：
    A. 检查允许偏差应采用钢尺、直尺靠尺、楔形塞尺
    B. 检查空鼓应采用敲击的方法
    C. 检查防水隔离层应采用泼水方法
    D. 检查各类面层（含不需铺设部分或局部面层）表面的裂纹、脱皮、麻面和起砂等缺陷，应采用观感的方法

53. 下列关于建筑地面基层铺设质量的说法，正确的是：
    A. 灰土垫层宜在冬期施工
    B. 基土应均匀密实，压实系数应符合设计要求，设计无要求时，不应小于 0.9
    C. 可采用磨细生石灰与黏土按质量比拌和洒水堆放后施工
    D. 卫生间楼板四周（除门洞外）做不小于 150mm 高的 C20 混凝土翻边

54. 下列关于建筑地面整体面层铺设质量的说法，错误的是：
    A. 铺设整体面层时，水泥类基层的抗压强度不得小于 1.2MPa
    B. 整体面层施工后，养护时间不应少于 7d
    C. 采用掺有水泥拌和料做踢脚线时，应用石灰混合的浆打底
    D. 水泥类整体面层的抹平工作应在水泥初凝前完成，压光工作应在水泥终凝前完成

55. 下列关于地面工程整体面层铺设的说法，正确的是：
    A. 耐磨混凝土面层内不得敷设管线
    B. 水泥混凝土面层铺设不得留施工缝

C. 地面辐射供暖的整体面层不宜采用水泥混凝土、水泥砂浆

D. 不发火（防爆的）面层，在原材料选用和配制时应抽查

56. **在民用建筑项目中，鼓励提供全过程工程咨询服务，起主导作用的是：**

    A. 建筑师

    B. 项目经理

    C. 建设单位

    D. 住房和城乡建设主管部门

57. **以下哪项不是工程建设全过程工程咨询服务团队成员总咨询师应当具备的条件？**

    A. 取得工程建设类注册执业资格

    B. 取得工程类、工程经济类高级职称

    C. 具备类似工程项目经验

    D. 具备本科以上学历

58. **注册建筑师的注册证书和执业印章由谁来保管使用？**

    A. 上级主管部门

    B. 注册建筑师所在公司（设计院）

    C. 注册建筑师所在公司（设计院）下属分公司（所）

    D. 注册建筑师本人

59. **注册建筑师考试、一级注册建筑师注册、制定颁布注册建筑师有关标准以及相关国际交流等具体工作由以下哪个部门负责？**

    A. 全国注册建筑师管理委员会

    B. 住房和城乡建设部

    C. 住房和城乡建设部执业资格注册中心

    D. 人力资源和社会保障部人事考试中心

60. **由同一专业的三个不同资质等级的单位联合承包的，应当：**

    A. 被禁止承包工程

    B. 按照资质等级居中的单位的业务许可范围承揽工程

    C. 按照资质等级低的单位的业务许可范围承揽工程

    D. 按照资质等级高的单位的业务许可范围承揽工程

61. **在房屋建设和市政基础设施项目工程中，总承包下列关于主要工程材料、设备、人工价格与招标时基期价相比，波动幅度超过合同约定幅度的部分风险分担的说法正确的是：**

    A. 无需合同约定，波动部分由总承包单位承担

    B. 波动部分由建设单位和总承包分别各自承担一半

    C. 根据合同约定，波动由建设单位和总承包分担

    D. 无需合同约定，波动部分由建设单位承担

62. **根据《房屋建筑和市政基础设施项目工程总承包管理办法》，政府投资项目招标人公开已经完成的项目建议书、可行性研究报告、初步设计文件的，总包单位可以是：**

    A. 建设单位

    B. 项目管理单位

    C. 设计文件编制单位

    D. 监理单位

63. 在设计合同中，发包人要求设计人投保的工程建设责任险应承担：

A. 设计人员医疗保险

B. 施工人员伤残死亡赔偿金

C. 施工引发的质量造成的损失

D. 因建设工程设计人因设计上的疏忽或过失而引发工程质量事故造成损失或费用

64. 中央政府投资项目后评价工作应发生在项目建设完成并投入使用或运营一段时间后的对比分析：

A. 勘察设计效果与施工进度

B. 设计管理与施工管理过程

C. 项目可行性研究报告及审批文件的主要内容与项目建成后所达到的实际效果

D. 审批决策过程与施工监理过程

65. 根据《工程建设项目勘察设计招标投标办法》，经有关部门批准，不经过招标程序可直接设计发包的建筑工程是：

A. 专业性强，能够满足条件的设计单位少于五家的

B. 主要工艺、技术采用不可替代的专利或者专有技术的项目

C. 建设单位依法能够自行设计的

D. 改扩建的

66. 下列关于建设工程合同范本的适用范围，正确的是：

A. 强制双方使用

B. 可适用于方案设计招标、队伍比选等形式的合同订立

C. 不适用于工厂厂前区规划设计及单体

D. 不适用于相关专业的设计内容

67. 施工图设计文件审查报送单位是：

A. 建设单位   B. 设计单位   C. 施工单位   D. 监理单位

68. 编制初步设计文件，应当满足：

A. 规划选址要求   B. 控制预算要求

C. 设备材料采购要求   D. 编制施工招标文件要求

69. 根据《实施工程建设强制性标准监督规定》的规定，工程建设强制性标准是指直接涉及：

A. 工程质量、安全、美观、环境保护

B. 安全、美观、卫生、环境保护

C. 美观、卫生、工程质量、环境保护

D. 工程质量、安全、卫生、环境保护

70. 下列关于城乡规划的实施，正确的是：

A. 旧城区的改建应当有计划地对危房集中、基础设施落后等地段进行改建

B. 在城市总体规划、镇总体规划确定的建设用地范围以外，应设立各类开发区和城市新区

C. 城市的建设和发展，应当优先安排城市人口生产与生活的需要

D. 城市地下空间的开发和利用，可适当突破城市规划的要求

71. **下列关于城市设计管理的说法，正确的是：**

A. 城市设计是落实城市规划、指导建筑设计、塑造城市特色风貌的有效手段

B. 可优先空出建筑外观形象，体现城市与众不同的特色

C. 应大力拆除老城区老旧建筑，体现时代特征的超高层，提高城市品质

D. 街道立面色彩应标新立异，体现城市多样性

72. **下列关于土地管理的描述，正确的是：**

A. 中华人民共和国实行土地的社会主义公有制，即各级政府所有制以及乡村集体所有制

B. 十分珍惜、合理利用土地和切实保护耕地是我国的基本国策

C. 国家编制土地利用总体规划，规定土地用途，将土地分为产业、居住、农用用地三大类

D. 为确保住宅用地的使用要求，可以局部利用农用地进行开发建设，上报至国土和自然规划等行政管理部门备案

73. **下列哪一项建设工程属于必须实行监理的范围？**

A. 总投资 2000 万元的县级科技馆

B. 总投资 2500 万元的电信枢纽工程

C. 民营房企开发建设的 6 万 m^2 的住宅小区工程

D. 某私人投资的 1 万 m^2 的多层厂房

74. **下列关于《建设工程安全生产管理条例》的相关要求，正确的是：**

A. 建设单位要求压缩工期，施工单位应无条件满足

B. 可将拆除部分分包给无资质的施工单位

C. 建设单位不得对施工单位提出不符合建设工程安全生产法律、法规和强制性标准规定的要求

D. 建设单位对设计单位提出违反强制性标准要求的，由设计单位承担处罚，建设单位无需担责

75. **勘察、设计单位违反工程建设强制性标准进行勘察、设计，除责令改正外，还应处以：**

A. 1 万元以上 3 万元以下的罚款　　　　B. 5 万元以上 10 万元以下的罚款

C. 10 万元以上 30 万元以下的罚款　　　D. 30 万元以上 50 万元以下的罚款

参 考 答 案

1. 【答案】 A
   【说明】 解析详见第一章第5题[2013-02]。

2. 【答案】 C
   【说明】 解析详见第一章第34题[2022（05）-01]。

3. 【答案】 A
   【说明】 解析详见第一章第46题[2017-04]。

4. 【答案】 B
   【说明】 可行性研究报告具体作用包括下列几方面：
   （1）作为建设项目投资决策和编制设计任务书的依据。
   （2）作为筹集资金向银行申请贷款的依据。
   （3）作为项目主管部门商谈合同、签订协议的依据。
   （4）作为项目进行工程设计、设备订货、施工准备等基本建设前期工作的依据。
   （5）作为项目采用新技术、新设备研制计划和补充地形、地质工作和工业性试验的依据。
   （6）作为环境保护部门审查项目对环境影响的依据，是向项目建设所在政府和规划部门申请建设执照的依据。（第三章）

5. 【答案】 D
   【说明】 解析详见第二章第4题[2012-08]。

6. 【答案】 D
   【说明】 解析详见第六章第11题[2013-25]。

7. 【答案】 C
   【说明】 预算单价法。当初步设计较深，有详细的设备清单时，可直接按安装工程预算定额单价编制设备安装单位工程概算，概算程序基本同于安装工程施工图预算。就是根据计算的设备安装工程量，乘以安装工程预算综合单价，经汇总求得。用此法编制概算，计算比较具体，精确性较高。（第三章）

8. 【答案】 C
   【说明】 解析详见第三章第10题[2019-14]。

9. 【答案】 B
   【说明】 分解工程造价目标是实行限额设计的一个有效途径和主要方法。首先，将上一阶段确定的投资额分解到各设计部门的各个专业。其次，将投资限额再分解到各个单项工程、单位工程、分部工程及分项工程。在目标分解过程中，要对设计方案进行综合分析与评价。最后，将各细化的目标明确到相应的设计人员，制定明确的限额设计方案。通过层层目标分解和限额设计，实现对投资限额的有效控制。（第三章）

10. 【答案】 B
    【说明】 单项工程综合概算是确定一个单项工程所需建设费用的文件，它是由单项工程中的各单位工程概算汇总编制而成的，是建设项目总概算的组成部分。对于一般工业民

用建筑工程，单项工程综合概算的组成如图 1 所示。（第三章）

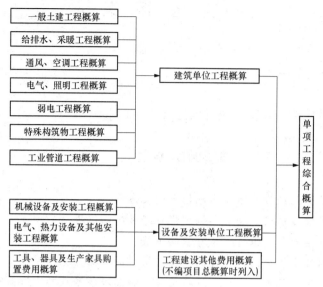

图 1　单项工程综合概算的组成

11.【答案】　A

【说明】　解析详见第四章第 13 题［2010 - 12］。

12.【答案】　A

【说明】　参见《建设工程工程量清单计价规范》（GB 50500—2013）。

6.1.4　投标人必须按招标工程量清单填报价格。项目编码、项目名称、项目特征、计量单位、工程量必须与招标工程量清单一致。（第四章）

13.【答案】　A

【说明】　固定总价合同适用于以下情况：

（1）工程量小、工期短，估计在施工过程中环境因素变化小，工程条件稳定并合理；

（2）工程设计详细，图纸完整、清楚，工程任务和范围明确；

（3）工程结构和技术简单，风险小；

（4）投标期相对宽裕，承包商可以有充足的时间详细考察现场、复核工程量，分析招标文件，拟订施工计划。

（5）合同条件中双方的权利和义务十分清楚，合同条件完备，期限短（1 年以内）。（第三章）

14.【答案】　B

【说明】　参见《太阳能热发电工程经济评价导则》（DL/T 5597—2021）。

3.2.2　项目资本金的筹措方式应根据项目投资主体的不同，按照既有法人融资和新设法人融资方式进行下列选择：

1　既有法人融资项目的新增资本金可通过原有股东增资扩股、吸收新股东投资、发行股票、政府投资等筹措；

2　新设法人融资项目的资本金可通过股东直接投资、发行股票、政府投资等筹措；

3 投资者可以用货币出资，也可以用实物、工业产权、非专利技术、土地使用权、资源开采权等作价出资，但应符合国家相关规定。（第六章）

15. 【答案】 A

【说明】 国务院《关于固定资产投资项目试行资本金制度的通知》：二、在投资项目的总投资中，除项目法人（依托现有企业的扩建及技术改造项目，现有企业法人即为项目法人）从银行或资金市场筹措的债务性资金外，还必须拥有一定比例的资本金。投资项目资本金，是指在投资项目总投资中，由投资者认缴的出资额，对投资项目来说是非债务性资金，项目法人不承担这部分资金的任何利息和债务；投资者可按其出资的比例依法享有所有者权益，也可转让其出资，但不得以任何方式抽回。（第六章）

16. 【答案】 C

【说明】 项目后评价成果的反馈形式主要包括书面文件（评价报告或出版物）、后评价信息管理系统、成果反馈讨论会、内部培训和研讨等。后评价成果反馈的目的是将后评价总结的经验教训以及提出的对策建议，反馈到投资决策和主管部门、项目出资人以及项目执行单位。为项目投资决策，规划编制与调整，以及相关政策制定提供依据；使经验得到推广，教训得以吸取，错误不再重复；使项目更加完善，提高项目可持续发展能力以及市场竞争力。（第十三章）

17. 【答案】 A

【说明】 解析详见第十四章第42题 [2008-76]。

18. 【答案】 B

【说明】 解析详见第五章第1题 [2009-03]。

19. 【答案】 B

【说明】 参见《建设项目工程总承包管理规范》（GB/T 50358—2017）。

2.0.8 赢得值：已完工作的预算费用，用以度量项目进展完成状态的尺度。赢得值具有反映进度和费用的双重特性。

2.0.8 条文说明：用赢得值管理技术进行费用、进度综合控制，基本参数有三项：

1 计划工作的预算费用（budgeted cost for work scheduled-BCWS）；

2 已完工作的预算费用（budgeted cost for work performed-BCWP）；

3 已完工作的实际费用（actual cost for work performed-ACWP）。

其中 BCWP 即所谓赢得值。

采用赢得值管理技术对项目的费用、进度综合控制，可以克服过去费用、进度分开控制的缺点：即当费用超支时，很难判断是由于费用超出预算，还是由于进度提前；当费用低于预算时，很难判断是由于费用节省，还是由于进度拖延。引入赢得值管理技术即可定量地判断进度、费用的执行效果。

在项目实施过程中，以上三个参数可以形成三条曲线，即 BCWS、BCWP、ACWP 曲线，如图2所示。

图2中：CV＝BCWP－ACWP，由于两项参数均以已完工作为计算基准，所以两项参数之差，反映项目进展的费用偏差。

CV＝0，表示实际消耗费用与预算费用相符（on budget）；

CV＞0，表示实际消耗费用低于预算费用（under budget）；

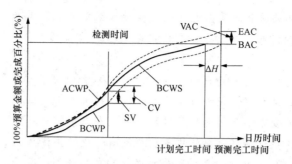

图 2　赢得值曲线

CV<0，表示实际消耗费用高于预算费用，即超预算（over budget）。

SV＝BCWP－BCWS，由于两项参数均以预算值作为计算基准，所以两者之差，反映项目进展的进度偏差。

SV＝0，表示实际进度符合计划进度（on schedule）；

SV>0，表示实际进度比计划进度提前（ahead）；

SV<0，表示实际进度比计划进度拖后（behind）。

采用赢得值管理技术进行费用、进度综合控制，还可以根据当前的进度、费用偏差情况，通过原因分析，对趋势进行预测，预测项目结束时的进度、费用情况。

BAC（budget at completion）为项目完工预算；

EAC（estimate at completion）为预测的项目完工估算；

VAC（variance at completion）为预测项目完工时的费用偏差；

VAC＝BAC－EAC。

（第十三章）

20.【答案】 B

【说明】 参见《建设工程工程量清单计价规范》（GB 50500—2013）。

9.3.1 因工程变更引起已标价工程量清单项目或其工程数量发生变化时，应按照下列规定调整：

1 已标价工程量清单中有适用于变更工程项目的，应采用该项目的单价；但当工程变更导致该清单项目的工程数量发生变化，且工程量偏差超过 15％时，该项目单价应按照本规范第 9.6.2 条的规定调整。

2 已标价工程量清单中没有适用但有类似于变更工程项目的，可在合理范围内参照类似项目的单价。

3 已标价工程量清单中没有适用也没有类似于变更工程项目的，应由承包人根据变更工程资料、计量规则和计价办法、工程造价管理机构发布的信息价格和承包人报价浮动率提出变更工程项目的单价，并应报发包人确认后调整。承包人报价浮动率可按下列公式计算：

招标工程：

$$承包人报价浮动率 L＝（1－中标价／招标控制价）×100％$$

非招标工程：

$$承包人报价浮动率 L＝（1－报价／施工图预算）×100％$$

4 已标价工程量清单中没有适用也没有类似于变更工程项目，且工程造价管理机构发布的信息价格缺价的，应由承包人根据变更工程资料、计量规则、计价办法和通过市场调查等取得有合法依据的市场价格提出变更工程项目的单价，并应报发包人确认后调整。（第四章）

21. 【答案】 D
   【说明】 参见《建筑工程施工质量验收统一标准》(GB 50300—2013)。
   3.0.1 施工现场应具有健全的质量管理体系、相应的施工技术标准、施工质量检验制度和综合施工质量水平评定考核制度。施工现场质量管理可按本标准附录A的要求进行检查记录。（第七章）

22. 【答案】 B
   【说明】 参见《建筑工程施工质量验收统一标准》(GB 50300—2013)。
   3.0.8 检验批的质量检验，可根据检验项目的特点在下列抽样方案中选取：
   1 计量、计数或计量-计数的抽样方案；
   2 一次、二次或多次抽样方案；
   3 对重要的检验项目，当有简易快速的检验方法时，选用全数检验方案；
   4 根据生产连续性和生产控制稳定性情况，采用调整型抽样方案；
   5 经实践证明有效的抽样方案。（第七章）

23. 【答案】 D
   【说明】 《建筑工程施工质量验收统一标准》(GB 50300—2013)。
   4.0.1 建筑工程施工质量验收应划分为单位工程、分部工程、分项工程和检验批。（第七章）

24. 【答案】 C
   【说明】 《建筑工程施工质量验收统一标准》(GB 50300—2013)。
   3.0.6 建筑工程施工质量应按下列要求进行验收：
   1 工程质量验收均应在施工单位自检合格的基础上进行；
   2 参加工程施工质量验收的各方人员应具备相应的资格；
   3 检验批的质量应按主控项目和一般项目验收；
   4 对涉及结构安全、节能、环境保护和主要使用功能的试块、试件及材料，应在进场时或施工中按规定进行见证检验；
   5 隐蔽工程在隐蔽前应由施工单位通知监理单位进行验收，并应形成验收文件，验收合格后方可继续施工；
   6 对涉及结构安全、节能、环境保护和使用功能的重要分部工程，应在验收前按规定进行抽样检验；
   7 工程的观感质量应由验收人员现场检查，并应共同确认。（第七章）

25. 【答案】 D
   【说明】 参见《建筑工程施工质量验收统一标准》(GB 50300—2013)。
   5.0.4 单位工程质量验收合格应符合下列规定：
   1 所含分部工程的质量均应验收合格；
   2 质量控制资料应完整；

3 所含分部工程中有关安全、节能、环境保护和主要使用功能的检验资料应完整；

4 主要使用功能的抽查结果应符合相关专业验收规范的规定；

5 观感质量应符合要求。

5.0.7 工程质量控制资料应齐全完整。当部分资料缺失时，应委托有资质的检测机构按有关标准进行相应的实体检验或抽样试验。（第七章）

26.【答案】 B

【说明】 参见《建筑工程施工质量验收统一标准》（GB 50300—2013）。

6.0.1 检验批应由专业监理工程师组织施工单位项目专业质量检查员、专业工长等进行验收。

6.0.2 分项工程应由专业监理工程师组织施工单位项目专业技术负责人等进行验收。

6.0.3 分部工程应由总监理工程师组织施工单位项目负责人和项目技术负责人等进行验收。

勘察、设计单位项目负责人和施工单位技术、质量部门负责人应参加地基与基础分部工程的验收。

设计单位项目负责人和施工单位技术、质量部门负责人应参加主体结构、节能分部工程的验收。

6.0.4 单位工程中的分包工程完工后，分包单位应对所承包的工程项目进行自检，并应按本标准规定的程序进行验收。验收时，总包单位应派人参加。分包单位应将所分包工程的质量控制资料整理完整，并移交给总包单位。（第七章）

27.【答案】 B

【说明】 《砌体结构工程施工质量验收规范》（GB 50203—2011）3.0.19 正常施工条件下，砖砌体、小砌块砌体每日砌筑高度宜控制在1.5m或一步脚手架高度内；石砌体不宜超过1.2m。选项A详见3.0.1 砌体结构工程所用的材料应有产品合格证书、产品性能型式检验报告，质量应符合国家现行有关标准的要求。块体、水泥、钢筋、外加剂尚应有材料主要性能的进场复验报告，并应符合设计要求。严禁使用国家明令淘汰的材料。选项C详见第3.0.15，选项D详见3.0.9-2。（第七章）

28.【答案】 C

【说明】 参见《砌体结构工程施工质量验收规范》（GB 50203—2011）。

4.0.3 拌制水泥混合砂浆的粉煤灰、建筑生石灰、建筑生石灰粉及石灰膏应符合下列规定：

1 粉煤灰、建筑生石灰、建筑生石灰粉的品质指标应符合现行行业标准《粉煤灰在混凝土及砂浆中应用技术规程》（JGJ 28）、《建筑生石灰》（JC/T 479）、《建筑生石灰粉》（JC/T 480）的有关规定；

2 建筑生石灰、建筑生石灰粉熟化为石灰膏，其熟化时间分别不得少于7d和2d；沉淀池中储存的石灰膏，应防止干燥、冻结和污染，严禁采用脱水硬化的石灰膏；建筑生石灰粉、消石灰粉不得替代石灰膏配制水泥石灰砂浆；

3 石灰膏的用量，应按稠度120mm±5mm计量，现场施工中石灰膏不同稠度的换算系数，可按表4.0.3（表1）确定。

表 1			石灰膏不同稠度的换算系数							
稠度/mm	120	110	100	90	80	70	60	50	40	30
换算系数	1.00	0.99	0.97	0.95	0.93	0.92	0.90	0.88	0.87	0.86

选项 A 详见 4.0.2 砂浆用砂宜采用过筛中砂。选项 D 详见第 4.0.8。(第七章)

29. 【答案】 D

【说明】 解析详见第七章第 80 题 [2010 - 28]。

选项 A、B、C 详见《砌体结构工程施工质量验收规范》(GB 50203—2011)

5.1.11 多孔砖的孔洞应垂直于受压面砌筑。半盲孔多孔砖的封底面应朝上砌筑。

6.1.11 小砌块墙体宜逐块坐（铺）浆砌筑。

7.1.4 砌筑毛石基础的第一皮石块应坐浆，并将大面向下；砌筑料石基础的第一皮石块应用丁砌层坐浆砌筑。(第七章)

30. 【答案】 B

【说明】 解析详见第七章第 23 题 [2012 - 25]。

选项 A、C 详见《砌体结构工程施工质量验收规范》(GB 50203—2011)

3.0.6-2 砌筑顺序应符合下列规定：砌体的转角处和交接处应同时砌筑，当不能同时砌筑时，应按规定留槎、接槎。

3.0.11 设计要求的洞口、沟槽、管道应于砌筑时正确留出或预埋，未经设计同意，不得打凿墙体和在墙体上开凿水平沟槽。宽度超过 300mm 的洞口上部，应设置钢筋混凝土过梁。不应在截面长边小于 500mm 的承重墙体、独立柱内埋设管线。

选项 B 详见 3.0.19。

31. 【答案】 C

【说明】 解析详见第八章第 23 题 [2017 - 32]。

32. 【答案】 C

【说明】 解析详见第八章第 32 题 [2007 - 29]。

33. 【答案】 B

【说明】 参见《混凝土结构工程施工质量验收规范》(GB 50204—2015)。

5.3.1 钢筋弯折的弯弧内直径应符合下列规定：

1 光圆钢筋，不应小于钢筋直径的 2.5 倍；

2 335MPa 级、400MPa 级带肋钢筋，不应小于钢筋直径的 4 倍；

3 500MPa 级带肋钢筋，当直径为 28mm 以下时不应小于钢筋直径的 6 倍，当直径为 28mm 及以上时不应小于钢筋直径的 7 倍；

4 箍筋弯折处尚不应小于纵向受力钢筋的直径。

检查数量：同一设备加工的同一类型钢筋，每工作班抽查不应少于 3 件。

检验方法：尺量。(第八章)

34. 【答案】 B

【说明】 参见《混凝土结构工程施工质量验收规范》(GB 50204—2015)。

6.2.6 预应力筋进场时，应进行外观检查，其外观质量应符合下列规定：

1 有黏结预应力筋的表面不应有裂纹、小刺、机械损伤、氧化铁皮和油污等，展开后应平顺、不应有弯折；

2 无黏结预应力钢绞线护套应光滑、无裂缝，无明显褶皱；轻微破损处应外包防水塑料胶带修补，严重破损者不得使用。

检查数量：全数检查。

检验方法：观察。（第八章）

35. 【答案】 D

【说明】 参见《钢结构工程施工质量验收标准》（GB 50205—2020）。

3.0.8 当钢结构工程施工质量不符合本标准的规定时，应按下列规定进行处理：

1 经返修或更换构（配）件的检验批，应重新进行验收；

2 经法定的检测单位检测鉴定能够达到设计要求的检验批，应予以验收；

3 经法定的检测单位检测鉴定达不到设计要求，但经原设计单位核算认可能够满足结构安全和使用功能的检验批，可予以验收；

4 经返修或加固处理的分项、分部工程，仍能满足结构安全和使用功能要求时，可按处理技术方案和协商文件进行验收；

5 通过返修或加固处理仍不能满足安全使用要求的钢结构分部工程，严禁验收。（第八章）

36. 【答案】 D

【说明】 参见《钢结构工程施工质量验收标准》（GB 50205—2020）。

6.3.6 高强度螺栓连接副终拧后，螺栓螺纹外露应为2～3扣，其中允许有10%的螺栓螺纹外露1扣或4扣。

检查数量：按节点数抽查5%，且不应小于10个。

检验方法：观察检查。

选项A详见6.2.1 普通螺栓作为永久性连接螺栓时，当设计有要求或对其质量有疑义时，应进行螺栓实物最小拉力载荷复验，试验方法可按本标准附录B执行，其结果应符合现行国家标准《紧固件机械性能螺栓、螺钉和螺柱》（GB/T 3098.1）的规定。

检查数量：每一规格螺栓应抽查8个。

检验方法：检查螺栓实物复验报告。

6.2.4 自攻螺钉、拉铆钉、射钉等与连接钢板应紧固密贴，外观排列整齐。（选项B）

检查数量：按连接节点数抽查10%，且不应少于3个。

检验方法：观察或用小锤敲击检查。

6.2.3 永久性普通螺栓紧固应牢固、可靠，外露螺纹不应少于2扣。（选项C）（第八章）

37. 【答案】 C

【说明】 参见《钢结构工程施工质量验收标准》（GB 50205—2020）。

6.3.7 高强度螺栓连接摩擦面应保持干燥、整洁，不应有飞边、毛刺、焊接飞溅物、焊疤、氧化铁皮、污垢等，除设计要求外摩擦面不应涂漆。

检查数量：全数检查。

检验方法：观察检查。

6.3.3 高强度螺栓连接副应在终拧完成 1h 后、48h 内进行终拧质量检查，检查结果应符合本标准附录 B 的规定。（选项 A）

6.3.8 高强度螺栓应能自由穿入螺栓孔，当不能自由穿入时，应用铰刀修正。修孔数量不应超过该节点螺栓数量的 25％，扩孔后的孔径不应超过 1.2d（d 为螺栓直径）。（选项 B）

6.3.4 对于扭剪型高强度螺栓连接副，除因构造原因无法使用专用扳手拧掉梅花头者外，螺栓尾部梅花头拧断为终拧结束。未在终拧中拧掉梅花头的螺栓数不应大于该节点螺栓数的 5％，对所有梅花头未拧掉的扭剪型高强度螺栓连接副应采用扭矩法或转角法进行终拧并做标记，且按本标准第 6.3.3 条的规定进行终拧质量检查。（选项 D）（第八章）

38.【答案】 A
【说明】 解析详见第九章第 48 题［2013－39］。

39.【答案】 C
【说明】 参见《屋面工程质量验收规范》（GB 50207—2012）。

3.0.10 屋面工程施工时，应建立各道工序的自检、交接检和专职人员检查的"三检"制度，并应有完整的检查记录。每道工序施工完成后，应经监理单位或建设单位检查验收，并应在合格后再进行下道工序的施工。（第九章）

40.【答案】 D
【说明】 参见《地下防水工程质量验收规范》（GB 50208—2011）。

5.3.8 后浇带混凝土应一次浇筑，不得留设施工缝；混凝土浇筑后应及时养护，养护时间不得少于 28d。

5.1.3 墙体水平施工缝应留设在高出底板表面不小于 300mm 的墙体上。拱、板与墙结合的水平施工缝，宜留在拱、板与墙交接处以下 150～300mm 处；垂直施工缝应避开地下水和裂隙水较多的地段，并宜与变形缝相结合。（选项 A）

5.1.9 遇水膨胀止水胶应采用专用注胶器挤出黏结在施工缝表面，并做到连续、均匀、饱满，无气泡和孔洞，挤出宽度及厚度应符合设计要求；止水胶挤出成形后，固化期内应采取临时保护措施；止水胶固化前不得浇筑混凝土。（选项 B）

5.2.6 外贴式止水带在变形缝与施工缝相交部位宜采用十字配件；外贴式止水带在变形缝转角部位宜采用直角配件。止水带埋设位置应准确，固定应牢靠，并与固定止水带的基层密贴，不得出现空鼓、翘边等现象。（选项 D）（第九章）

41.【答案】 B
【说明】 参见《地下防水工程质量验收规范》（GB 50208—2011）。

5.7.6 桩头的受力钢筋根部应采用遇水膨胀止水条或止水胶，并应采取保护措施。（第九章）

42.【答案】 D
【说明】 参见《地下防水工程质量验收规范》（GB 50208—2011）。

7.1.3 盲沟排水应符合下列规定：

1 盲沟成型尺寸和坡度应符合设计要求；

2 盲沟的类型及盲沟与基础的距离应符合设计要求；

3 盲沟用砂、石应洁净，含泥量不应大于 2.0%；

4 盲沟反滤层的层次和粒径组成应符合表 7.1.3（表 2）的规定；

表 2   盲沟反滤层的层次和粒径组成

反滤层的层次	建筑物地区地层为砂性土时 （塑性指数 $I_p < 3$）	建筑地区地层为黏性土时 （塑性指数 $I_p > 3$）
第一层（贴天然土）	用 1～3mm 粒径砂子组成	用 2～5mm 粒径砂子组成
第二层	用 3～10mm 粒径小卵石组成	用 5～10mm 粒径小卵石组成

5 盲沟在转弯处和高低处应设置检查井，出水口处应设置滤水算子。

7.1.4 渗排水、盲沟排水均应在地基工程验收合格后进行施工。（选项 B）

7.1.5 集水管宜采用无砂混凝土管、硬质塑料管或软式透水管。（选项 C）（第九章）

选项 A 详见 7.1.2。

43. 【答案】 C

【说明】 参见《建筑外墙防水工程技术规程》（JGJ/T 235—2011）。

7.1.4 外墙防水应按照外墙面面积 $500～1000m^2$ 为一个检验批，不足 $500m^2$ 时也应划分为一个检验批；每个检验批每 $100m^2$ 应至少抽查一处，每处不得小于 $10m^2$，且不得少于 3 处；节点构造应全部进行检查。

7.4.5 防水透气膜的铺贴方向应正确，纵向搭接缝应错开，搭接宽度的负偏差不应大于 10mm。（选项 A）

7.4.2 防水透气膜防水层不得有渗漏现象。

检验方法：雨后或持续淋水 30min 后观察检查。（选项 B）

7.2.1 砂浆防水层的原材料、配合比及性能指标，应符合设计要求。

检验方法：检查出厂合格证、质量检验报告、配合比试验报告和抽样复验报告。（选项 D）（第九章）

44. 【答案】 C

【说明】 参见《屋面工程质量验收规范》（GB 50207—2012）。

6.4.1 卷材与涂料复合使用时，涂膜防水层宜设置在卷材防水层的下面。

6.3.7 涂膜防水层的平均厚度应符合设计要求，且最小厚度不得小于设计厚度的 80%。（选项 A）

6.2.15 卷材防水层的铺贴方向应正确，卷材搭接宽度的允许偏差为 —10mm。（选项 B）

6.5.2 多组分密封材料应按配合比准确计量，拌和应均匀，并应根据有效时间确定每次配制的数量。（选项 D）

45. 【答案】 C

【说明】 参见《建筑装饰装修工程质量验收标准》（GB 50210—2018）。

3.3.7 建筑装饰装修工程应在基体或基层的质量验收合格后施工。对既有建筑进行装饰装修前，应对基层进行处理。（第十章）

46. 【答案】 D

【说明】 参见《建筑外墙防水工程技术规程》（JGJ/T 235—2011）。

4.2.2 聚合物水泥防水砂浆主要性能应符合表 4.2.2（表 3）的规定，检验方法应按现行行业标准《聚合物水泥防水砂浆》（JC/T 984）执行。

表 3 聚合物水泥防水砂浆主要性能

项目		指标	
		干粉类	乳液类
凝结时间	初凝/min	≥45	≥45
	终凝/h	≤12	≤24
抗渗压力/MPa	7d	≥1.0	
黏结强度/MPa	7d	≥1.0	
抗压强度/MPa	28d	≥24.0	
抗折强度/MPa	28d	≥8.0	
收缩率（%）	28d	≤0.15	
压折比		≤3	

7.1.5 外墙防水材料现场抽样数量和复验项目应按表 7.1.5（表 4）的要求执行。

表 4 防水材料现场抽样数量和复验项目

序号	材料名称	现场抽样数量	复验项目	
			外观质量	主要性能
1	普通防水砂浆	每 10m³ 为一批，不足 10m³ 按一批抽样	均匀，无凝结团状	应满足本规程表 4.2.1 的要求
2	聚合物水泥防水砂浆	每 10t 为一批，不足 10t 按一批抽样	包装完好无损，标明产品名称、规格、生产日期、生产厂家、产品有效期	应满足本规程表 4.2.2 的要求
3	防水涂料	每 5t 为一批，不足 5t 按一批抽样	包装完好无损，标明产品名称、规格、生产日期、生产厂家、产品有效期	应满足本规程表 4.2.3、表 4.2.4 和表 4.2.5 的要求
4	防水透气膜	每 3000m² 为一批，不足 3000m² 按一批抽样	包装完好无损，标明产品名称、规格、生产日期、生产厂家、产品有效期	应满足本规程表 4.2.6 的要求
5	密封材料	每 1t 为一批，不足 1t 按一批抽样	均匀膏状物，无结皮、凝胶或不易分散的固体团状	应满足本规程表 4.3.1、表 4.3.2、表 4.3.3 和表 4.3.4 的要求
6	耐碱玻璃纤维网布	每 3000m² 为一批，不足 3000m² 按一批抽样	均匀，无团状平整，无褶皱	应满足本规程表 4.4.1 的要求
7	热镀锌电焊网	每 3000m² 为一批，不足 3000m² 按一批抽样	网面平整，网孔均匀，色泽基本均匀	应满足本规程表 4.4.3 的要求

（第九章）

47. 【答案】 A

   【说明】 解析详见第十章第 74 题 ［2010 - 61］。

48. 【答案】 B

   【说明】 解析详见第十章第 104 题 ［2020 - 49］。

   参见《建筑装饰装修工程质量验收标准》（GB 50210—2018）。

   10.3.6 外墙饰面砖表面应平整、洁净、色泽一致，应无裂痕和缺损。

   检验方法：观察。（选项 C）

   10.3.10 有排水要求的部位应做滴水线（槽）。滴水线（槽）应顺直，流水坡向应正确，坡度应符合设计要求。

   检验方法：观察；用水平尺检查。（选项 A）

   10.3.11 外墙饰面砖粘贴的允许偏差和检验方法应符合表 10.3.11（表 5）的规定。（选项 D）

表 5　　　　　　　　外墙饰面砖粘贴的允许偏差和检验方法

项次	项目	允许偏差/mm	检验方法
1	立面垂直度	3	用 2m 垂直检测尺检查
2	表面平整度	4	用 2m 靠尺和塞尺检查
3	阴阳角方正	3	用 200mm 直角检测尺检查
4	接缝直线度	3	拉 5m 线，不足 5m 拉通线，用钢直尺检查
5	接缝高低差	1	用钢直尺和塞尺检查
6	接缝宽度	1	用钢直尺检查

49. 【答案】 C

   【说明】 解析详见第十章第 113 题 ［2010 - 55］。

50. 【答案】 C

   【说明】 参见《建筑装饰装修工程质量验收标准》（GB 50210—2018）。

   12.2.7 复层涂料的涂饰质量和检验方法应符合表 12.2.7（表 6）的规定。

表 6　　　　　　　　复层涂料的涂饰质量和检验方法

项次	项目	质量要求	检验方法
1	颜色	均匀一致	
2	光泽	光泽基本均匀	观察
3	泛碱、咬色	不允许	
4	喷点疏密程度	均匀，不允许连片	

（第十章）

51. 【答案】 A

   【说明】 解析详见第十章第 137 题 ［2019 - 79］。

52. 【答案】 C

   【说明】 解析详见第十一章第 9 题 ［2020 - 56］。

53. 【答案】 B

【说明】 解析详见第十一章第 16 题〔2010 - 56〕。选项 A 详见第 4.3.5，选项 C 详见第 4.3.6，选项 D 详见 4.10.11。

54. 【答案】 C

【说明】 《建筑地面工程施工质量验收规范》（GB 50209—2010）5.1.5 当采用掺有水泥拌和料做踢脚线时，不得用石灰混合砂浆打底。（第十一章）

55. 【答案】 B

【说明】 解析详见第十一章第 47 题〔2005 - 58〕。A、C、D 选项详见《建筑地面工程施工质量验收规范》（GB 50209—2010）5.6.5、5.11.1、5.7.4。

56. 【答案】 A

【说明】 《国务院办公厅关于促进建筑业持续健康发展的意见》（国办发〔2017〕19 号）：在民用建筑项目中，充分发挥建筑师的主导作用，鼓励提供全过程工程咨询服务。（第十四章）

57. 【答案】 D

【说明】 参见《全过程工程咨询服务管理标准》（T/CCIAT 0024—2020）。

3.3.5 全过程工程咨询服务团队成员应满足下列要求：

1 总咨询师应取得工程咨询类、工程建设类注册执业资格且具有工程类或工程经济类高级职称，并具有类似工程经验。当采用分阶段咨询时，总咨询师宜具有相应阶段主要专业咨询的注册执业资格。

2 专业咨询工程师应取得相应专业咨询的注册执业资格或具备相应能力，取得工程类或工程经济类中级及以上职称，并具有类似工程经验。（第十三章）

58. 【答案】 D

【说明】 解析详见第十六章第 22 题〔2010 - 63〕。

59. 【答案】 A

【说明】 《中华人民共和国注册建筑师条例》第五条 全国注册建筑师管理委员会负责注册建筑师考试、一级注册建筑师注册、制定颁布注册建筑师有关标准以及相关国际交流等具体工作。

省、自治区、直辖市注册建筑师管理委员会负责本行政区域内注册建筑师考试、注册以及协助全国注册建筑师管理委员会选派专家等具体工作。（第十六章）

60. 【答案】 C

【说明】 解析详见第十二章第 27 题〔2011 - 67〕。

61. 【答案】 D

【说明】 《房屋建筑和市政基础设施项目工程总承包管理办法》第十五条 建设单位和工程总承包单位应当加强风险管理，合理分担风险。

建设单位承担的风险主要包括：

（一）主要工程材料、设备、人工价格与招标时基期价相比，波动幅度超过合同约定幅度的部分；

（二）因国家法律法规政策变化引起的合同价格的变化；

（三）不可预见的地质条件造成的工程费用和工期的变化；

（四）因建设单位原因产生的工程费用和工期的变化；

（五）不可抗力造成的工程费用和工期的变化。

具体风险分担内容由双方在合同中约定。

鼓励建设单位和工程总承包单位运用保险手段增强防范风险能力。（第十二章）

62. 【答案】 C

【说明】 《房屋建筑和市政基础设施项目工程总承包管理办法》第十一条　工程总承包单位不得是工程总承包项目的代建单位、项目管理单位、监理单位、造价咨询单位、招标代理单位。政府投资项目的项目建议书、可行性研究报告、初步设计文件编制单位及其评估单位，一般不得成为该项目的工程总承包单位。政府投资项目招标人公开已经完成的项目建议书、可行性研究报告、初步设计文件的，上述单位可以参与该工程总承包项目的投标，经依法评标、定标，成为工程总承包单位。（第十二章）

63. 【答案】 D

【说明】 建设工程设计责任保险是指以建设工程设计人因设计上的疏忽或过失而引发工程质量事故造成损失或费用应承担的经济赔偿责任为保险标的的职业责任保险。它是我国开办最早的职业保险险种之一。

建设工程设计责任保险的被保险人是依法成立的建设工程设计单位，也可以是依法独立从事建设工程设计的个人。工程设计人（包括单位和个人）从事建设工程设计工作，为工程的建设人提供设计成果，如果由于其疏忽或过失使设计本身存在瑕疵，就可能导致工程毁损或报废，给工程建设人造成经济损失，并可能造成其他人的人身伤亡或财产损失。在这种情况下，工程设计人就负有经济赔偿责任。可见，工程设计人从事设计工作是有风险的，而且工程设计责任事故的损失巨大，超出其经济承受能力。因此，工程设计人可以通过建设工程设计责任保险，将这种责任风险转移给保险人。（第十二章）

64. 【答案】 C

【说明】 参见《建筑工程咨询分类标准》（GB/T 50852—2013）。

2.0.10 项目后评价：在项目建设完成并投入使用或运营一定时间后，对照项目可行性研究报告及审批文件的主要内容，项目建成后所达到的实际效果进行对比分析，找出差距及原因，总结经验教训，提出相应对策建议，以不断提高投资决策水平和投资效益的活动。（第十三章）

65. 【答案】 B

【说明】 解析详见第十三章第4题［2010 - 69］。

66. 【答案】 B

【说明】 建设工程合同包括工程勘察、设计、施工合同。（第十二章）

67. 【答案】 A

【说明】 解析详见第十四章第31题［2020 - 77］。

68. 【答案】 D

【说明】 解析详见第十四章第14题［2022（05）- 72］。

69. 【答案】 D

【说明】 解析详见第十四章第52题［2012 - 75］。

70. 【答案】 A

【说明】 《中华人民共和国城乡规划法》第三十一条 旧城区的改建，应当保护历史文化遗产和传统风貌，合理确定拆迁和建设规模，有计划地对危房集中、基础设施落后等地段进行改建。（第十二章）

71. 【答案】 A

【说明】 《城市设计管理办法》（2017年）第三条 城市设计是落实城市规划、指导建筑设计、塑造城市特色风貌的有效手段，贯穿于城市规划建设管理全过程。通过城市设计，从整体平面和立体空间上统筹城市建筑布局、协调城市景观风貌，体现地域特征、民族特色和时代风貌。（第十四章）

72. 【答案】 B

【说明】 《中华人民共和国土地管理法》（2020年）第三条 十分珍惜、合理利用土地和切实保护耕地是我国的基本国策。各级人民政府应当采取措施，全面规划，严格管理，保护、开发土地资源，制止非法占用土地的行为。（第十二章）

73. 【答案】 C

【说明】 解析详见第十七章第1题［2006-82］、第3题［2010-84］。

74. 【答案】 C

【说明】 《建设工程安全生产管理条例》第七条 建设单位不得对勘察、设计、施工、工程监理等单位提出不符合建设工程安全生产法律、法规和强制性标准规定的要求，不得压缩合同约定的工期。（第十四章）

75. 【答案】 C

【说明】 解析详见第十四章第45题［2021-85］。

2025 年度全国一级注册建筑师资格考试模拟试卷二

建筑经济　施工与设计业务管理

（知识题）

（基于 2024 年真题）

二〇二五年四月

1. **生产性建设项目总投资包括建设投资、建设期利息及：**
   A. 建设用地费　　　　B. 流动资金　　　　C. 生产准备费　　　　D. 联合式运转费

2. **建设安装工程费按照构成要素划分，除了人工费、材料费、施工机具使用费，还包括：**
   A. 现场管理费、风险费用、利润
   B. 企业管理费、风险费用、措施项目费和税金
   C. 企业管理费、利润、规费和税金
   D. 措施项目费、其他项目费、规费和税金

3. **估算建设工程投资时，考虑到设计变更及施工过程中可能增加工作量，需要预先准备的费用，称为：**
   A. 基本预备费　　　　　　　　　　B. 涨价预备费
   C. 安全生产专项费用　　　　　　　D. 工程保险费

4. **下列关于建设项目投资估算作用的说法，正确的是：**
   A. 项目可行性研究阶段的投资估算是项目投资决策的重要依据
   B. 项目建议书阶段的投资估算是初步设计阶段限额设计的依据
   C. 项目投资估算是进行工程施工招标的直接依据
   D. 项目投资估算是进行施工图设计的直接依据

5. **下列财务分析指标中，属于评价项目盈利能力的静态指标是：**
   A. 投资收益率　　　　　　　　　　B. 净年值
   C. 净现值　　　　　　　　　　　　D. 内部收率

6. **下列关于限额设计目标及实施的说法，正确的是：**
   A. 限额设计目标由工程造价目标、质量目标两个部分组成
   B. 投资估算仅作为限额初步设计阶段的一个参考指标
   C. 建筑设计人员进行限额设计时，应只考虑工程建造费用，不必考虑运行费用
   D. 分解工程造价目标是实施限额设计的一个有效途径和方法

7. **编制建设项目设计概算并对其编制质量负责的单位是：**
   A. 项目评审单位　　　　　　　　　B. 项目设计单位
   C. 项目施工单位　　　　　　　　　D. 项目监理单位

8. **建设项目三级概算指的是：**
   A. 总概算、各单位建筑工程概算、设备及安装工程概算
   B. 工程费用概算、工程建设其他费用概算、预备费和建设利息概算
   C. 单项工程综合概算、工程建设其他费用概算、预备费和建设利息概算
   D. 总概算、单项工程综合概算、单位工程概算

9. **采用工程清单计价的建设工程，投标人可以根据自身特点做适当的增减，调整的清单是：**
   A. 分部分项工程量清单　　　　　　B. 措施项目清单
   C. 规费项目清单　　　　　　　　　D. 税金项目清单

10. 采用工程清单计价的建设工程，招标人委托第三方咨询机构编制招标工程量清单，应对其准确性和完整性负责的是：

A. 第三方咨询机构 　　　　　　　　B. 招标人

C. 招标人的上级管理机构 　　　　　D. 投标人

11. 采用工程量清单单价合同计价的建设工程，编制投标报价的关键问题是确定分部工程的是：

A. 项目编码　　　B. 工程数量　　　C. 项目特征　　　D. 综合单价

12. 某工程施工到 2023 年 12 月底时，采用赢得值法分析得出的数如下：已完成工作预算投资为 240 万元，已完成工作实际投资为 300 万元，计划工作预算投资为 280 万元，则该工程此时的投资和进度情况是：

A. 投资超支，进度延误 　　　　　　B. 投资超支，进度提前

C. 投资节省，进度提前 　　　　　　D. 投资节省，进度延误

13. 采用工程量清单计价的建设工程，在实际实施过程中发生的下列情形可导致变更的是：

A. 主要材料供应方式改变 　　　　　B. 施工单位变更

C. 合同计价方式改变 　　　　　　　D. 设计图纸修改

14. 采用工程量清单计价的建设工程，当工程变更导致清单项目发生变化，且已标价中没有适用的，但有类似变更项目的，变更项目的综合单价确定方式是：

A. 直接采用类似项目单价

B. 采用变更前的综合单价

C. 在合理范围内参照类似项目的单价

D. 采用承包人自行确定的综合单价

15. 在合同履行过程中，对于并非自己的过错而是应由对方承担责任的情况造成的实际损失，向对方提出经济补偿或时间补偿的要求是：

A. 协商　　　B. 调解　　　C. 索赔　　　D. 合同变更

16. 评价指标中，属于社会效益评价指标的是：

A. 新技术应用 　　　　　　　　　　B. 节能减排指标

C. 移民和拆迁 　　　　　　　　　　D. 内部收益率

17. 建设工程未经竣工验收，发包人擅自使用的，工程保修期起算时间是：

A. 竣工验收合格之日 　　　　　　　B. 转移占有之日

C. 结算之日 　　　　　　　　　　　D. 工程施工完工之日

18. 根据资本金制度的规定，下列关于项目资本金说法错误的是：

A. 应以货币形式出资 　　　　　　　B. 先于负债受偿

C. 可以合理的方式抽回 　　　　　　D. 属于非债务性资金

19. 资金成本包括资金筹集成本和：

A. 资金使用成本 　　　　　　　　　B. 资信评估费用

C. 规费   D. 担保费

20. 反映施工图设计阶段建设项目投资总额的造价文件是：
   A. 单位工程预算
   B. 单项工程综合预算
   C. 建设项目总预算
   D. 建筑项目工程总概算

21. 下列关于建筑工程施工质量控制的说法，正确的是：
   A. 采用的原材料应进行进场检验合格并应经建设单位负责人检查认可
   B. 涉及节能的重要材料，应按有关规定进行复验，并经监理工程师检查认可
   C. 每道施工工序完成后，经施工单位自检合格，并经监理工程师检查认可
   D. 对于重要工序，经监理工程师检查合格，并应报请工程质量监督机构检查认可

22. 可作为建筑工程中分项工程划分依据的是：
   A. 主要工种   B. 工程量   C. 工程部位   D. 施工段

23. 工程质量检验的抽样采用计数－计量的抽样方案时，适用于：
   A. 分部工程   B. 分项工程   C. 检验批   D. 零星工程

24. 下列分部工程验收中，设计单位项目负责人可不参加的是：
   A. 地基与基础分部工程
   B. 主体结构工程
   C. 建筑电气工程
   D. 节能分部工程

25. 针对由分包单位完成的分部工程验收的组织者是：
   A. 总包单位负责人
   B. 分包单位负责人
   C. 建筑单位负责人
   D. 总监理工程师

26. 单位工程具备竣工验收条件后，施工单位应向以下哪个单位提交竣工报告，申请竣工验收？
   A. 监理单位
   B. 建设单位
   C. 工程质量监督机构
   D. 设计单位

27. 下列关于砌体结构工程施工的说法，错误的是：
   A. 块体、水泥、钢筋、外加剂尚应有材料主要性能的进场复验报告，并应符合设计要求
   B. 砌体结构工程施工前，应编制砌体结构工程施工方案
   C. 砌体结构的标高、轴线，应引自基准控制点
   D. 砌筑基础后，应及时校核其放线尺寸

28. 除特别炎热干燥情况外，不需要浇水湿润的砌块是：
   A. 烧结多孔砖
   B. 普通混凝土小型空心砌块
   C. 轻骨料混凝土砌块
   D. 蒸压加气混凝土砌块

29. 下列关于砌体结构工程冬期施工的说法，正确的是：
   A. 当室外日平均气温连续 5d 稳定低于 8℃时，砌体工程应采取冬期施工措施
   B. 拌制砂浆所用砂，不得含有冰块和大于 10mm 的冻结块

C. 拌和砂浆宜采用两步投料法，水的温度不宜低于 80℃

D. 配置钢筋的砌体宜使用掺加氯盐和硫酸盐类外加剂的砂浆

30. **对有裂缝情况的砌体进行验收的说法，错误的是：**

A. 对有可能影响结构安全性的砌体裂缝，应由有资质的检测单位检测鉴定

B. 对有可能影响结构安全性的砌体裂缝，鉴定后需返修或加固处理的，待返修或加固处理满足使用要求后进行二次验收

C. 对有裂缝情况的所有砌体，均不予验收

D. 对明显影响使用功能和观感质量的裂缝，应进行处理

31. **下列关于混凝土结构中检验批质量验收，错误的是：**

A. 检验批的质量验收应包括实物检查和资料检查

B. 一般项目不宜采用计数抽样检验

C. 主控项目的质量经抽样检验均应合格

D. 一般项目的质量经抽样检验应合格

32. **混凝土结构工程模板起拱，在同一检验批内，必须全数检查的是：**

A. 对于梁，跨度大于 18m

B. 对于梁，跨度不大于 18m

C. 对于板，应按有代表性的自然间

D. 对于大空间结构，板可按纵、横轴线划分检查面

33. **混凝土结构工程材料进场验收时，不能作为检验批容量扩大依据的是：**

A. 获得认证的产品

B. 多年使用经验

C. 连来源稳定且连续三批均一次检验合格的产品

D. "一次检验合格"不包括二次抽样复检合格的情况

34. **不属于混凝土结构实体检验项目的是：**

A. 混凝土强度　　　　　　　　B. 钢筋保护层厚度

C. 结构位置与尺寸偏差　　　　D. 结构构件变形

35. **下列关于现浇结构质量缺陷，说法正确的是：**

A. 对于已经出现的一般缺陷，应由建设单位按技术处理方案进行处理

B. 对于已经出现的严重缺陷，应由设计单位提出技术处理方案，并经建设单位认可后施工单位进行处理

C. 对于已经出现的严重缺陷，应由施工单位提出技术处理方案，并经监理单位认可后进行处理

D. 对于裂缝或连接部位的严重缺陷及其他影响结构安全的严重缺陷，技术处理方案尚应经建设单位认可

36. **下列关于钢结构工程施工质量控制的说法，错误的是：**

A. 采用的原材料及成品应进行进场验收

B. 凡涉及安全、功能的原材料及成品应按规定进行复验，并应经监理工程师（建设单位技术负责人）见证取样送样

C. 各工序应按施工技术标准进行质量控制，每道工序完成后应进行检查

D. 相关各专业之间应进行交接检验，并经施工单位技术负责人检查认可

37. 下列关于钢结构涂装工程的说法，正确的是：

A. 普通防腐涂料涂装工程应在钢结构构件组装、预拼装或钢结构安装工程检验批的施工质量验收合格前进行

B. 防火涂料涂装工程应在钢结构安装分项工程检验批和钢结构防腐涂装检验批的施工质量验收合格前进行

C. 采用金属热喷防腐时，表面除锈处理与热喷涂施工的间隔时间，雨天的气候条件下不应超过 4h

D. 采用防火防腐一体化体系（含防火防腐双功能涂料）时，防腐涂装和防火涂装可以合并验收

38. 下列地下防水材料及施工环境气温条件符合规定的是：

A. 高聚物改性沥青防水卷材冷粘法施工环境不宜低于 0℃

B. 合成高分子防水卷材冷粘法施工环境不宜低于 0℃

C. 溶剂型有机防水涂料施工环境温度为 −5～25℃

D. 无机防水涂料施工环境温度为 5～35℃

39. 下列防水施工中关于卷材防水保护层的说法，正确的是：

A. 侧墙防水层不得采用水泥砂浆保护层

B. 顶板防水层上应采用细石混凝土保护层，采用人工回填土时，保护层厚度小于等于 50mm

C. 外墙防水层不得采用防水砂浆保护层

D. 底板可采用细石混凝土保护层

40. 下列关于地下注浆防水工程的说法，正确的是：

A. 在砂卵石层中宜采用高压喷射注浆法

B. 在黏土层中宜采用劈裂注浆法

C. 预注浆宜采用水泥砂浆或掺有石灰的水泥浆液

D. 后注浆宜采用黏土水泥浆液或化学浆液

41. 下列关于屋面保温隔热工程中蓄水隔热层施工的说法，错误的是：

A. 蓄水隔热层与屋面防水层之间应设隔离层

B. 蓄水池的所有孔洞应预留，不得后凿

C. 每个蓄水区的防水混凝土应一次浇筑完毕，不得留施工缝

D. 防水混凝土应用机械振捣密实，表面应抹平和压光，初凝后应覆盖养护，终凝后浇水养护不得少于 7d

42. 下列关于屋顶防水密封工程施工，正确的说法是：

A. 涂刷基层处理剂均匀一致后应立即进行防水层和接缝密封层的施工

B. 用自粘法铺贴卷材时，先将卷材下的空气排尽，粘贴后气泡应采用针扎孔排出

C. 用焊接法铺贴卷材时，应先焊长边搭接缝，后焊短边搭接缝

D. 用机械固定法铺贴卷材时，固定件间距不宜大于800mm

43. 屋面防水工程中，下列部位不属于隐蔽工程验收项目的是：

A. 卷材、涂膜防水层　　　　　　　B. 保温层的隔汽和排气措施

C. 在屋面易开裂和渗水部位的附加层　D. 接缝的密封处理

44. 下列关于建筑装饰装修工程施工的说法，错误的是：

A. 承担建筑装饰装修工程的人员上岗前应进行培训

B. 建筑装饰装修工程施工中，不得擅自改动建筑主要使用功能

C. 未经设计确认和有关部门批准，不得擅自拆改水、电等配套设施

D. 监理单位应采取有效的措施控制施工现场对周围环境的污染和危害

45. 建筑装饰装修工程中抹灰工程验收时应检查的文件和记录，不包括：

A. 施工组织设计　　　　　　　　　B. 抹灰工程的施工图、设计说明及其他设计文件

C. 隐蔽工程验收记录　　　　　　　D. 施工记录

46. 下列关于建筑装饰装修工程的说法，正确的是：

A. 管道、设备安装及调试应与饰面层施工同步进行

B. 经有关各方确认的样板间，不能作为施工质量评判的依据

C. 拆改主体结构需经设计确认和有关部门批准

D. 扩大检验批后的检验中，出现不合格情况时，应按扩大后的检验批容量重新验收

47. 对于建筑外墙防水工程进行质量验收，应采用小锤轻击检查的项目是：

A. 砂浆防水层是否有渗漏现象

B. 砂浆防水层与基层之间及防水层各层之间是否黏结牢固

C. 防水透气膜与基层是否粘结固定牢固

D. 涂膜防水层是否有气泡和翘边等缺陷

48. 下列关于建筑门窗工程安装与质量检查的说法，正确的是：

A. 高层建筑的外窗每个检验批应至少抽查10%，并不得少于6樘，不足6樘时应全数检查

B. 特种门每个检验批应至少抽查50%，并不得少于6樘，不足6樘时应全数检查

C. 门窗安装前只需对门窗洞口尺寸偏差进行检验

D. 木门窗安装不宜采用预留洞口的方法施工

49. 下列关于格栅吊顶工程安装和质量检验的说法，错误的是：

A. 吊杆距主龙骨端部距离不得大于300mm

B. 吊杆和龙骨的材质、规格、安装间距及连接方式应符合设计要求

C. 狭长的吊顶面层不得设置伸缩缝

D. 金属格栅吊顶安装应检查表面平整度

50. 下列关于轻质隔墙工程施工质量验收的说法，错误的是：

A. 轻质隔墙工程应对人造木板的甲醛释放量进行复验

B. 轻质隔墙与顶棚和其他墙体的交接处应采取防开裂措施

C. 骨架隔墙骨架内设备管线的安装、门窗洞口等部位加强龙骨的安装应按一般项进行检查和验收

D. 活动隔墙用于组装、推拉和制动的构配件应安装牢固、位置正确，推拉应安全、平稳、灵活，检验方法：尺量检查；手扳检查；推拉检查

51. 下列关于幕墙工程进场材料进行复验的性能指标正确的是：

A. 室外用花岗石的放射性

B. 石材用密封胶的污染性

C. 中空玻璃的抗折强度

D. 金属受力构件的抗压强度

52. 下列关于建筑地面工程施工的说法，正确的是：

A. 铺设有坡度的楼面（或架空地面）应采用结构起坡达到设计要求的坡度

B. 铺设有坡度的地面不得采用基土高差达到设计要求的坡度

C. 直接在室内的冻胀土层上进行填土施工时，应满足压实系数要求

D. 在永冻土上铺设地面时，应按建筑节能要求进行隔热、保温处理后方可施工

53. 下列关于建筑地面镶边施工的做法，错误的是：

A. 具有较大振动或变形的设备基础与周围建筑地面的邻接处，沿设备基础周边不应设置镶边构件

B. 采用水磨石整体面层时，应采用同类材料镶边，并用分格条进行分格

C. 条石面层和砖面层与其他面层邻接处，应用顶铺的同类材料镶边

D. 管沟、变形缝等处的建筑地面面层的镶边构件，应在面层铺设前装设

54.《建筑地面工程施工质量验收规范》中关于建筑地面填充层，工程施工及质量验收的说法，错误的是：

A. 采用松散材料铺设填充层时，应分层铺平拍实

B. 有隔声要求的楼面，隔声垫在柱、墙面的上翻高度应超出楼面 20mm，且应收口于踢脚线内

C. 填充层的坡度应符合设计要求，不应有倒泛水和积水现象

D. 用作隔声的填充层，其表面允许偏差应符合本规范中相应填充层的规定

55. 下列建筑地面板块面层铺设方法，正确的是：

A. 板块类踢脚线施工时，应采用混合砂浆打底

B. 彩色混凝土板块、水磨石板块、人造石板块的缝隙中，应采用水泥浆（或砂浆）填缝

C. 不导电的料石面层的石料应采用辉绿岩石加工制成

D. 在水泥砂浆结合层上铺贴陶瓷锦砖面层时，每联陶瓷锦砖之间、与结合层之间以及在墙角、镶边和靠柱、墙处不应紧密贴合

56. 下列关于工程建设过程的说法，正确的是：

A. 工程建设全过程咨询服务应当由一家具有综合能力的咨询单位实施

B. 有影响力、有示范作用的政府投资项目必须推行工程建设全过程咨询

C. 咨询单位，可承接同一项目的材料，设备供应

D. 全过程工程咨询服务酬金在项目投资中列支的，所对应的单项咨询服务费用不再列支

57. 下列关于建设工程设计资质申请和审批的说法，正确的是：

A. 资质有效期届满，企业需要延续资质证书有效期的，应当在资质证书有效期届满 30 日前，向原资质许可机关提出资质延续申请

B. 企业在资质有效期内法定代表人发生变更不必办理资质证书变更手续

C. 企业合并后存续且符合相应的资质标准条件的可以承继合并前各方中较高的资质等级

D. 企业首次申请工程设计资质，其申请资质等级最高不超过乙级，但应当考核企业工程设计业绩

58. 下列属于建筑师初始注册必要条件的是：

A. 近 5 年内在中华人民共和国境内从事建筑设计及相关业务

B. 受聘于建设工程设计单位

C. 参加执业资格考试

D. 申请人的聘用单位符合允许注册要求

59. 下列关于招投标活动中的说法，正确的是：

A. 招投标交易场所由行政监督部门设立不得以营利为目的

B. 招标代理机构可以向所代理招标项目的投标人提供咨询

C. 潜在投标人对资格预审文件有异议的，可随时提出

D. 招标人收到潜在投标人对招标文件的异议后作出答复前，应当暂停招标投标活动

60. 根据《工程建设项目勘察设计招标投标办法》可以不进行招标的是：

A. 推荐采用专利的建设工程

B. 采购人依法能够自行勘察、设计的建设工程

C. 技术复杂、有特殊要求或者受自然环境限制，只有少量潜在投标人可供选择

D. 采用公开招标方式的费用占项目合同金额的比例过大

61. 下列关于建设项目工程总承包项目中工程保险的说法，正确的是：

A. 双方应按照专用合同条件的约定向双方同意的保险人投保建设工程设计责任险、建筑安装工程一切险等保险

B. 发包人为其在施工现场的雇佣人办理的意外伤害保险是强制保险

C. 承包人应当为进入施工现场的全部人员办理工伤保险

D. 承包人为抵运现场的施工设备办理财产保险应当按通用合同条件的约定办理

62. 注册建筑师依法对所完成的建设工程消防设计承担的责任是：

A. 首要责任　　　　　　　　　　B. 主体责任

C. 连带责任　　　　　　　　　　D. 个人责任

63. 根据《中华人民共和国建筑法》不允许同时发包给一个工程承包单位的是：

A. 施工和勘察　　　　　　　　　B. 施工和设备采购

C. 施工和设计
D. 施工和监理

64. **工程总承包单位或工程总承包联合体应具备与工程规模相适应的工程施工资质和：**
A. 工程设计资质
B. 工程勘察资质
C. 工程监理资质
D. 工程咨询资质

65. **依法必须遵循招标的工程项目勘察设计招标的，应当具备条件是：**
A. 施工单位已经招标完毕
B. 建设资金已经全部到位
C. 所必需的勘察设计基础资料已经收集完成
D. 监理单位已经招标完成

66. **根据《工程建设项目勘察设计招标投标办法》关于联合投标说法正确的是：**
A. 接受联合体投标，是招标人的法定义务
B. 联合体应当设立新的法人
C. 各方应签订共同投标协议，连同投标文件一并提交招标人
D. 联合体中标的，联合体各方应当共同与招标人签订合同，就中标项目向招标人承担首要责任

67. **下列关于编制设计文件的说法，正确的是：**
A. 设计单位可以参考工程建设强制性标准进行设计，对项目设计质量负责
B. 设计文件中选用的建筑设备应当注明规格、型号、性能、供应商等信息
C. 注册建筑师应当在其主持设计的文件上签字对设计文件负责
D. 设计单位应当就最终交付的施工图设计文件向建设单位作出详细说明

68. **根据《建设工程勘察设计管理条例》，下列属于编制建设工程勘察、设计文件依据的是：**
A. 项目实施计划
B. 资金来源证明
C. 《全国民用建筑工程设计技术措施》
D. 国家规定的建筑工程勘察、设计深度要求

69. **下列关于修改设计文件，以下说法，正确的是：**
A. 确需修改建设工程设计文件，应由原建设工程设计单位修改
B. 经原建设工程设计单位书面同意施工单位可以修改设计文件
C. 修改的设计文件由建设单位承担主要责任，修改单位承担次要责任
D. 监理单位发现设计文件不符合工程建设强制标准的，有权要求设计单位进行补充和修改

70. **下列关于实施工程建设强制性标准监督的说法，正确的是：**
A. 监理机构应当对工程项目执行强制性标准情况进行监督检查
B. 强制性标准监督检查的内容包括工程项目验收是否符合强制性标准的规定
C. 建筑安全监督管理机构可以人为对建设工程的设计是否符合强制性标准的规定进行重点检查

D. 监督检查方式不包括专项检查

71. **城市总体规划、镇总体规划的强制性内容不包括：**
    A. 规划区范围、规划区内建设用地规模
    B. 基础设施和公共服务设施用地
    C. 城市风貌保护
    D. 水源地和水系

72. **下列建设工程中，需实行消防验收备案抽查的是：**
    A. 总建筑面积 $3000m^2$ 的档案楼
    B. 总建筑面积 $5000m^2$ 的宾馆
    C. 总建筑面积 $1200m^2$ 的托儿所的儿童用房
    D. 总建筑面积 $600m^2$ 的歌舞厅

73. **与房地产开发项目土地使用权出让无关的是：**
    A. 必须符合土地利用总体规划　　　B. 必须符合城市规划
    C. 必须符合年度建设用地计划　　　D. 必须符年度财政预算计划

74. **下列关于工程监理单位的质量责任和义务，以下说法正确的是：**
    A. 经建设单位书面同意工程监理单位可以转让工程监理业务
    B. 工程监理单位与被监理工程的设计单位可以有隶属关系
    C. 未经总监理工程师签字，施工单位不得进行下一道工序的施工
    D. 监理工程师对建设工程实施监理均采取旁站的形式

75. **下列不属于住房和城乡建设部工程建设行政处罚的是：**
    A. 对于住房和城乡建设部核准资质的工程勘察设计企业降低资质等级的行政处罚
    B. 对于住房和城乡建设部核准资质的建筑施工企业吊销资质证书的行政处罚
    C. 对于注册建筑师处以行政拘留的行政处罚
    D. 对于注册建筑师处以吊销执业资格证书的行政处罚

参 考 答 案

1. 【答案】 B

   【说明】 建设项目总投资包括建设投资、建设期利息和流动资金之和。（第一章）

2. 【答案】 C

   【说明】 解析详见第一章第 11 题［2021-03］。

3. 【答案】 A

   【说明】 解析详见第一章第 44 题［2020-03］。

4. 【答案】 A

   【说明】 解析详见第二章第 4 题［2012-08］。

5. 【答案】 A

   【说明】 解析详见第六章第 11 题［2013-25］。

6. 【答案】 D

   【说明】 限额设计目标不仅包括工程造价目标和质量目标，还包括进度目标、安全目标及环保目标，选项 A 错误。经批准的投资估算应作为工程造价的最高限额，是指导初步设计和后续设计阶段的重要依据，选项 B 错误。限额设计不仅要考虑工程建造费用，还应考虑整个生命周期的运行费用，以确保项目的经济性和可持续性，C 选项错误。分解工程造价目标是实现限额设计的有效途径和主要方式之一，通过将总投资分解到各专业设计，造价限额，可以更好地控制工程造价，实现限额设计的目标，选项 D 正确。（第三章）

7. 【答案】 B

   【说明】 参见《建设项目设计概算编审规程》（CECA/GC 2—2015）。

   　　1.0.7 设计概算由项目设计单位负责编制，并对其编制质量负责。（第三章）

8. 【答案】 D

   【说明】 解析详见第三章第 150 题［2011-05］。

9. 【答案】 B

   【说明】 措施项目清单包括为完成工程项目而采取的各种措施，如安全防护、文明施工、临时设施等。由于这些措施可因不同投标人的施工方法和合理方式而有所不同，因此投标人可以根据自身特点对措施项目清单做适当增减和调整。（第四章）

10. 【答案】 B

    【说明】 解析详见第四章第 11 题［2020-11］。

11. 【答案】 D

    【说明】 解析详见第四章第 9 题［2021-06］。

12. 【答案】 A

    【说明】 解析详见模拟试卷一第 19 题。费用偏差＝已完工作预算费用—已完工作实际费用＝240 万元—300 万元＝—60 万元，当费用偏差为负时，即示项目运行超出预算费用，结果是—60 万元，表示投资超支。进度偏差＝已完工作预算费用—计划工作预算费用＝240 万元—280 万元＝—40 万元，当进度偏差为负值时，表示进度延误，即实际进度落后于计划进度。（第十三章）

13. 【答案】 D

【说明】 参见《建设工程工程量清单计价规范》（GB 50500—2013）。

2.0.16 工程变更：合同工程实施过程中由发包人提出或由承包人提出经发包人批准的合同工程任何一项工作的增、减、取消或施工工艺、顺序、时间的改变；设计图纸的修改；施工条件的改变；招标工程量清单的错、漏从而引起合同条件的改变或工程量的增减变化。（第四章）

14. 【答案】 C

【说明】 参见《建设工程工程量清单计价规范》（GB 50500—2013）。

9.3.1-2 因工程变更引起已标价工程量清单项目或其工程数量发生变化时，应按照下列规定调整：已标价工程量清单中没有适用但有类似于变更工程项目的，可在合理范围内参照类似项目的单价。（第四章）

15. 【答案】 C

【说明】 参见《建设工程工程量清单计价规范》（GB 50500—2013）。

2.0.23 索赔：在工程合同履行过程中，合同当事人一方因非己方的原因而遭受损失，按合同约定或法律法规规定应由对方承担责任，从而向对方提出补偿的要求。（第四章）

16. 【答案】 C

【说明】 移民和拆迁涉及项目对当地居民生活、社会结构和社区关系的影响，是典型的社会效益评价指标。新技术的应用是对项目技术水平评价，节能减排指标是项目资源环境效益评价，内部收益率是项目财务及经济效益评价。（第六章）

17. 【答案】 B

【说明】 《最高人民法院关于审理建设工程施工合同纠纷案件适用法律问题的解释（一）》（法释〔2020〕25号）第九条 当事人对建设工程实际竣工日期有争议的，人民法院应当分别按照以下情形予以认定：

（一）建设工程经竣工验收合格的，以竣工验收合格之日为竣工日期；

（二）承包人已经提交竣工验收报告，发包人拖延验收的，以承包人提交验收报告之日为竣工日期；

（三）建设工程未经竣工验收，发包人擅自使用的，以转移占有建设工程之日为竣工日期。（第十二章）

18. 【答案】 D

【说明】 项目资本金对项目来说是非债务资金，投资者按出资比例依法享有所有者权益，可转让其出资，但不得抽回。项目法人不承担资本金的任何利息和债务，没有按期还本付息的压力。股利的支付依投产后的经营状况而定，项目法人的财务负担较小。由于股利从税后利润中支付，没有抵税作用，且发行费用较高，故资金成本较高。（第六章）

19. 【答案】 A

【说明】 资金成本是指工程项目建设为筹集资金和使用资金而付出的代价，由资金筹集费和资金占用费组成。资金筹集成本是在筹集资金过程中支付的各种费用，包括发行股票、证券印刷费、律师费、公证费、担保费及广告宣传费等。资金使用成本是在使用资金过程中所付出的代价，例如借款利息、债券利息、优先股股息、普通股股息等。（第

六章）

20.【答案】 C

【说明】 建设项目总预算是反映施工图设计阶段建设项目投资总额的造价文件，是施工图预算文件的主要组成部分。具体包括建筑安装工程费、设备及工器具购置费、工程建设其他费用、预备费、建设期利息及铺底流动资金。（第三章）

21.【答案】 B

【说明】 参见《建筑工程施工质量验收统一标准》（GB 50300—2013）。

3.0.3 建筑工程的施工质量控制应符合下列规定：

1 建筑工程采用的主要材料、半成品、成品、建筑构配件、器具和设备应进行进场检验。凡涉及安全、节能、环境保护和主要使用功能的重要材料、产品，应按各专业工程施工规范、验收规范和设计文件等规定进行复验，并应经监理工程师检查认可；

2 各施工工序应按施工技术标准进行质量控制，每道施工工序完成后，经施工单位自检符合规定后，才能进行下道工序施工。各专业工种之间的相关工序应进行交接检验，并应记录；

3 对于监理单位提出检查要求的重要工序，应经监理工程师检查认可，才能进行下道工序施工。（第七章）

22.【答案】 A

【说明】 参见《建筑工程施工质量验收统一标准》（GB 50300—2013）。

4.0.4 分项工程可按主要工种、材料、施工工艺、设备类别进行划分。（第七章）

23.【答案】 C

【说明】 解析详见模拟试卷一第 22 题。

24.【答案】 C

【说明】 参见《建筑工程施工质量验收统一标准》（GB 50300—2013）。

6.0.3 分部工程应由总监理工程师组织施工单位项目负责人和项目技术负责人等进行验收。

勘察、设计单位项目负责人和施工单位技术、质量部门负责人应参加地基与基础分部工程的验收。

设计单位项目负责人和施工单位技术、质量部门负责人应参加主体结构、节能分部工程的验收。（第七章）

25.【答案】 D

【说明】 解析详见模拟试卷一第 26 题。

26.【答案】 B

【说明】 参见《建筑工程施工质量验收统一标准》（GB 50300—2013）。

6.0.5 单位工程完工后，施工单位应组织有关人员进行自检。总监理工程师应组织各专业监理工程师对工程质量进行竣工预验收。存在施工质量问题时，应由施工单位整改。整改完毕后，由施工单位向建设单位提交工程竣工报告，申请工程竣工验收。（第七章）

27.【答案】 D

【说明】 参见《砌体结构工程施工质量验收规范》（GB 50203—2011）。

3.0.4 砌筑基础前，应校核放线尺寸，允许偏差应符合表 3.0.4 的规定。（第七章）

28.【答案】 B

【说明】 解析详见第七章第 64 题［2004-25］。

29.【答案】 B

【说明】 选项 A、B、C 详见《砌体结构工程施工规范》（GB 50924—2014）。

10.0.1 当室外日平均气温连续 5d 稳定低于 5℃ 时，砌体工程应采取冬期施工措施。

11.1.1 冬期施工所用材料应符合下列规定：

3 拌制砂浆所用砂，不得含有冰块和直径大于 10mm 的冻结块；

5 拌合砂浆宜采用两步投料法，水的温度不得超过 80℃，砂的温度不得超过 40℃，砂浆稠度宜较常温适当增大；

选项 D 详见《砌体结构通用规范》（GB 55007—2021）。

3.3.4 配置钢筋的砌体不得使用掺加氯盐和硫酸盐类外加剂的砂浆。（第七章）

30.【答案】 C

【说明】 解析详见第七章第 86 题［2006-26］。

31.【答案】 B

【说明】 解析详见第八章第 25 题［2006-36］。

32.【答案】 A

【说明】 参见《混凝土结构工程施工质量验收规范》（GB 50204—2015）。

4.2.7 模板的起拱应符合现行国家标准《混凝土结构工程施工规范》（GB 50666）的规定，并应符合设计及施工方案的要求。

检查数量：在同一检验批内，对于梁，跨度大于 18m 时应全数检查，跨度不大于 18m 时应抽查构件数量的 10%，且不应少于 3 件；对于板，应按有代表性的自然间抽查 10%，且不应少于 3 间；对大空间结构，板可按纵、横轴线划分检查面，抽查 10%，且不应少于 3 面。

检验方法：水准仪或尺量。（第八章）

33.【答案】 B

【说明】 参见《混凝土结构工程施工质量验收规范》（GB 50204—2015）。

3.0.7 获得认证的产品或来源稳定且连续三批均一次检验合格的产品，进场验收时检验批的容量可按本规范的有关规定扩大一倍，且检验批容量仅可扩大一倍。扩大检验批后的检验中，出现不合格情况时，应按扩大前的检验批容量重新验收，且该产品不得再次扩大检验批容量。（第八章）

34.【答案】 D

【说明】 参见《混凝土结构工程施工质量验收规范》（GB 50204—2015）。

10.1.1 对涉及混凝土结构安全的有代表性的部位应进行结构实体检验。结构实体检验应包括混凝土强度、钢筋保护层厚度、结构位置与尺寸偏差以及合同约定的项目；必要时可检验其他项目。

结构实体检验应由监理单位组织施工单位实施，并见证实施过程。施工单位应制定结构实体检验专项方案，并经监理单位审核批准后实施。除结构位置与尺寸偏差外的结构实体检验项目，应由具有相应资质的检测机构完成。（第八章）

35. 【答案】 C

【说明】 解析详见第八章第64题［2011-36］。

36. 【答案】 D

【说明】 参见《钢结构工程质量验收标准》（GB 50205—2020）。

3.0.4 钢结构工程应按下列规定进行施工质量控制：

1 采用的原材料及成品应进行进场验收，凡涉及安全、功能的原材料及成品应按本标准14.0.2条的规定进行复验，并应经监理工程师（建设单位技术负责人）见证取样送样；

2 各工序应按施工技术标准进行质量控制，每道工序完成后应进行检查；

3 相关各专业之间应进行交接检验，并经监理工程师（建设单位技术负责人）检查认可。（第八章）

37. 【答案】 D

【说明】 参见《钢结构工程质量验收标准》（GB 50205—2020）。

13.1.5 采用防火防腐一体化体系（含防火防腐双功能涂料）时，防腐涂装和防火涂装可以合并验收。

13.1.3 钢结构普通防腐涂料涂装工程应在钢结构构件组装、预拼装或钢结构安装工程检验批的施工质量验收合格后进行。钢结构防火涂料涂装工程应在钢结构安装分项工程检验批和钢结构防腐涂装检验批的施工质量验收合格后进行。（选项A、选项B）

13.1.4 采用涂料防腐时，表面除锈处理后宜在4h内进行涂装，采用金属热喷涂防腐时，钢结构表面处理与热喷涂施工的间隔时间，晴天或湿度不大的气候条件下不应超过12h，雨天、潮湿、有盐雾的气候条件下不应超过2h。（选项C）（第八章）

38. 【答案】 D

【说明】 参见《地下工程防水技术规范》（GB 50108—2008）。

4.4.11 涂料防水层严禁在雨天、雾天、五级及以上大风时施工，不得在施工环境温度低于5℃及高于35℃或烈日暴晒时施工。涂膜固化前如有降雨可能时，应及时做好已完涂层的保护工作。（选项C、选项D）

4.3.13 铺贴卷材严禁在雨天、雪天、五级及以上大风中施工；冷粘法、自粘法施工的环境气温不宜低于5℃，热熔法、焊接法施工的环境气温不宜低于−10℃。（选项A、选项B）（第九章）

39. 【答案】 D

【说明】 参见《地下防水工程质量验收规范》（GB 50208—2011）。

4.3.13 卷材防水层完工并经验收合格后应及时做保护层。保护层应符合下列规定：

1 顶板的细石混凝土保护层与防水层之间宜设置隔离层。细石混凝土保护层厚度：机械回填时不宜小于70mm，人工回填时不宜小于50mm；

2 底板的细石混凝土保护层厚度不应小于50mm；

3 侧墙宜采用软质保护材料或铺抹20mm厚1∶2.5水泥砂浆。（第九章）

40. 【答案】 B

【说明】 解析详见第九章80题［2020-43］。

41. 【答案】 D

【说明】 《屋面工程质量验收规范》（GB 50207—2012）。

5.8.4 防水混凝土应用机械振捣密实，表面应抹平和压光，初凝后应覆盖养护，终凝后浇水养护不得少于14d；蓄水后不得断水。（第九章）

42.【答案】 C

【说明】 《屋面工程技术规范 》（GB 50345—2012）。

5.4.10-3 焊接法铺贴卷材应符合下列规定：应先焊长边搭接缝，后焊短边搭接缝。

5.4.4-4 采用基层处理剂时，其配制与施工应符合下列规定：基层处理剂可选用喷涂或涂刷施工工艺，喷、涂应均匀一致，干燥后应及时进行卷材施工。（选项A）

5.4.6-3 冷粘法铺贴卷材应符合下列规定：铺贴卷材时应排除卷材下面的空气，并应辊压粘贴牢固。（选项B）

5.4.11-2 机械固定法铺贴卷材应符合下列规定：固定件间距应根据抗风揭试验和当地的使用环境与条件确定，并不宜大于600mm。（选项D）（第九章）

43.【答案】 A

【说明】 参见《屋面工程质量验收规范》（GB 50207—2012）。

9.0.6 屋面工程应对下列部位进行隐蔽工程验收：

1 卷材、涂膜防水层的基层；

2 保温层的隔汽和排汽措施；

3 保温层的铺设方式、厚度、板材缝隙填充质量及热桥部位的保温措施；

4 接缝的密封处理；

5 瓦材与基层的固定措施；

6 檐沟、天沟、泛水、水落口和变形缝等细部做法；

7 在屋面易开裂和渗水部位的附加层；

8 保护层与卷材、涂膜防水层之间的隔离层；

9 金属板材与基层的固定和板缝间的密封处理；

10 坡度较大时，防止卷材和保温层下滑的措施。（第九章）

44.【答案】 D

【说明】 参见《建筑装饰装修工程质量验收标准》（GB 50210—2018）。

3.3.5 施工单位应采取有效措施控制施工现场的各种粉尘、废气、废弃物、噪声、振动等对周围环境造成的污染和危害。（第十章）

45.【答案】 A

【说明】 解析详见十章第27题［2008-44］。

46.【答案】 C

【说明】 参见《建筑装饰装修工程质量验收标准》（GB 50210—2018）。

3.3.4 未经设计确认和有关部门批准，不得擅自拆改主体结构和水、暖、电、燃气、通信等配套设施。（选项C）

3.3.10 管道、设备安装及调试应在建筑装饰装修工程施工前完成；当必须同步进行时，应在饰面层施工前完成。装饰装修工程不得影响管道、设备等的使用和维修。涉及燃气管道和电气工程的建筑装饰装修工程施工应符合有关安全管理的规定。（选项A）

3.3.8 条文说明：一般来说，建筑装饰装修工程的装饰装修效果很难用语言准确、完整地表述出来，某些施工质量问题也需要有一个更直观的评判依据。因此，在施工前，应根据工程情况确定制作样板间、样板件或封存材料样板。样板间适用于宾馆客房、住宅、写字楼办公室等工程，样板件适用于外墙饰面或室内公共活动场所，主要材料样板是指建筑装饰装修工程中采用的壁纸、涂料、石材等涉及颜色、光泽、图案花纹等难以描述的材料。不管采用哪种方式，都应由建设方、施工方、供货方等有关各方确认。（选项B）

3.2.5 进场后需要进行复验的材料种类及项目应符合本标准各章的规定，同一厂家生产的同一品种、同一类型的进场材料应至少抽取一组样品进行复验，当合同另有更高要求时应按合同执行。抽样样本应随机抽取，满足分布均匀、具有代表性的要求，获得认证的产品或来源稳定且连续三批均一次检验合格的产品，进场验收时检验批的容量可扩大一倍，且仅可扩大一次。扩大检验批后的检验中，出现不合格情况时，应按扩大前的检验批容量重新验收，且该产品不得再次扩大检验批容量。（选项D）（第十章）

47.【答案】 B

【说明】 参见《建筑装饰装修工程质量验收标准》（GB 50210—2018）。

5.2.4 砂浆防水层与基层之间及防水层各层之间应粘结牢固，不得有空鼓。检验方法：观察；用小锤轻击检查。（第十章）

48.【答案】 A

【说明】 解析详见十章第54题［2006-45］。

参见《建筑与市政工程施工质量控制通用规范》（GB 55032—2022）。

6.1.7 门窗安装前，应对门窗洞口尺寸及相邻洞口的位置偏差进行检验。（选项C）

6.1.8 条文说明：安装金属门窗和塑料门窗，我国标准历来规定应采用预留洞口的方法施工，不得采用边安装边砌口或先安装后砌口的方法施工，其原因主要是防止门窗框受挤压变形和表面保护层受损。木门窗安装也宜采用预留洞口的方法施工。如果采用先安装后砌口的方法施工，则应注意避免门窗框在施工中受损、受挤压变形或受到污染。（选项D）

49.【答案】 C

【说明】 参见《建筑装饰装修工程质量验收标准》（GB 50210—2018）。

7.1.15 大面积或狭长形吊顶面层的伸缩缝及分格缝应符合设计要求。（第十章）

50.【答案】 C

【说明】 参见《建筑装饰装修工程质量验收标准》（GB 50210—2018）。

8.3 骨架隔墙工程/Ⅰ 主控项目/8.3.3 骨架隔墙中龙骨间距和构造连接方法应符合设计要求。骨架内设备管线的安装、门窗洞口等部位加强龙骨的安装应牢固、位置正确。填充材料的品种、厚度及设置应符合设计要求。

检验方法：检查隐蔽工程验收记录。

51.【答案】 B

【说明】 解析详见第十章第107题［2012-56］。

52.【答案】 D

【说明】 参见《建筑地面工程施工质量验收规范》（GB 50209—2010）。

3.0.13 建筑物室内接触基土的首层地面施工应符合设计要求，并应符合下列规定：

1 在冻胀性土上铺设地面时,应按设计要求做好防冻胀土处理后方可施工,并不得在冻胀土层上进行填土施工;(选项 C)

2 在永冻土上铺设地面时,应按建筑节能要求进行隔热、保温处理后方可施工。(选项 D)

3.0.12 铺设有坡度的地面应采用基土高差达到设计要求的坡度;铺设有坡度的楼面(或架空地面)应采用在结构楼层板上变更填充层(或找平层)铺设的厚度或以结构起坡达到设计要求的坡度。(选项 A、选项 B)(第十一章)

53.【答案】 A

【说明】 参见《建筑地面工程施工质量验收规范》(GB 50209—2010)。

3.0.17-2 当建筑地面采用镶边时,应按设计要求设置并应符合下列规定:

具有较大振动或变形的设备基础与周围建筑地面的邻接处,应沿设备基础周边设置贯通建筑地面各构造层的沉降缝(防震缝),缝的处理应执行本规范第 3.0.16 条的规定。(第十一章)

54.【答案】 D

【说明】 参见《建筑地面工程施工质量验收规范》(GB 50209—2010)。

4.11.13 用作隔声的填充层,其表面允许偏差应符合本规范表 4.1.7 中隔离层的规定。(第十一章)

55.【答案】 C

【说明】 参见《建筑地面工程施工质量验收规范》(GB 50209—2010)。

6.5.3 不导电的料石面层的石料应采用辉绿岩石加工制成。填缝材料亦采用辉绿岩石加工的砂嵌实。耐高温的料石面层的石料,应按设计要求选用。

6.1.7 板块类踢脚线施工时,不得采用混合砂浆打底。(选项 A)

6.4.3 水泥混凝土板块面层的缝隙中,应采用水泥浆(或砂浆)填缝;彩色混凝土板块、水磨石板块、人造石板块应用同色水泥浆(或砂浆)擦缝。(选项 B)

6.2.3 在水泥砂浆结合层上铺贴陶瓷锦砖面层时,砖底面应洁净,每联陶瓷锦砖之间、与结合层之间以及在墙角、镶边和靠柱、墙处应紧密贴合。在靠柱、墙处不得采用砂浆填补。(选项 D)(第十一章)

56.【答案】 D

【说明】 参见《住房和城乡建设部关于推进全过程工程咨询服务发展的指导意见》。选项 A,工程建设全过程咨询服务应当由一家具有综合能力的咨询单位实施,也可由多家具有招标代理、勘察、设计、监理、造价、项目管理等不同能力的咨询单位联合实施。选项 B,要充分发挥政府投资项目和国有企业投资项目的示范引领作用,引导一批有影响力、有示范作用的政府投资项目和国有企业投资项目带头推行工程建设全过程咨询。鼓励民间投资项目的建设单位根据项目规模和特点,本着信誉可靠、综合能力和效率优先的原则,依法选择优秀团队实施工程建设全过程咨询。选项 C,同一项目的全过程工程咨询单位与工程总承包、施工、材料设备供应单位之间不得有利害关系。选项 D,全过程工程咨询服务酬金在项目投资中列支的,所对应的单项咨询服务费用不再列支。(第十三章)

57.【答案】 C

【说明】 《建设工程勘察设计资质管理规定》第十四条资质有效期届满，企业需要延续资质证书有效期的，应当在资质证书有效期届满60日前，向原资质许可机关提出资质延续申请。对在资质有效期内遵守有关法律、法规、规章、技术标准，信用档案中无不良行为记录，且专业技术人员满足资质标准要求的企业，经资质许可机关同意，有效期延续5年。

企业在资质证书有效期内名称、地址、注册资本、法定代表人等发生变更的，应当在工商部门办理变更手续后30日内办理资质证书变更手续。第十七条 企业首次申请、增项申请工程勘察、工程设计资质，其申请资质等级最高不超过乙级，且不考核企业工程勘察、工程设计业绩。第十八条企业合并的，合并后存续或者新设立的企业可以承继合并前各方中较高的资质等级，但应当符合相应的资质标准条件。企业分立的，分立后企业的资质按照资质标准及本规定的审批程序核定。企业改制的，改制后不再符合资质标准的，应按其实际达到的资质标准及本规定重新核定；资质条件不发生变化的，按本规定第十六条办理。（第十四章）

58. 【答案】 D
【说明】 解析详见第十六章第23题〔2012-64〕和31题〔2009-65〕。

59. 【答案】 D
【说明】 《中华人民共和国招标投标法实施条例》第二十二条 潜在投标人或者其他利害关系人对资格预审文件有异议的，应当在提交资格预审申请文件截止时间2日前提出；对招标文件有异议的，应当在投标截止时间10日前提出。招标人应当自收到异议之日起3日内作出答复；作出答复前，应当暂停招标投标活动。（选项C、选项D）

《中华人民共和国招标投标法实施条例》第五条 设区的市级以上地方人民政府可以根据实际需要，建立统一规范的招标投标交易场所，为招标投标活动提供服务。招标投标交易场所不得与行政监督部门存在隶属关系，不得以营利为目的。国家鼓励利用信息网络进行电子招标投标。（选项A）

《中华人民共和国招标投标法实施条例》第十三条 招标代理机构在其资格许可和招标人委托的范围内开展招标代理业务，任何单位和个人不得非法干涉。招标代理机构代理招标业务，应当遵守招标投标法和本条例关于招标人的规定。招标代理机构不得在所代理的招标项目中投标或者代理投标，也不得为所代理的招标项目的投标人提供咨询。（选项B）

招标代理机构不得涂改、出租、出借、转让资格证书。（选项B）（第十二章）

60. 【答案】 B
【说明】 解析详见解析详见第十三章第4题〔2010-69〕。

61. 【答案】 A
【说明】 参见《建设项目工程总承包合同（示范文本）》（GF—2020—0216）。

18.1.1双方应按照专用合同条件的约定向双方同意的保险人投保建设工程设计责任险、建筑安装工程一切险等保险。具体的投保险种、保险范围、保险金额、保险费率、保险期限等有关内容应当在专用合同条件中明确约定。

18.2.3发包人和承包人可以为其施工现场的全部人员办理意外伤害保险并支付保险费，包括其员工及为履行合同聘请的第三方的人员，具体事项由合同当事人在专用合

同条件约定。(选项 B)

18.2.2 承包人应依照法律规定为其履行合同雇用的全部人员办理工伤保险，缴纳工伤保险费，并要求分包人及由承包人为履行合同聘请的第三方雇用的全部人员依法办理工伤保险。(选项 C)

18.3 货物保险承包人应按照专用合同条件的约定为运抵现场的施工设备、材料、工程设备和临时工程等办理财产保险，保险期限自上述货物运抵现场至其不再为工程所需要为止。(选项 D)(第十二章)

62. **【答案】** D

【说明】 解析详见第十四章第 69 题 [2022 (05) -69]。

63. **【答案】** D

【说明】 《中华人民共和国建筑法》第二十四条 提倡对建筑工程实行总承包，禁止将建筑工程肢解发包。

建筑工程的发包单位可以将建筑工程的勘察、设计、施工、设备采购一并发包给一个工程总承包单位，也可以将建筑工程勘察、设计、施工、设备采购的一项或者多项发包给一个工程总承包单位；但是，不得将应当由一个承包单位完成的建筑工程肢解成若干部分发包给几个承包单位。(第十二章)

64. **【答案】** A

【说明】 《房屋建筑和市政基础设施项目工程总承包管理办法 (2020 年)》第十条 工程总承包单位应当同时具有与工程规模相适应的工程设计资质和施工资质，或者由具有相应资质的设计单位和施工单位组成联合体。工程总承包单位应当具有相应的项目管理体系和项目管理能力、财务和风险承担能力，以及与发包工程相类似的设计、施工或者工程总承包业绩。

设计单位和施工单位组成联合体的，应当根据项目的特点和复杂程度，合理确定牵头单位，并在联合体协议中明确联合体成员单位的责任和权利。联合体各方应当共同与建设单位签订工程总承包合同，就工程总承包项目承担连带责任。(第十三章)

65. **【答案】** C

【说明】 《工程建设项目勘察设计招标投标办法》第九条 依法必须进行勘察设计招标的工程建设项目，在招标时应当具备下列条件：

(一) 招标人已经依法成立；

(二) 按照国家有关规定需要履行项目审批、核准或者备案手续的，已经审批、核准或者备案；

(三) 勘察设计有相应资金或者资金来源已经落实；

(四) 所必需的勘察设计基础资料已经收集完成；

(五) 法律法规规定的其他条件。(第十三章)

66. **【答案】** C

【说明】 《工程建设项目勘察设计招标投标办法》第二十七条 以联合体形式投标的，联合体各方应签订共同投标协议，连同投标文件一并提交招标人。联合体各方不得再单独以自己名义，或者参加另外的联合体投同一个标。招标人接受联合体投标并进行资格预审的，联合体应当在提交资格预审申请文件前组成。资格预审后联合体增减、更换成

员的，其投标无效。（第十三章）

67.【答案】 C

【说明】 《建筑工程质量管理条例》第十九条 勘察、设计单位必须按照工程建设强制性标准进行勘察、设计，并对其勘察、设计的质量负责。注册建筑师、注册结构工程师等注册执业人员应当在设计文件上签字，对设计文件负责。（第十四章）

68.【答案】 D

【说明】 解析详见第十四章第9题［2012-72］。

69.【答案】 A

【说明】 解析详见第十四章第19题［2011-74］。

70.【答案】 B

【说明】 解析详见第十四章第57题［2013-76］。

71.【答案】 C

【说明】 解析详见第十二章第66题［2006-78］。

72.【答案】 B

【说明】 《建设工程消防设计审查验收管理暂行规定》第十四条 具有下列情形之一的建设工程是特殊建设工程：

（一）总建筑面积大于二万平方米的体育场馆、会堂，公共展览馆、博物馆的展示厅；

（二）总建筑面积大于一万五千平方米的民用机场航站楼、客运车站候车室、客运码头候船厅；

（三）总建筑面积大于一万平方米的宾馆、饭店、商场、市场；

（四）总建筑面积大于二千五百平方米的影剧院，公共图书馆的阅览室，营业性室内健身、休闲场馆，医院的门诊楼，大学的教学楼、图书馆、食堂，劳动密集型企业的生产加工车间，寺庙、教堂；

（五）总建筑面积大于一千平方米的托儿所、幼儿园的儿童用房，儿童游乐厅等室内儿童活动场所，养老院、福利院，医院、疗养院的病房楼，中小学校的教学楼、图书馆、食堂，学校的集体宿舍，劳动密集型企业的员工集体宿舍；

（六）总建筑面积大于五百平方米的歌舞厅、录像厅、放映厅、卡拉 OK 厅、夜总会、游艺厅、桑拿浴室、网吧、酒吧，具有娱乐功能的餐馆、茶馆、咖啡厅；

（七）国家工程建设消防技术标准规定的一类高层住宅建筑；

（八）城市轨道交通、隧道工程，大型发电、变配电工程；

（九）生产、储存、装卸易燃易爆危险物品的工厂、仓库和专用车站、码头，易燃易爆气体和液体的充装站、供应站、调压站；

（十）国家机关办公楼、电力调度楼、电信楼、邮政楼、防灾指挥调度楼、广播电视楼、档案楼；

（十一）设有本条第一项至第六项所列情形的建设工程；

（十二）本条第十项、第十一项规定以外的单体建筑面积大于四万平方米或者建筑高度超过五十米的公共建筑。（第十四章）

第十五条 对特殊建设工程实行消防设计审查制度。

特殊建设工程的建设单位应当向消防设计审查验收主管部门申请消防设计审查，消防设计审查验收主管部门依法对审查的结果负责。

特殊建设工程未经消防设计审查或者审查不合格的，建设单位、施工单位不得施工。

选项 A、C、D 属于特殊建设工程，应进行消防设计审查，选项 B 可进行消防备案抽查。（第十四章）

73.【答案】　D

【说明】　《中华人民共和国城市房地产管理法》第十条　土地使用权出让，必须符合土地利用总体规划、城市规划和年度建设用地计划。（第十八章）

74.【答案】　B

【说明】　《建设工程质量管理条例》第三十五条　工程监理单位与被监理工程的施工承包单位以及建筑材料、建筑构配件和设备供应单位有隶属关系或者其他利害关系的，不得承担该项建设工程的监理业务。

《建设工程质量管理条例》第三十四条　工程监理单位应当依法取得相应等级的资质证书，并在其资质等级许可的范围内承担工程监理业务。禁止工程监理单位超越本单位资质等级许可的范围或者以其他工程监理单位的名义承担工程监理业务。禁止工程监理单位允许其他单位或者个人以本单位的名义承担工程监理业务。工程监理单位不得转让工程监理业务。（选项 A）

《建设工程质量管理条例》第三十七条　工程监理单位应当选派具备相应资格的总监理工程师和监理工程师进驻施工现场。未经监理工程师签字，建筑材料、建筑构配件和设备不得在工程上使用或者安装，施工单位不得进行下一道工序的施工。未经总监理工程师签字，建设单位不拨付工程款，不进行竣工验收。（选项 C）

《建设工程质量管理条例》第三十八条　监理工程师应当按照工程监理规范的要求，采取旁站、巡视和平行检验等形式，对建设工程实施监理。（选项 D）（第十三章）

75.【答案】　C

【说明】　《规范住房和城乡建设部工程建设行政处罚裁量权实施办法》第五条　依法应当由住房和城乡建设部实施的工程建设行政处罚，包括下列内容：

（一）对住房和城乡建设部核准资质的工程勘察设计企业、建筑施工企业、工程监理企业处以停业整顿。降低资质等级、吊销资质证书的行政处罚。

（二）对住房和城乡建设部核发注册执业证书的工程建设类注册执业人员，处以停止执业、吊销执业资格证书的行政处罚。

（三）其他应当由住房和城乡建设部实施的行政处罚。（第十四章）

参考法律、规范、规定

[1]《建筑工程建筑面积计算规范》(GB/T 50353—2013)

[2]《房屋建筑与装饰工程工程量计算规范》(GB 50854—2013)

[3]《建筑工程施工质量验收统一标准》(GB 50300—2013)

[4]《砌体结构通用规范》(GB 55007—2021)

[5]《建筑与市政工程防水通用规范》(GB 55030—2022)

[6]《建筑与市政工程施工质量控制通用规范》(GB 55032—2022)

[7]《砌体结构工程施工质量验收规范》(GB 50203—2011)

[8]《混凝土结构工程施工质量验收规范》(GB 50204—2015)

[9]《钢结构工程施工质量验收标准》(GB 50205—2020)

[10]《屋面工程质量验收规范》(GB 50207—2012)

[11]《地下防水工程质量验收规范》(GB 50208—2011)

[12]《建筑外墙防水工程技术规程》(JGJ/T 235—2011)

[13]《建筑地面工程施工质量验收规范》(GB 50209—2010)

[14]《建筑装饰装修工程质量验收标准》(GB 50210—2018)

[15]《玻璃幕墙工程技术规范》(JGJ 102—2003)

[16]《金属与石材幕墙工程技术规范》(JGJ 133—2001)

[17]《砌体结构工程施工规范》(GB 50924—2014)

[18]《混凝土结构工程施工规范》(GB 50666—2011)

[19]《大体积混凝土施工标准》(GB 50496—2018)

[20]《住宅装饰装修工程施工规范》(GB 50327—2001)

[21]《屋面工程技术规范》(GB 50345—2012)

[22]《地下工程防水技术规范》(GB 50108—2008)

[23]《建筑地面设计规范》(GB 50037—2013)

[24]《混凝土强度检验评定标准》(GB/T 50107—2010)

[25]《建筑抗震设计规范》(GB 50011—2010,2016 年版)

[26]《中华人民共和国招标投标法》

[27]《中华人民共和国建筑法》

[28]《中华人民共和国民法典 第三编 合同》

[29]《中华人民共和国城乡规划法》

[30]《中华人民共和国土地管理法》

[31]《中华人民共和国标准化法》

[32]《中华人民共和国城市房地产管理法》

[33]《建设工程勘察设计管理条例》

[34]《建设工程质量管理条例》

[35]《中华人民共和国注册建筑师条例》

[36]《中华人民共和国注册建筑师条例实施细则》

[37]《中华人民共和国城镇国有土地使用权出让和转让暂行条例》

[38]《建筑工程方案设计招标投标管理办法》

［39］《工程建设项目勘察设计招标投标办法》

［40］《必须招标的工程项目规定》

［41］《工程勘察设计收费管理规定》

［42］《建设工程勘察设计资质管理规定》

［43］《实施工程建设强制性标准监督规定》

［44］《工程设计收费基价计算公式》

［45］《建设工程监理范围和规模标准规定》

［46］《工程监理企业资质管理规定》

［47］《工程建设监理规定》

参 考 文 献

［1］国家发展改革委，建设部．建设项目经济评价方法与参数［M］．第 3 版．北京：中国计划出版
社，2006.